模具设计基础

主　编　张玉平　　蒋小娟
副主编　杨　哲　罗文涛　孙　涛
主　审　韦光珍

北京理工大学出版社
BEIJING INSTITUTE OF TECHNOLOGY PRESS

内 容 简 介

本书根据高职教育的特点与基本要求，把模具成形中主要的成形方式分成冲压模具和型腔模具两部分。为了使模具设计内容完整而统一，在介绍模具设计时，以生产实践中常用的材料和成形手段为主线展开，用生产中典型的实例，详尽地叙述了常用模具的典型知识、设计方法及成形设备的选用。在编写中，力求做到理论联系实际，并能反映典型模具的设计知识。

本书可作为高职教育机电类专业教材，还可作为高等院校、高职院校机械类专业拓展课程的学习参考资料。

图书在版编目（C I P）数据

模具设计基础 / 张玉平, 蒋小娟主编. – – 北京 ：
北京理工大学出版社, 2024.1
ISBN 978-7-5763-3625-2

Ⅰ . ①模… Ⅱ . ①张… ②蒋… Ⅲ . ①模具-设计-
高等职业教育-教材 Ⅳ . ①TG76

中国国家版本馆 CIP 数据核字（2024）第 024816 号

责任编辑：高雪梅 **文案编辑**：高雪梅
责任校对：周瑞红 **责任印制**：李志强

出版发行 / 北京理工大学出版社有限责任公司
社 址 / 北京市丰台区四合庄路 6 号
邮 编 / 100070
电 话 / （010）68914026（教材售后服务热线）
（010）68944437（课件资源服务热线）
网 址 / http://www.bitpress.com.cn

版 印 次 / 2024 年 1 月第 1 版第 1 次印刷
印 刷 / 涿州市新华印刷有限公司
开 本 / 787 mm×1092 mm 1/16
印 张 / 13.5
字 数 / 317 千字
定 价 / 79.00 元

图书出现印装质量问题，请拨打教材售后服务热线，进行调换

前　言

　　本书作为高职教育机电类专业教材，根据高职教育的特点与基本要求，把模具成形中主要的成形方式分为冲压模具和型腔模具两部分。为了使模具设计内容完整且统一，在介绍模具设计时，以生产实践中常用的材料和成形手段为主线展开，用生产中典型的实例，详尽地叙述了典型模具的常用知识、设计方法及成形设备的选用。在编写中，力求做到理论联系实际，并能反映典型模具的设计知识。

　　全书共6个项目。项目一介绍冲压成形基础知识；项目二介绍冲裁工艺与模具设计；项目三介绍弯曲工艺与模具设计；项目四介绍拉深工艺与模具设计；项目五介绍其他冲压工艺与模具设计；项目六介绍塑料注射模具设计。

　　本书由重庆工业职业技术学院张玉平和蒋小娟老师担任主编，杨哲、罗文涛和重庆杰品科技股份有限公司的孙涛工程师担任副主编。重庆工业职业技术学院韦光珍老师负责审稿。在本书的编写过程中得到有关模具企业的大力支持和帮助，编者在此一并表示衷心感谢。

　　由于编者水平有限，时间仓促，书中难免有错误和欠妥之处，恳请读者批评指正。

编　者

目　录

项目一　冲压成形基础知识 ································· 1

任务 1.1　冲压工艺及模具认知 ························· 1

任务 1.2　冲压设备 ································· 7

任务 1.3　冲压材料 ································· 13

项目二　冲裁工艺与模具设计 ························· 20

任务 2.1　冲裁概念认知 ························· 20

任务 2.2　冲裁工艺设计 ························· 23

任务 2.3　冲裁工艺计算 ························· 28

任务 2.4　冲裁模具零件与总体结构设计 ························· 42

项目三　弯曲工艺与模具设计 ························· 59

任务 3.1　弯曲变形过程分析 ························· 59

任务 3.2　弯曲工艺计算 ························· 69

任务 3.3　弯曲模具结构设计 ························· 77

项目四　拉深工艺与模具设计 ························· 85

任务 4.1　拉深工艺概述 ························· 85

任务 4.2　圆筒形拉深件拉深工艺 ························· 89

任务 4.3　拉深模具典型结构与压边装置 ························· 104

任务 4.4　拉深模具工作部分设计 ························· 108

项目五　其他冲压工艺与模具设计 ························· 113

任务　成形工艺与模具设计 ························· 113

项目六　塑料注射模具设计 ························· 131

任务 6.1　塑料注射模具的基本结构与类型 ························· 132

任务 6.2 　塑料注射模具与注射机的关系 ································ 143

任务 6.3 　浇注系统的设计 ·· 153

任务 6.4 　排气系统与引气系统的设计 ··································· 176

任务 6.5 　热流道塑料注射模具的设计 ··································· 180

任务 6.6 　侧向分型抽芯机构的设计 ······································ 185

任务 6.7 　推出机构与复位机构的设计 ··································· 196

任务 6.8 　加热系统与冷却装置的设计 ··································· 204

参考文献 ··· 209

项目一 冲压成形基础知识

在我们的生活中，冲压工艺应用范围十分广泛，在国民经济中的各个部门中，几乎都有冲压加工产品，如汽车、飞机、拖拉机、电器、电机、仪表、铁道、邮电、化工，以及轻工日用产品等领域均占有相当大的比重。冲压工艺种类繁多，各种产品所使用的冲压模具也不同。那么在具体生产时该选用哪种冲压工艺，以及哪种冲压模具，就需要用到冲压工艺及模具的相关知识。例如，环形垫片的生产，需要用到冲裁模具，对于冲压工艺可以先落料再冲孔，也可以先冲孔再落料，两者都能达到目的，但是它们所使用的工序完全不同。这些都是冲压工艺及模具的相关例子。因此，本项目将学习冲压工艺及模具。

项目目标

知识目标

（1）了解冲压工艺的应用，能够根据冲压件的结构特征初步判断所需的基本冲压工序。

（2）熟悉冲压材料的种类及供应规格。

（3）熟悉常用冲压设备的类型及适应工艺。

（4）熟悉加工模具的材料选用与规格。

能力目标

（1）能够对冲压工艺按照不同方法进行分类。

（2）能够读懂曲柄压力机的型号。

（3）能够认知冲裁模具、弯曲模具、拉深模具的结构。

素质目标

（1）培养学生精益求精的大国工匠精神。

（2）树立学生的民族自豪感。

任务1.1 冲压工艺及模具认知

[**任务描述**]

图1-1所示为一个餐盘，观察其生产的冲压工艺，会用到哪些模具类型，并描述出来。

图1-1 餐盘

一、冲压工艺概述及分类

冲压是金属压力加工方式之一，它建立在金属塑性变形的基础上，在常温下利用冲模和冲压设备对材料施加压力，使其产生塑性变形或分离，从而获得一定形状、尺寸和性能的工件。冲压模具是在冲压加工中将材料（金属或非金属）加工成工件或半成品的一种工艺装备。

冲压工艺是靠模具与冲压设备完成加工的过程，一般的冲压加工，一台冲压设备每分钟可生产零件的数目是几件到几十件，有时可达每分钟数百件甚至上千件，因此，生产率高、操作简便，便于实现机械化与自动化。冲压产品的尺寸精度是由模具保证的，质量稳定，一般不需再经机械加工即可投入使用。

冲压加工不需要加热，也不像切削加工那样在切除金属余量时消耗大量的能量，所以它是一种节能的加工方法。此外，在冲压过程中材料表面不受破坏。它是集表面质量好、质量轻、成本低于一身的加工方法，因此，在现代工业生产中得到广泛应用。

一个冲压件往往需要经过多道冲压工序才能完成。由于冲压件的形状、尺寸精度、生产批量、原材料等的不同，其冲压工序也是多样的，但大致可分为分离工序和塑性成形工序两大类。

分离工序是使冲压件与板料沿一定的轮廓线相互分离的工序，如切断、落料、冲孔等。

塑性成形工序是材料在不破裂的前提下产生塑性变形的工序，从而获得一定形状、尺寸和精度要求的零件，如弯曲、拉深、成形、冷挤压等。

常用冲压工序分类及所用模具见表1-1。

表1-1 常用冲压工序分类及所用模具

类别	工序名称	工序简图	工序特征	模具简图
分离工序	落料		用落料模具沿封闭轮廓冲裁板料或条料，冲掉部分是制件	
	冲孔		用冲孔模具沿封闭轮廓冲裁工件或毛坯，冲掉部分是废料	

类别	工序名称	工序简图	工序特征	模具简图
分离工序	切口		用切口模具将部分材料切开、但并不使它完全分离，切开部分材料发生弯曲	
	切边		用切边模具将坯件边缘的多余材料冲切下来	
	剖切		用剖切模具将坯件、弯曲件或拉深件剖成两部分或几部分	
	整修		用整修模具去掉坯件外缘或内孔的余量，以得到光滑的断面和精确的尺寸	
塑性成形工序	弯曲		用弯曲模具将平板毛坯（或丝料、杆件毛坯）压弯成一定尺寸和角度，或将已弯件做进一步弯曲	
	卷边		用卷边模具将条料端部按一定卷边半径卷成圆形	
	拉深		用拉深模具将平板毛坯拉深成空心件、或使空心毛坯做进一步变形	
	变薄拉深		用变薄拉深模具减小空心毛坯的直径与壁厚，以得到底厚大于壁厚的空心制件	
	起伏成形		用起伏成形模具使平板毛坯或制件产生局部拉深变形，以得到起伏不平的制件	
	翻边		用翻边模具在有孔或无孔的板件或空心件上翻出直径更大且成一定角度的直壁	

类别	工序名称	工序简图	工序特征	模具简图
塑性成形工序	胀形		从空心件内部施加径向压力，使局部直径胀大	
	缩口		在空心件外部施加径向压力，使局部直径缩小	
	整形（立体）		用整形模具将弯曲件或拉深件不准确的地方压成准确形状	
	整形（校平）	表面有平整度要求	将零件不平的表面压平	
立体成形工序	压印		用压印模具使材料局部转移，以得到凸凹不平的浮雕花纹或标记	
	冷挤压		用冷挤压模具使金属沿凸模、凹模之间的间隙流动，从而使厚毛坯转变为薄壁空心件或横截面小的制品	
	顶镦		用顶镦模具使金属体积重新分布及转移，以得到头部比（坯件）杆部粗大的制件	

二、冲压模具分类及结构

1. 模具分类

根据模具完成的冲压工序内容、结构和类型的不同，模具的分类方法有如下 3 种。

（1）按模具的工序特征可分为：冲裁模具、弯曲模具、拉深模具、成形模具等。

（2）按模具的导向形式可分为：无导向模具、导向模具。其中导向模具包括导板、导柱、导套。

（3）按模具完成的冲压工序内容可分为：单工序模具、组合工序模具。其中组合工序模具又可分为复合模具和级进模具。在冲压的一次行程过程中，只能完成一个冲压工序的模具，称为单工序模具；在冲压的一次行程过程中，在不同的工位上同时完成两道或两道以上冲压工序的模具，称为级进模具（连续模具）；在冲压的一次行程过程中，在同一工位上完成两道或两道以上冲压工序的模具，称为复合模具。

2. 模具结构

（1）冲裁模具。

1）模具结构介绍。

不同的冲压零件、冲压工序所使用的模具也不一样，但模具的基本结构组成，按其功能用途大致由六部分组成。以典型的导柱导套式冲裁模具为例，其结构如图1-2所示。

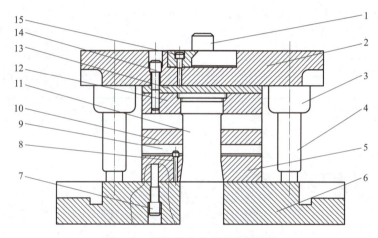

图1-2 导柱导套式冲裁模具结构

1—模柄；2—上模座；3—导套；4—导柱；5—凹模；6—下模座；7，14，15—螺钉；8—挡料销；
9—导料板；10—固定卸料板；11—凸模；12—凸模固定板；13—垫板

导柱导套式冲裁模具是利用导柱4和导套3实现上、下模精确导向定位。凸模11和凹模5在进行冲裁之前，导柱已经进入导套，从而保证在冲裁过程中凸模和凹模之间的间隙均匀一致。上模座2、下模座6和导柱、导套装配组成的部件称为模架。

这种模具的结构特点是：导柱与下模座导柱孔为H7/r6（或R7/h6）过盈配合；导套与上模座导套孔也为H7/r6过盈配合。其主要目的是防止在工作时导柱从下模座中被拔出和导套从上模座中脱落。为了使导向准确和运动灵活，导柱与导套的配合采用H7/h6的间隙配合。在该模具工作时，条料靠导料板9和挡料销8（也称固定挡料销）实现正确定位，以保证在冲裁过程中条料上的搭边值均匀一致。这副冲裁模具采用了固定卸料板10卸料，冲出的工件在凹模空洞中，由凸模逐个顶出凹模直壁处，实现自然漏料。

由于导柱导套式冲裁模具导向准确可靠，并能保证冲裁间隙均匀稳定，因此，其冲裁件的精度比使用导板式冲裁模具冲制的工件精度高。导柱导套式冲裁模具使用寿命长，而且在冲床上安装使用方便，与导板式冲裁模具相比，敞开性好、视野广、便于操作。卸料板不再起导向作用，单纯用来卸料。导柱导套式冲裁模具目前使用较为广泛，适合大批量生产。导柱导套式冲裁模具的缺点是其外形轮廓尺寸较大，结构较为复杂，制造成本高。目前各工厂逐渐采用标准模架，这样可以大大减少设计时间和制造周期。

2）模具零部件分类与功能。

① 工作零件：直接对坯料、板料进行冲压加工的冲裁模具零件，如凸模、凹模。

② 定位零件：确定条料或坯料在冲裁模具中正确位置的零件，如挡料销、导料板。

③ 压料、卸料及出件零部件：将冲裁后的零件或废料从模具中卸下来的零部件，如固定卸料板10。

④ 导向零件：用以确定上、下模的相对位置，保证运动导向精度的零件，如导套、导柱及导板模中的导板等。

⑤ 支撑零件：将凸模、凹模固定于上、下模上，以及将上、下模固定在压力机上的零件，如上模座2、下模座6、凸模固定板12、模柄1等。

⑥ 坚固及其他零件：把模具上所有零件连接成一个整体的零件，如螺钉7、14、15等。

另外，模具分上模部分和下模部分，上模部分由模柄与压力机连接，下模部分的压板与工作台连接。

冲裁模具零部件分类见表1-2。

表1-2　冲裁模具零部件分类

零部件种类	具体零部件名称
工作零件	凸模、凹模
定位零件	定位板、定位销、挡料销、导正销、导料板、侧刃
压料、卸料及出件零部件	卸料板、推件装置、顶件装置压边圈
导向零件	导柱、导套、导板、导筒
支撑零件	上下模座、模柄、凸凹模固定板、垫板
紧固及其他零件	螺钉、销钉、限位器弹簧、橡胶垫、其他

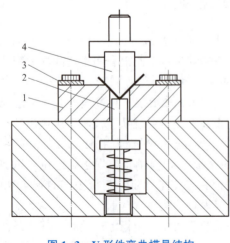

图1-3　V形件弯曲模具结构

1—凹模；2—顶件器；3—定位板；4—凸模

（2）弯曲模具。弯曲模具可分为简单动作弯曲模具、复杂动作弯曲模具、级进弯曲模具和通用弯曲模具。弯曲模具的主要零件是凸模和凹模。结构完善的弯曲模具还具有压料装置、定位装置、导向装置等。有时弯曲模具还采用辊轴、摆块和斜楔等机构来实现比较复杂的动作。

图1-3所示为V形件弯曲模具结构，该模具由凸模4、凹模1、定位板3，以及下模座、模柄、顶件器2等零件组成。在工作时，将毛坯放在定位板之间，在凸模的作用下，毛坯沿凹模圆角滑动，与此同时，顶件器向下运动，并压缩弹簧，直至毛坯弯曲成形。

（3）拉深模具。拉深模具按使用压力机类型的不同，可分为单动压力机上用的拉深模具和双动压力机上用的拉深模具；按拉深顺序，可分为首次拉深模具和以后各次拉深模具；按工序组合情况的不同，可分为简单拉深模具、复合拉深模具、连续拉深模具；按有无压料装置，可分为有压料装置拉深模具和无压料装置拉深模具。

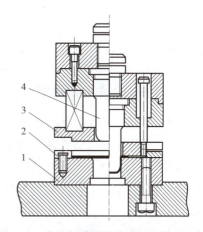

图 1-4 所示为有压料装置的首次拉深模具结构。该模具适用于拉深板料较薄及拉深高度大、容易起皱的制件。在工作时，凸模 4 下降，压料圈 3 也一同下降，当压料圈 3 与坯料接触后，上模部分继续下降，压料圈压住坯料进行拉深。

图 1-4　有压料装置的首次拉深模具结构
1—凹模；2—定位板；3—压料圈；4—凸模

下面以餐盘为例来讲解一下机构运动简图的绘制过程。

 任务实施

任务分析：餐盘整体较光滑，有六处开口的空心形状，餐盘周围有卷曲变形。

实施步骤：了解其结构之后，其冲压工序与模具类型如下。

（1）分析餐盘结构，首先需要落料工序将餐盘的毛坯制备出来；其次需要拉深工序将餐盘的六处空心形状拉深出来；最后需要卷边工序将餐盘的卷曲部分制备出来。

（2）由上述工序可知，制备该餐盘需要落料模具、拉深模具和卷边模具。

任务评价

评价目标	评价内容	完成情况	得分
素养目标 （20分）	养成民族自豪感		
	养成爱思考的好习惯		
技能目标 （40分）	能够认知冲压工艺		
	能够对冲压工艺按照不同方法进行分类		
知识目标 （40分）	理解冲压工序分类		
	学会认知冲裁模具、弯曲模具、拉深模具的结构		
总分			

任务 1.2　冲压设备

［任务描述］

现有一个紫铜板冲孔模具，为小批量生产、小型冲裁件，精度要求不高，试选用合适的冲压设备。

一、压力机的分类和型号

冲压加工中常用的压力机分类见表1-3。机械压力机按其结构形式和使用条件的不同，分为若干个系列，每个系列中又分若干组别，具体可参见机床手册。例如，JA31-16A曲轴压力机的型号意义是：J——机械压力机；A——参数与基本型号不同的第一种变型；3——第三列；1——第一组；16——标称压力为160 kN；A——结构和性能比原形做了第一次改进。

表1-3　压力机分类

类别名称	拼音代号	类别名称	拼音代号
机械压力机	J	锻压机	D
液压压力机	Y	剪切机	Q
自动压力机	Z	弯曲校正机	W
锤	C	其他	T

压力机的名词解释如下。

（1）开式压力机：床身结构为C形，操作者可以从前、左、右接近工作台，操作空间大、可左右送料的压力机。

（2）单柱压力机：床身为单柱型的开式压力机，不能前后送料。

（3）双柱压力机：床身为双柱型的开式压力机，可前后、左右送料。

（4）可倾压力机：床身可倾斜一定角度的开式压力机，便于出料。

（5）活动台压力机：工作台能做水平移动的开式压力机。

（6）固定台压力机：工作台不能做水平移动的开式压力机。

（7）闭式压力机：床身为左右封闭的压力机。床身为框架式，或称龙门式，操作者只能从前、后两个方向接近工作台，操作空间小，只能前后送料。

（8）单点压力机：滑块由一个连杆驱动的压力机，吨位小，且工作台较窄。

（9）双点压力机：滑块由两个连杆驱动的压力机，吨位大，且工作台较宽。

（10）四点压力机：滑块由四个连杆驱动的压力机，前、后、左、右都较大。

（11）单动压力机：只有一个滑块的压力机。

（12）双动压力机：具有内、外两个滑块的压力机。外滑块用于压边，内滑块用于拉深。

（13）上传动压力机：传动机构设在工作台以上的压力机。

（14）下传动压力机：传动机构设在工作台以下的压力机。

二、常用压力机的类型结构

1. 曲柄压力机

曲柄压力机是指以曲柄连杆机构作为主传动结构的机械式压力机，它是在冲压加工中应用最广泛的一种，能完成各种冲压工序，如冲裁、弯曲、拉深、成形等。

如图 1-5 所示为开式可倾曲柄压力机外形图，工作原理图如图 1-6 所示。

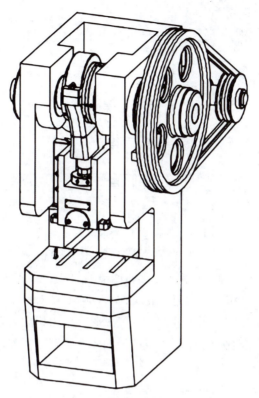

图 1-5　开式可倾曲柄压力机外形图

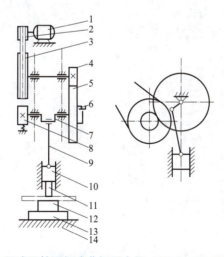

图 1-6　开式双柱可倾式曲柄压力机（JB23-63）工作原理图

1—电动机；2—小 V 带轮；3—大 V 带轮；4—小齿轮；5—大齿轮；6—离合器；7—曲轴；8—制动器；

9—连杆；10—滑块；11—上模；12—下模；13—垫板；14—工作台

（1）传动系统。曲柄压力机传动系统包括电动机、带传动、齿轮传动等机构。如图 1-7

所示，电动机的转动经二级减速传给曲轴，曲轴通过连杆带动滑块做上下往复运动。这种压力机的曲轴是横向放置的，齿轮、带轮均在床身外，装配容易，维修方便，但占据空间大，零部件分散，安全性和外观较差。

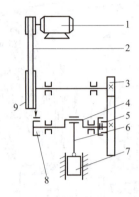

图1-7　曲柄压力机传动系统示意图

1—电动机；2—平带；3—小齿轮；4—曲轴；5—离合器；6—连杆；7—滑块；8—制动器；9—飞轮

（2）工作机构。曲柄压力机工作机构为曲柄滑块机构，如图1-8所示，曲柄压力机的连杆由连杆1和调节螺杆2组成，通过棘轮机构6，旋转调节螺杆可改变连杆长度，从而达到调节压力机闭合高度的目的。当连杆调节到最短时，压力机的闭合高度最大；当连杆调节到最长时，压力机的闭合高度最小。压力机的最大闭合高度减去连杆调节长度就得到压力机的最小闭合高度。

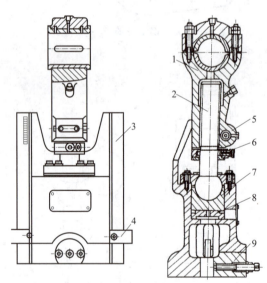

图1-8　曲柄压力机工作机构结构

1—连杆；2—调节螺杆；3—滑块；4—打料横梁；5—锁紧机构；6—棘轮机构；7—球形垫；8—保险器；9—夹持器

滑块3的下方有一个竖直的孔，称为模柄孔。当模柄插入该孔后，由夹持器9将模柄夹紧，这样上模就固定在滑块上了。为了防止压力机超载，在球形垫7下面装有保险器8，当压力机的载荷超过其承载能力时，保险器会被剪切破坏，以保护压力机免遭破坏。

（3）操作系统。曲柄压力机操作系统包括离合器、制动器和电器控制装置等。曲柄压力机使用的离合器有摩擦离合器和刚性离合器两类。开式压力机常采用偏心带式制动器，当离合器脱开时，偏心带式制动器可使曲轴停止在上止点±5°范围内，以保证单次冲压操作顺利进行。

（4）支撑部件。曲柄压力机支撑部件包括床身、工作台等。如图1-5所示，JB23-63型压力机的支撑系统床身10由两部分组成，呈C形。床身的上部分可相对于底座转动一定的角度（约30°），从而使工作台倾斜。C形床身有两个立柱，工作时可以从三个方向操作，因此，称为开式双柱可倾式曲柄压力机。这种压力机可从前后、左右两个方向送料，当从前后方向送料时，制件（或废料）可以沿倾斜的工作台从两立柱之间自动滑下，操作方便。开式压力机床身的主要缺点是刚性差，影响制件精度和模具寿命。

（5）辅助系统。曲柄压力机上有多种辅助系统，如润滑系统、保护装置及气垫等。为了从下模中顶出制件或为拉深工艺提供压边力，在一些曲柄压力机工作台下装有气垫。

曲柄压力机是使用最广泛的一种冲压设备，具有精度高、刚性好、生产效率高、操作方便、易实现机械化和自动化生产等多种优点。在曲柄压力机上几乎可以完成所有冲压工序。因此，各国均大力发展曲柄压力机，结构紧凑、体积小、造型美观大方的曲柄压力机不断涌现出来。

但是，由于曲柄压力机的床身是敞开式结构，其刚度较差，因此，一般适用于标称压力在1 000 kN以下的小型压力机。而1 000~3 000 kN的中型压力机和3 000 kN以上的大型压力机，大多采用闭式压力机。闭式压力机的操作空间只能从前后方向接近模具，但其床身刚度较强、精度较高。

（6）曲柄压力机主要有以下技术参数。

1）标称压力：是指当滑块距离下止点前某一特定距离，或曲柄旋转到距离下止点前某一特定角度时，滑块上所允许承受的最大作用力。例如，J31-315型压力机的标称压力为3 150 kN，它是指当滑块距离下止点前10.5 mm，或曲柄旋转到距离下止点前20°时，滑块上所允许承受的最大作用力为3 150 kN。标称压力是压力机的一个主要技术参数，我国压力机的标称压力已经系列化。

2）滑块行程：是指滑块从上止点到下止点所经过的距离，其大小随工艺用途和标称压力的不同而变化。例如，冲裁工艺所用压力机的行程较小，而拉深工艺所用压力机的行程较大。

3）行程次数：是指滑块每分钟从上止点到下止点，然后再回到上止点所往复的次数。一般小型压力机和用于冲裁工艺的压力机行程次数较多，大型压力机和用于拉深工艺的压力机行程次数较少。

4）闭合高度：是指滑块在下止点时，滑块下平面到工作台上平面的距离。当闭合高度调节装置将滑块调整到最上位置时，闭合高度最大，称为最大闭合高度；当闭合高度调节装置将滑块调整到最下位置时，闭合高度最小，称为最小闭合高度。闭合高度从最大到最小可以调节的范围，称为闭合高度调节量。

5）装模高度：当工作台面上装有工作垫板，并且滑块在下止点时，滑块下平面到工作垫板上平面的距离称为装模高度。在最大闭合高度状态时的装模高度称为最大装模高度，在最小闭合高度状态时的装模高度称为最小装模高度。装模高度与闭合高度的差为垫板厚度。

6) 连杆调节长度：又称装模高度调节量。曲柄压力机的连杆通常做成两部分，使其长度可以调整。通过改变连杆长度而改变压力机的闭合高度，以适应不同闭合高度模具的安装要求。

除上述主要参数外，还有工作台尺寸、模柄孔尺寸等。

2. 双动拉深压力机

拉深工艺是通过变形阻力，来控制拉深时金属的均匀流动，而这种各向不同的变形阻力是相应部位所产生的不同压边力得到的。双动拉深压力机的外滑块可用机械或液压的方法，使各部位的压边力得到调节，形成有利于金属各向均匀流动的变形条件。综上所述，目前形状复杂的拉深件一般应在双动拉深压力机上进行拉深加工。

三、冲压设备的选择

冲压设备的选择主要包括选择压力机的类型和确定压力机的规格。

1. 类型选择

冲压设备的类型较多，其刚度、精度、用途各不相同，应根据冲压工艺的性质、生产批量、模具大小、制件精度等正确选择。

对于中、小型的冲裁件、弯曲件或拉深件的生产，主要采用开式压力机。虽然开式压力机刚性差，在冲压力的作用下其床身的变形会破坏冲裁模的间隙分布，降低模具的寿命或冲裁件的表面质量。但是，由于它提供了极为方便的操作条件和具有非常容易安装机械化附属装置的特点，因此，它成为目前中、小型冲压设备的主要形式。

对于大、中型冲裁件的生产多采用闭式压力机。在大型拉深件的生产中，应尽量选用双动压力机，这是因为其所用模具结构简单、调整方便。

在小批量生产中，尤其是大型厚板冲压件的生产多采用液压机。液压机没有固定的行程，不会因为材料厚度变化而超载，而且在需要很大的施力行程加工时，与机械压力机相比具有明显的优点。但是，液压机速度小、生产效率低，而且零件的尺寸精度有时因受到操作因素的影响而不稳定。

摩擦压力机具有结构简单、不易发生超负荷损坏等特点，所以在小批量生产中常用来完成弯曲、成形等冲压工序。但是，摩擦压力机的行程次数较少、生产率低，而且操作也不太方便。

在大批量生产或形状复杂零件的生产中，应尽量选用高速压力机或多工位自动压力机。

2. 规格确定

在确定压力机的规格时应遵循如下原则。

（1）压力机的标称压力必须大于冲压工序所需压力，当冲压行程较长时，还应注意在全部工作行程上，压力机的压力曲线应高于冲压变形力曲线。

（2）压力机滑块行程应满足制件在高度上能获得所需尺寸，并在冲压工序完成后能顺利地从模具上取出来。对于拉深件，压力机滑块行程应大于制件高度的两倍以上。

（3）压力机的行程次数应符合生产率和材料变形速度的要求。

（4）压力机的闭合高度、工作台面尺寸、滑块尺寸、模柄孔尺寸等都应满足模具的正确安装要求。对于曲柄压力机，模具的闭合高度与压力机闭合高度之间要符合以下公式

$$H_{min} - 5\ mm \geqslant H + h \geqslant H_{min} + 10\ mm$$

式中　　H——模具的闭合高度，mm；

　　　　H_{max}——压力机的最大闭合高度，mm；

　　　　H_{min}——压力机的最小闭合高度，mm；

　　　　h——压力机的垫板高度，mm。

工作台尺寸一般应大于模具下模座 50~70 mm，以便于安装；垫板孔径应大于制件或废料的投影尺寸，以便于漏料；模柄尺寸应与模柄孔尺寸相符。

任务实施

冲压设备的选择主要依据所要完成的冲压工艺性质、生产批量、冲压件的尺寸及精度要求等。任务中涉及的冲裁制件属于结构简单的中、小型冲裁件，小批量生产，冲压件的尺寸及精度要求不高，故选用开式压力机。

任务评价

评价目标	评价内容	完成情况	得分
素养目标 （20分）	养成民族自豪感		
	养成爱思考的好习惯		
技能目标 （40分）	能够认识不同的冲压设备		
	能够了解设备型号与规格		
知识目标 （40分）	理解冲压设备结构		
	学会冲压设备的型号和参数		
总分			

任务 1.3　冲压材料

[任务描述]

图 1-9 所示的冲裁模具，常用作冲裁制件，观察其结构，描述出该模具由哪些工作零件和主要零件组成，分别选什么材料合适。

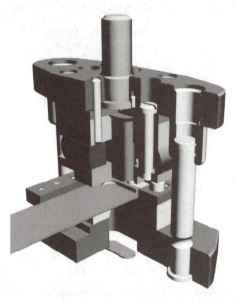

图 1-9　冲裁模具

一、常用冲压材料

冲压工艺适用于多种金属材料及非金属材料。金属材料包括钢、铜、铝、镁、镍、钛、各种贵重金属及各种合金；非金属材料包括各种纸板、纤维板、塑料板、皮革、胶合板等。

由于两类冲压工序（分离工序和塑性成形工序）的变形原理不同，其适用的材料也有所不同。不同的材料有其不同的特性，材料特性在不同工序中的作用也不相同。一般说来，金属材料既适用于塑性成形工序，也适用于分离工序；而非金属材料一般仅适用于分离工序。

二、常用金属冲压材料的规格

1. 常用金属冲压材料的规格

常用金属冲压材料以板料和带料为主，棒料一般仅适用于挤压、切断、成形等工序。带料的优点是有足够的长度，可以提高材料利用率；其缺点是开卷后需要整平。带料一般适用于大批量生产的自动送料。钢材的生产工艺有很多种，如冷轧、热轧、连轧及往复轧等。一般厚度在 4 mm 以下的板料采用热轧工艺或冷轧工艺，厚度在 4 mm 以上的板料采用热轧工艺。相比之下，冷轧板的尺寸精确、偏差小、表面缺陷少、表面光亮且内部组织细密，因此，冷轧板制品一般不应用热轧板制品代替。同一种板料，由于轧制工艺的不同，其冲压性能会有很大差异。连轧板料一般具有较大的纵、横方向纤维差异，有明显的各向异性；单张往复轧制的板料，各向均有相应程度的变形，纵横异向差别较小、冲压性能更好。板料的供货状态分软、硬两种。板料、带料的力学性能会因供货状态的不同，而表现出很大差异。

无论黑色金属还是有色金属，板料、带料的尺寸及尺寸公差一般都遵循相应的国家或行业标准。

2. 金属材料轧制精度、表面质量等的规定

在金属材料的生产过程中，由于工艺、设备及材料精度的不同，国标 GB/T 708—2019、GB/T 710—2008 对 4 mm 以下的黑色金属板料轧制精度、表面质量及拉延级别（拉深性能）进行了规定，见表 1-4 及表 1-5。

表 1-4　黑色金属薄板表面质量分级表

级别	表面质量
I	高级的精整表面
II	较高级的精整表面
III	普通的精整表面

表 1-5　黑色金属薄板拉延级别分级表

表达符号	拉延级别
Z	最深拉延级
S	深拉延级
P	普通拉延级

根据相应国家标准，在冲压工艺文件上钢板的牌号的标注方式如下：

$$钢板\frac{1.0×1\ 000×1\ 500-GB/T\ 708—2019A}{20-II-S-GB/T\ 13237—2013}$$

上式的含义为 20 号钢，料厚为 1.0 mm、料宽为 1 000 mm、料长为 1 500 mm 的钢板，轧制精度为 A 级，表面质量为 II 级，拉延级别为 S 级（深拉深钢）。

3. 中外常用金属材料牌号对照

在工作中，会经常遇到不同国家的技术图样，因此，有必要了解中外常用金属材料的牌号对照。

三、新型冲压材料简介

当代材料科学的发展已经做到可根据使用上与制造上的要求，设计并制造出新的材料。因此，很多冲压用的新型板料便应运而生。下面对新型冲压用板料：高强度钢板、耐腐蚀钢板、双相钢板、涂层钢板及复合板材做一些基本介绍。

1. 高强度钢板

高强度钢板是指对普通钢板加以强化处理而得到的钢板。通常采用的金属强化原理有固溶强化、析出强化、细晶强化、组织强化（相态强化及复合组织强化）、时效强化、加工强化等。其中前 5 种是通过添加合金成分和热处理工艺来控制板材性质的。

高强度钢板的高强度有两方面含义，即屈服强度高、抗拉强度高，其屈服强度 σ_s 为 270~310 MPa。日本研制的用于汽车零件的高强度钢板的抗拉强度可达到 600~800 MPa，而对应的普通冷轧软钢板的抗拉强度只有 300 MPa。高强度钢板的应用，能减轻冲压件的质量，节省能源和降低冲压产品成本。例如，美国与日本从 1980—1985 年广泛使用合金高强度钢板，使汽车车身零件板厚由原来的 1.0~1.2 mm 减小到 0.7~0.8 mm；车身质量减轻 20%~40%；节约汽油 20% 以上。到 1992 年，日本各汽车厂汽车车身采用高强度钢板的平均比例占 22.3%。

由于高强度钢板的强化机制常常在一定程度上影响其他的成形性能，如伸长率降低、弹复大、成形力增高、厚度减薄后抗凹陷能力降低等，因此，目前制造技术发展的趋势是分别开发适应不同冲压成形（不同冲压件）要求的高强度钢板品种。例如，加磷钢板中的 P1 钢板，与各种级别的 08Al 钢板相比，屈服强度 σ_s、抗拉强度 σ_b 提高很多，而各向异性系数则居于它们中间。

低温硬化钢板又称烘烤钢板，它是对屈服强度低的普通钢板进行拉深预变形，或者在冲压变形之后，对冲压件涂漆或烘烤，包括高温时效处理的过程中，钢板得到新的强化，使冲压件在使用状态下具有较高的强度和抗凹陷能力。这种性能称为低温硬化性能或 BH 性能。在同样的抗凹陷能力条件下，汽车零件厚度可减薄 15%。另外，BH 性能在钢板的不同方向上存在差异，它可使钢板的各向异性增强，利用这一点，对生产有很大的实际意义。截至 1995 年，中国第一汽车集团有限公司试用烘烤钢板生产汽车车身零件 20 余万件，综合废品率仅为约 1%。

2. 耐腐蚀钢板

开发新的耐腐蚀钢板的主要目的是增强普通钢板冲压件的耐蚀性，主要为加入新元素的耐腐蚀钢板，如耐大气腐蚀钢板等。我国研制的耐大气腐蚀钢板中，有 10CuPCrNi 钢板（冷轧）和 09CuPCrNi 钢板（热轧），其耐蚀性比普通碳素钢板提高了 3~5 倍。

3. 涂层钢板

在耐腐蚀钢板表面镀覆金属层的钢板属于一种涂层钢板。由于传统的镀锡钢板、镀锌钢板等已不能适应汽车工业、电器工业、农用机械及建筑工业的需要，因此，一些新品种的涂层钢板不断地被开发出来。

电镀锌钢板与热镀锌钢板相比，抗腐蚀能力大为提高，其镀覆金属层与基体钢板的结合性能及加工性能均属优良。锌铬镀层钢板由于具有良好的焊接性，在汽车零件上已有应用实例。与镀锡钢板相对应的一种无锡钢板的出现，不但可以节省稀少昂贵的锡，还可以延长食品的储存期限，是今后食品罐头包装的良好材料之一。

在涂层钢板中、各种涂覆有机膜层的钢板具有更好的防腐蚀、防表面损伤的性能，因此，被大量用于各类结构件。美国在 20 世纪 60 年代初就生产出了这类涂层钢板。日本在 20 世纪 70 年代就开发生产了涂覆氯乙烯树脂钢板。涂覆有机膜层的钢板还可以提高冲压成形性能。例如，用双面涂覆 0.04 mm 聚氯乙烯薄膜的 08F 钢板拉深，其极限拉深系数 m 比 08F 钢板的极限拉深系数降低 12%，拉深件的相对高度提高 29%。为了更有效地提高有机膜涂层钢板的冲压成形性能，有机膜涂层在基体钢板上有单双面之分，以适应不同冲压成形工艺与变形特征的要求。

4. 复合板材

涂覆有机膜层的钢板是一种复合板材。不同金属板叠合在一起（如冷轧叠合等）的板材也是一种复合板材，称为叠合复合板。这类复合板材在破裂时的变形比单体材料破裂时的变形大，它的基本材料特性值变大。

四、模具常用材料

1. 选择模具材料的一般原则如下。
（1）足够的使用性能。
（2）良好的工艺性能。
（3）合理的经济性能。

2. 选择模具材料应考虑的因素如下。
（1）模具的工作条件：如模具的受力状态、工作温度、工作环境的腐蚀性等。

（2）模具的工作性质。

（3）模具结构因素：如模具的大小、形状，各部件的作用，使用性质等。

（4）模具的加工手段。

（5）热处理要求。

3. 模具材料常见缺陷

模具材料的性能是影响模具寿命的主要因素之一，应根据模具的工作用途和模具类型合理选择模具材料的种类和牌号。

（1）模具材料易存在的缺陷。

1）非金属夹杂物。非金属夹杂物强度低、脆性大，与基体钢的性能有很大差异，可视为基体钢中的裂纹缺陷，易于成为裂纹源，降低基体钢的疲劳强度，引起基体钢的早期断裂失效。同时，它也影响加工性能，不利于提高表面质量。

2）合金碳化物偏析。工具钢组织中含有较多的合金碳化物，这些合金碳化物在结晶过程中常呈现不均匀结晶或析出，形成大块状、网状或带状偏析。若不消除这些偏析，则会使钢的塑性、韧性、断裂韧度及其他力学性能下降，从而影响模具的寿命。

3）中心疏松和白点。大截面模具钢易存在中心疏松和白点，若不能很好消除这些中心疏松和白点会造成模具淬火开裂，以及模具在使用中的脆性开裂，也会使模具表面在受力时出现凹陷。

（2）模具材料在制造方面的缺陷。

1）毛坯锻造时的一般缺陷。外部缺陷：如裂纹、鳞皮、凹坑、折叠等；内部缺陷：如过热、过烧、疏松、组织偏析等。用带有这些缺陷的坯料制作的模具将极易产生断裂，或使热处理后的部件存在应力，从而使模具过早失效。

2）碳化物形态和分布均匀性不良。合理的锻造工艺能使金属晶粒和碳化物细化，改善碳化物的分布均匀性，减轻偏析程度。不合理的锻造工艺达不到上述目的，将导致模具存在内在质量问题，从而影响模具寿命。

3）流线走向和分布不合理。锻造加工会使金属内部的非金属夹杂物随金属的塑变流动而延深，在组织内部形成明显的流线，称为纤维方向。平行于纤维方向抗压能力和抗冲击能力强，垂直于纤维方向抗剪能力强，这一现象称为金属的方向异性。合理的金属纤维方向和分布要通过锻造工艺来控制，使模具工作时的最大应力与纤维方向承载能力相一致。

（3）模具材料因加工方式产生的缺陷。

1）在电加工时，由于高压放电产生高温会使模具材料表层的晶相组织发生变化，产生脱碳、残余应力等，从而导致模具磨损寿命降低。

2）在磨削加工时，会发生烧伤、机械损伤等其他加工缺陷。

（4）模具材料在热处理时产生的缺陷。

1）过热和过烧。在热处理时加热时间过长、温度过高将导致晶粒粗大，使得模具材料的性能大幅度降低、脆性加大，且易断裂。

2）脱碳和腐蚀。在淬火加热时，因保护不良而使模具材料产生氧化、脱碳、腐蚀等缺陷，导致在淬火后表面硬度不高，模具的耐磨性能降低。

3）淬火裂纹。一般是由于冷却速度过快而导致模具材料产生淬火裂纹，会使模具产生早期开裂。

4）回火不足。回火温度不够或回火时间不足没有消除内应力和获得稳定的组织，将导致模具承载和抗冲击能力下降，易出现早期失效。

4. 常用模具材料

常用模具材料见表1-6。

表1-6　常用模具材料

模具类型	零件名称	常用材料	热处理/HRC
冲压模具	凸模、凹模	Cr12模具钢、Cr12MoV冷冲模具钢、CrWMn模具钢、9CrSi低合金工具钢、W18Cr4V高速钢、9Mn2V冷冲模具钢、Tl0A钢、Tl2A钢	58~62
	固定板、卸料板	30钢、35钢、45钢	
	垫板	45钢、T7钢、T8钢	45~55
塑料模具	型芯、合金工具钢型腔	45钢、40Cr渗氮钢、Tl0A钢、Cr12模具钢、5CrNiMo合金工具钢、9Mn2V冷冲模具钢、P20模具钢（美国）	45~50
	推件板	45钢、T10钢	
	其他件	Q235钢、45钢	

 任务实施

分析模具结构图可知，该冲裁模具的工作零件为凸模和凹模。主要零件为凸模固定板和卸料板。

根据表1-6可知，凸模材料选择Cr12MoV冷冲模具钢，凹模材料选择CrWMn模具钢；凸模固定板材料选择45钢，卸料板材料选择45钢。

 任务评价

评价目标	评价内容	完成情况	得分
素养目标（20分）	养成民族自豪感		
	养成爱思考的好习惯		
技能目标（40分）	能够认识不同的冲压模具材料		
	能够选择各种制件材料		
知识目标（40分）	掌握冲压模具材料的分类		
	理解金属材料的规格		
总分			

一、填空题

（1）冲压加工是利用安装在压力机上的模具对材料施加外力，使其产生_____或_____，从而获得所需形状和尺寸工件的一种压力加工方法。

（2）冲压加工一般在常温下进行，故又称_____。因为冲压主要是用_____加工成零件，所以又称板料冲压。

（3）冲压加工的三要素是指_____、_____、_____。

（4）冲压加工和锻造统称为压力加工，简称_____。

二、简答题

（1）什么是冲压加工？它与其他加工方法相比有什么特点？

（2）为何冲压加工的优越性只有在批量生产的情况下才能得到充分体现？

（3）冲压工序可以分为哪两大类？它们的主要区别和特点是什么？

项目二 冲裁工艺与模具设计

项目目标

知识目标

（1）了解冲裁件生产的一般过程。

（2）熟悉冲裁工艺、工序和实现冲裁工序所需模具的种类。

（3）掌握冲裁工艺过程。

（4）熟悉冲裁模具的设计方法。

能力目标

（1）能够进行冲裁工艺分析。

（2）能够进行冲裁模具设计。

（3）培养学生精益求精的大国工匠精神。

项目简介

　　冲裁工艺具有适用范围广、生产效率高和加工效果精密的优势，可使各类产品的生产工作变得更加快捷、规范，也因此成为了工业机械制造中不可或缺的重要手段。冲裁工艺主要是根据工业机械制造的具体需求，借助各类模具对板料进行冲压处理，使板料之间产生分离，为后续的深加工做良好的铺垫。由于冲裁工艺的加工主体为冲裁件，所以该工艺的整体操作水平，与冲裁件的加工质量、生产效率和模具的使用寿命，有着密不可分的联系。选择科学合理的冲裁工艺，不仅能够使冲裁件在加工后的几何形状、尺寸大小和精密度，均满足冲裁件深加工的基本需求，还可以显著减少冲裁件的整体加工流程，使产品生产的操作难度大大降低，从而起到提高生产效率的良好效果。合理的冲裁工艺还能够在降低冲裁件损耗和提高冲裁质量方面发挥出有力作用，为我国工业机械制造的发展，起到较大的促进作用。因此，本项目学习冲裁工艺与模具设计。

任务 2.1　冲裁概念认知

[任务描述]

　　图 2-1 所示为冲裁断面，试分析冲裁断面的组成。

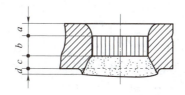

图 2-1　冲裁断面

一、冲裁变形过程

冲裁变形过程就是利用冲裁模具使板料发生分离的过程。如果凸模、凹模刃口之间的间隙 C（冲裁间隙）合适，则整个过程可以分为三个阶段，如图 2-2 所示。

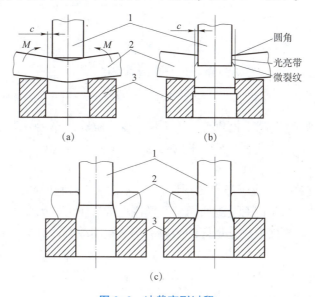

图 2-2　冲裁变形过程

（a）弹性变形阶段；（b）塑性变形阶段；（c）断裂分离阶段

1—凸模；2—板料；3—凹模

（1）弹性变形阶段。弹性变形阶段如图 2-2（a）所示。在凸模压力下，材料首先产生弹性压缩。由于凸模、凹模之间有间隙，使得板料受到弯矩 M 的作用，产生拉伸和弯曲变形，使凹模上的板料向上翘曲，凸模下面的材料略挤入凹模孔内，两者的过渡处（凸、凹模刃口处）形成很小的圆角。间隙越大，弯曲和上翘越严重。此时，板料内部的应力不满足塑性变形条件。在这一阶段中，因材料内部的应力没有超过弹性极限，因此，材料始终处于弹性变形状态，当凸模卸载后，材料即恢复原状。

（2）塑性变形阶段。塑性变形阶段如图 2-2（b）所示。凸模继续下压，施加给板料的力不断增大，当材料内的应力满足屈服准则时，便开始进入塑性变形阶段。此时锋利的凸模和凹模刃口同时对板料进行塑性剪切，形成光亮的塑性剪切面。由于此时凸模挤入板料的深度增大，会有更多的材料被挤入凹模孔口，已经形成的小圆角会进一步变大，材料的塑性变形程度增大，塑性变形区材料硬化加剧，冲裁变形抗力不断增大，直到刃口附近侧面的材料由于拉应力的作用出现微裂纹，塑性变形结束，此时，冲裁变形抗力达到最大值。

（3）断裂分离阶段。断裂分离阶段如图 2-2（c）所示。在刃口侧面已形成的上下微裂纹随凸模继续下压不断向材料内部扩展。当上下裂纹重合时，板料便被剪断分离。随后，凸模将分离的材料推入凹模孔内，完成冲裁变形过程。

二、冲裁断面特征

在正常的冲裁间隙下，冲裁断面由塌角带、光亮带、断裂带和毛刺 4 个部分组成，如图 2-3 所示。

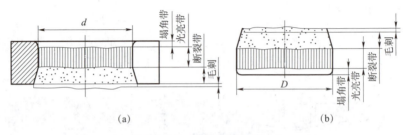

（a） （b）

图 2-3 冲裁断面组成

（a）冲孔件；（b）落料件

（1）塌角带（或圆角带）。塌角带开始于弹性变形阶段，并在塑性变形阶段变大。这是由于刃口附近的板料产生弯曲和拉伸变形的结果。材料的塑性越好、凸模与凹模之间的间隙越大，塌角带越大。

（2）光亮带。光亮带形成于塑性变形阶段。它是由于锋利的凸模、凹模刃口对板料进行塑性剪切而形成的。由于同时受到凸模、凹模侧面的挤压力，因此，该部分不仅光亮，而且与板料平面垂直，是断面上质量最好的区域。当冲裁间隙合适时，光亮带约占板料厚度的 $1/3 \sim 1/2$。

（3）断裂带。断裂带形成于断裂分离阶段，是裂纹向板料内部扩展的结果，是冲裁断面上质量最差的部分，不仅粗糙且带有斜度。

（4）毛刺。毛刺开始于塑性变形阶段，形成于断裂分离阶段。这是由于材料在凸模、凹模刃口处产生的微裂纹不在刃尖处（见图 2-4），而是在距刃尖不远的模具侧面，裂纹的产生点和刃尖的距离 h 即为毛刺的高度。在普通冲裁中，毛刺是不可避免的。毛刺的存在影响了冲裁件的使用，因此，毛刺越小越好。

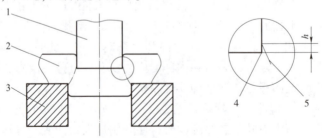

图 2-4 毛刺产生的位置

1—凸模；2—板料；3—凹模；4—刃尖；5—微裂纹

图 2-1 所示为冲孔的断面，该断面由 4 个部分组成，其中，a 段为圆角带，形成于弹性变形后期和塑性变形初期，由于板料的弯曲和拉伸变形而形成，其大小与材质、材料厚度、冲裁间隙有关；b 段为光亮带，主要受剪应力和压应力作用，形成于塑性变形阶段，该部分平整、光滑，通常占整个区域的 1/3~1/2，与材料塑性有关；c 段为断裂带，形成于断裂分离阶段，受拉应力作用，得到表面粗糙、无光泽且有一定斜度的表面；d 段为毛刺，由于冲裁间隙的存在而产生，该区域一般不可避免。

任务评价 ✍

评价目标	评价内容	完成情况	得分
素养目标 （20 分）	养成勤于思考的习惯		
	养成爱国精神		
技能目标 （40 分）	能够分析冲裁断面特征		
	能够分析冲裁变形过程		
知识目标 （40 分）	理解冲裁变形过程		
	学会冲裁断面特征分析		
总分			

任务2.2 冲裁工艺设计

[**任务描述**]

【**例 2-1**】 根据图 2-5 所示冲裁件，材料为 Q235 钢，材料厚度为 2 mm，试分析其冲裁工艺性。

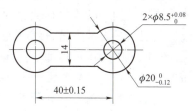

图 2-5 冲裁件工艺性分析示例

知识链接 ✍

一、冲裁模具的设计步骤

1. 分析产品制件的工艺性，拟定工艺方案

（1）先审查产品制件是否符合冲裁结构工艺性，以及冲压工艺经济性。

（2）拟订工艺方案。在分析工艺性的基础上，确定冲压件的总体工艺方案，然后确定冲压加工工艺方案。它是制定冲压工艺过程的核心。在确定冲压工艺方案前，先确定制件所需的基本工序性质、工序数目及工序的顺序，再将其排队组合成若干种可行方案，最后对各种工艺方案进行分析比较，综合其优缺点，选一种最佳方案。在分析比较方案时，应考虑制件精度、生产批量、工厂条件、模具加工水平，以及工人操作水平等方面的因素，有时还需必要的工艺计算。

2. 冲压工艺计算及设计

（1）排料及材料利用率的计算。选择合理的排料方式，决定搭边值，确定出条料的宽度，并力求取得最佳的材料利用率。

（2）刃口尺寸的计算。如前所述，确定凸模、凹模的加工方法，按其不同的加工方法分别计算出凸模、凹模的刃口尺寸。

（3）冲压力、压力中心的计算及冲压设备的初步选择。如前所述，计算出冲压力及压力中心，并根据冲压力初步选定冲压设备。此时仅按所需压力选择设备，确定其是否符合闭合高度要求，然后画出模具结构图后，再作校核与选择，最终确定设备的类型及规格。

3. 冲裁模具结构设计

（1）确定凹模外形尺寸。在计算出凹模刃口尺寸的基础上，再计算出凹模的壁厚，确定凹模的外轮廓尺寸。在确定凹模壁厚时要注意三个问题：第一，须考虑凹模上螺孔、销孔的布置；第二，应使压力中心与凹模的几何中心基本重合；第三，应尽量按国家标准选取凹模的外形尺寸。

（2）根据凹模的外轮廓尺寸及冲压工艺要求，从冲裁模具标准中选出合适的模架类型，并查出相应标准，画出上下模、导柱、导套等模架零件。

（3）画出冲裁模具装配图。

（4）画出冲裁模具零件图。

（5）编写技术文件。

二、冲裁件工艺性分析

在设计冲裁模具时，首先要根据生产批量、零件图样及零件的技术要求进行工艺性分析，从而确定其进行冲裁加工的可能性及加工的难易程度。对不适合冲裁加工，或难以保证加工要求的部位，应及时提出改进建议或与设计人员协商解决。

冲裁件工艺性是指该工件在冲裁加工中的难易程度。良好的冲裁件工艺性应保证材料消耗少、工序数目少、模具结构简单且寿命长、产品质量稳定、操作安全方便等。

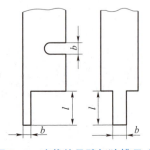

图2-6　冲裁件悬臂与狭槽尺寸

1. 冲裁件的形状和尺寸

冲裁件的形状和尺寸要求如下。

（1）冲裁件的形状应尽可能简单、对称。

（2）冲裁件上应避免有过长的悬壁和狭槽，其最小宽度为 $b>2t$，$l\leqslant 5t$，如图2-6所示，其中 t 为材料厚度。

（3）冲裁件上的孔与孔之间的距离 b、孔与边缘之间的距离 b_1 从不能太小，一般取 $b\geqslant 1.5t$，$b_1\geqslant t$，如图2-7所示。

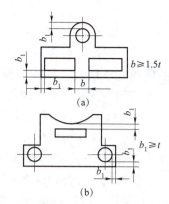

图 2-7 冲裁件孔与孔、孔与边缘最小距离

（4）冲裁件的外形或内孔的转角处，应避免尖角，应有适当的圆角过渡，以减少热处理的应力集中，以及在冲裁加工时可能会出现的破裂现象。

（5）为了防止在冲裁加工时凸模折断，冲孔的尺寸不能太小，普通冲裁模具的冲孔的最小孔径一般应大于材料厚度。

2. 冲裁件的尺寸精度和表面粗糙度

普通冲裁件的尺寸精度一般在 IT10~IT11 级以下，表面粗糙度低于 $Ra6.3\ \mu m$，冲孔精度比落料精度高一级。

3. 冲裁件的材料

冲裁材料取决于零件的要求，但应尽可能以"廉价代贵重、薄料代厚料、黑色代有色"为原则，采用国家标准规格材料，以保证冲裁件质量及冲裁模具寿命。

三、冲裁工艺方案的确定

所谓工艺方案，是指用哪几种基本冲裁工序，按照何种冲裁工序顺序，以怎样的工序组合方式完成冲裁件的冲裁加工。冲裁工艺方案是在冲裁件工艺性分析的基础上，结合产品的生产批量确定的。以图 2-8 所示零件图为例，冲裁工艺方案主要解决如下三个问题。

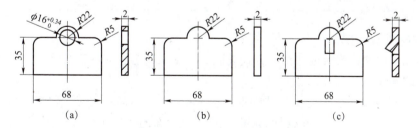

图 2-8 确定冲裁工艺方案示例

1. 基本冲裁工序的确定

冲裁件所需的基本冲裁工序一般可根据冲裁件的结构特点直接进行判断。图 2-8（a）所示的冲裁件需要落料和冲孔两道冲裁工序完成；图 2-8（b）所示的冲裁件只需要落料一道冲裁工序完成；图 2-7（c）所示的冲裁件则需要落料和切舌两道冲裁工序完成。当工件的平面度要求较高时，还需在最后采用校平工序进行精压；当工件的断面质量和尺寸精度要求较高时，则可以直接采用精密冲裁工艺进行冲压。

2. 基本冲裁工序的组合

图 2-8 (a) 所示的冲裁件需要落料和冲孔两道冲裁工序完成，而这两道冲裁工序是一步一步分别完成，还是同时完成，这就是工序的组合问题。冲裁工序的组合方式可分为单工序冲裁、复合冲裁和级进冲裁，所使用的模具对应为单工序模具、复合模具和级进模具。

单工序冲裁是指在压力机的一次行程中只完成一道冲裁工序，因此，对于需要多道工序才能完成的冲裁件就需要多副模具。图 2-8 (a) 所示的冲裁件就需要一副落料模具和一副冲孔模具。复合冲裁是指只有一个工位，并在压力机的一次行程中，同时完成两道或两道以上的冲裁工序。当用复合模具冲制图 2-8 (a) 所示的冲裁件时就只需要一副模具。级进冲裁是指在压力机的一次行程中，在送料方向连续排列的多个工位同时完成多道冲裁工序。当用级进模具冲制图 2-8 (a) 所示的冲裁件时也只需要一副模具。三种类型模具的特点对比见表 2-1。

表 2-1　三种类型模具的特点对比

模具类型	单工序模具	复合模具	级进模具
工位数	1 个	1 个	2 个或 2 个以上
完成的工序数	1 种	2 种或 2 种以上	2 种或 2 种以上
适合的冲裁件尺寸	大、中型	大、中、小型	中、小型
对材料的要求	对条料宽度要求不严，可用边角料	对条料宽度要求不严，可用边角料	对条料或带料宽度要求严格
冲裁件精度	低	高	介于单工序模具和复合模具冲裁件精度之间
生产效率	低	高	很高
实现操作机械化、自动化的可能性	较易	难，工件与废料排除较复杂	容易
应用	适用于精度低，大、中型件的中、小批量生产或大型件的大批量生产	适用于形状较复杂、精度要求高的大、中、小型件的大批量生产	适用于形状复杂、精度要求较高的中、小型件的大批量生产

3. 基本冲裁工序的顺序

当采用单工序冲裁或级进冲裁的方式进行加工时，是先落料还是先冲孔，就存在一个冲裁工序顺序的问题。

(1) 在级进冲裁时，无论冲裁件的形状多复杂，中间需要多少道工序，通常冲孔工序放在第一工位完成，目的是可以利用先冲好的孔为后面的工序定位；落料或切断工序（即使是冲裁件与条料分离的工序）放在最后一个工位，目的是可以利用条料运送工序件（每冲好一步得到的均可以称为工序件）。图 2-8 (a) 所示的冲裁件需要落料和冲孔两道冲裁工序，现采用级进冲裁方案；图 2-9 所示为其排样图，第一工位冲孔，第二工位落料，在落料时以预先冲出的孔进行定位。

(2) 若采用单工序冲裁多工序的冲裁件，则需要首先落料使坯料与条料分离，再冲孔或冲缺口，主要目的是为了操作的方便。

(3) 在冲裁大小不同、相距较近的孔时，为减小孔变形，应先冲大孔，后冲小孔。

综上所述，当冲裁加工的基本工序、工序组合方式及冲裁工序顺序都确定下来时，则冲裁工艺方案也就能定下来了，但这样确定的方案通常有多种，需要根据已知的产品信息，经过分析比较才能最终确定一个技术上可行、经济上比较合理的最佳方案。

4. 冲裁工艺方案确定的方法与步骤

冲裁工艺方案确定的方法与步骤如下。

（1）分析冲裁件的工艺性，指出该冲裁件在工艺性上存在的缺陷及解决办法。

（2）列出冲裁件所需的基本冲裁工序，

（3）在工艺允许的条件下，列出几种可能的工艺方案。

（4）从冲裁件的形状、尺寸、精度、生产批量、模具结构等方面进行分析比较，确定最佳工艺方案

【例2-2】 冲制图2-9（a）所示冲裁件，年产量300万件，要求制订其冲裁工艺方案。

（1）由【例2-1】分析可知，该冲裁件具有良好的冲裁工艺性，比较适合冲裁。

（2）该冲裁件需要落料、冲孔两道基本工序才能成形，有以下三种可能的工艺方案。

方案一：采用单工序模具生产，即先落料，后冲孔。

方案二：采用复合模具生产，即落料、冲孔复合冲裁。

方案三：采用级进模具生产，即冲孔、落料级进冲裁。

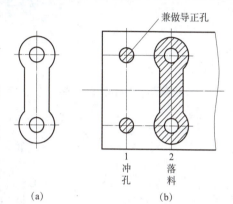

图 2-9 【例 2-2】方案三的工序顺序安排

（3）分析比较。方案一中模具结构简单，但需两道工序、两副模具，生产率较低，难以满足大批量生产时对效率的要求。方案二只需一副模具，冲裁件的几何精度和尺寸精度容易保证，生产效率比方案一高，但模具结构比方案一复杂，操作不方便。方案三只需要一副模具，操作方便安全，易于实现自动化，生产效率最高，模具结构较方案一复杂，但是冲制出的工件精度能满足产品的精度要求。通过对上述三种方案的分析比较，该件的冲裁工艺方案采用方案三为佳，如图2-9（b）所示。

任务评价

评价目标	评价内容	完成情况	得分
素养目标 （20分）	养成精益求精的精神		
	养成环保意识		
技能目标 （40分）	能够对冲裁件工艺性进行分析		
	能够确定冲裁工艺方案		
知识目标 （40分）	理解冲裁模设计步骤		
	学会对冲裁工艺方案的分析		
总分			

（1）该冲裁件结构对称，无凹槽、悬臂、尖角等，符合冲裁工艺要求。

（2）查冲裁件尺寸公差表（GB/T 13914—2013）可知，内孔和外形尺寸的公差，以及孔间距的公差均属于一般公差要求，采用普通冲裁工艺即可冲出。

（3）由图 2-5 所示冲裁件可知，所冲孔的尺寸及孔边距和孔间距尺寸均满足最小值要求，可以采用复合冲裁。

（4）Q235 钢是常用的冲裁加工用材料，具有良好的冲裁工艺性。

任务 2.3 冲裁工艺计算

[任务描述]

试计算图 2-10 所示工件在一个步距内和总的材料利用率，选用的钢板规格为 1 420 mm×710 mm。

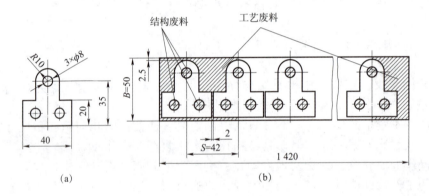

图 2-10 材料利用率的计算示例

（a）工件；（b）排样图

知识链接

一、排样设计

1. 排样类型

冲裁件在板料或条料上的布置方法称为排样。合理的排样应是在保证制件质量、有利于简化模具结构的前提下，以最少的材料消耗，冲出最多数量的合格制件。

冲裁排样有两种分类方法：一种是从废料角度来分，可分为有废料排样、少废料排样和无废料排样三种；另一种是按制件在材料上的排列形式来分，可分为直排法、斜排法、对排法、混合排法、多行排法和冲裁搭边法等多种形式。冲裁排样形式分类示例见表 2-2。

表2-2 冲裁排样形式分类示例

排样形式	有废料排样	少、无废料排样	适用范围
直排法			方、矩形零件
斜排法	16.824		椭圆形、T形、S形零件
对排法			梯形、三角形、半圆形、T形、山形、Ⅱ形零件，在外形上允许有少量缺陷
混合排法			材料与厚度相同的、两种以上的零件
多行排法			大批量生产中尺寸不大的圆形、六角形、方形、矩形零件
冲裁搭边法			细长零件、宽度均匀的条料冲裁长形件

2. 搭边值的确定

搭边是指在冲裁加工时制件与制件之间、制件与条（板）料边缘之间的余料。搭边的作用是：补偿定位误差，保证冲制出合格的制件；保持条料具有一定的刚性，便于送料；保护模具，以免模具过早地磨损而报废。

搭边值的大小决定于制件的形状、材质、材料厚度，以及板料的下料方法。搭边值大小影响材料的利用率。一般由经验确定或查表，冲裁加工最小搭边值参考见表2-3。

表2-3　冲裁加工最小搭边值参考　　　　　　　　　　　　单位：mm

材料厚度 t	手工送料						自动送料	
	圆形工件		非圆形工件		对排法排样			
	a_1	a	a_1	a	a_1	a	a_1	a
≤1	1.5	1.5	1.5	2.0	2.0	3.0	2.0	3.0
1~2	1.5	2.0	2.0	2.5	2.5	3.5	2.0	3.0
2~3	2.0	2.5	2.5	3.0	3.5	4.0	2.0	3.0
3~4	2.5	3.0	3.0	4.0	4.0	5.0	3.0	4.0
4~5	3.0	4.0	4.0	5.0	5.0	6.0	4.0	5.0
5~6	4.0	5.0	5.0	6.0	6.0	7.0	5.0	6.0
6~8	5.0	6.0	6.0	7.0	7.0	8.0	6.0	7.0
>8	6.0	7.0	7.0	8.0	8.0	9.0	7.0	8.0

3. 进距的确定

进距也称步距（S），是指模具每冲裁一次，条料在模具上前进的距离，如图 2-11 所示，S 的大小与排样方式及工件的形状和尺寸有关。当单个进距内只冲裁一个工件时，送料进距的大小等于条料上两个相邻工件对应点之间的距离。

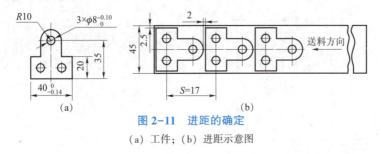

图 2-11　进距的确定

（a）工件；（b）进距示意图

4. 条料宽度的确定

在排样类型和搭边值确定后，条料宽度也就可以确定了。条料宽度的确定与条料在模具中的定位方式有关。

（1）导料板内有侧压装置时条料宽度的确定。利用导料板和挡料销对条料定位，导料板内有侧压装置，如图 2-12 所示。此时条料始终靠着一边的导料板向前送进，条料宽度为

$$B_{-\Delta}^{0} = (D+2a)_{-\Delta}^{0} \tag{2-1}$$

导料板之间的距离为

$$A = B + e$$

式中，B 为条料宽度，mm；D 为冲裁件在垂直送料方向上的最大外形尺寸，mm；a 为侧搭边值，mm，Δ 为条料宽度的单向极限偏差，mm，见表 2-4；A 为导料板之间的距离，mm；

e 为条料与导料板之间的间隙，mm，见表 2-5。

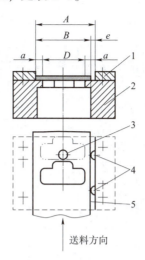

图 2-12 导料板内有侧压装置时条料宽度的确定
1—导料板；2—凹模；3—挡料销；4—侧压板；5—条料

表 2-4 条料宽度的单向极限偏差 Δ　　　　　　　　　　　单位：mm

材料厚度 t	条料宽度				
	≤50	50~100	100~150	150~220	220~300
≤1	0.4	0.5	0.6	0.7	0.8
1~2	0.5	0.6	0.7	0.8	0.9
2~3	0.7	0.8	0.9	1.0	1.1
3~5	0.9	1.0	1.1	1.2	1.3
注：表中数值用于龙门剪床下料。					

表 2-5 条料与导料板之间的间隙 e　　　　　　　　　　单位：mm

材料厚度 t	无侧压装置			有侧压装置	
	条料宽度				
	≤100	100~200	200~300	≤100	>100
≤1	0.5	0.6	1.0	5.0	8.0
1~5	0.8	1.0	1.0	5.0	8.0

（2）导料板内无侧压装置时条料宽度的确定。利用导料板和挡料销对条料定位，导料板内无侧压装置，如图 2-13 所示。应考虑在实际送料过程中因条料的摆动而使侧搭边值减少（见图 2-13（b））。为了补偿侧搭边值的减少，条料宽度应增加一个条料可能的摆动量 e。因此，条料宽度为导料板之间的距离为

$$B_{-\Delta}^{\ 0} = (D+2a+e)_{-\Delta}^{\ 0} \qquad\qquad (2-2)$$
$$A = B+e$$

式中各参数的含义同式（2-1）。

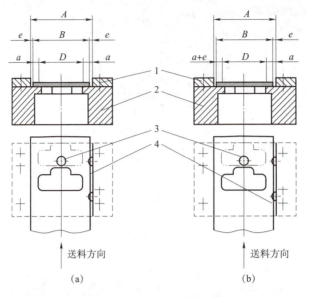

图 2-13　导料板内无侧压装置时条料宽度的确定

（a）理想送料状态；（b）实际送料状态
1—导料板；2—凹模；3—挡料销；4—条料

（3）采用导料板和侧刃定位时条料宽度的确定。在采用导料板和侧刃定位的模具中，导料板带有一个台阶，利用导料板的台阶进行挡料，条料要想继续送进模具，必须将被导料板台阶挡住的料边（图 2-12 所示阴影部分）切除，侧刃就是用来切除该料边的（因装在侧边，故名侧刃）。因此，在采用导料板和侧刃定位时，条料宽度必须增加侧刃切去的料边宽度 b，如图 2-14 所示。此时条料宽度为

$$B_{-\Delta}^{0} = (L+2a'+nb)_{-\Delta}^{0} = (L+1.5a+nb)_{-\Delta}^{0} \tag{2-3}$$

式中，B 为条料宽度，mm；L 为冲裁件在垂直送料方向上的最大外形尺寸，mm；a 为裁去料边后的侧搭边值，mm，$a'=0.75a$（a 是侧搭边值）；n 为侧刃数个；b 为侧刃冲切的料边宽度，mm，见表 2-6；Δ 为条料宽度的单向极限偏差，mm。导料板之间的距离 $A=B+2e$，$A'=B'+2e'$，e' 为冲切后的条料与导料板之间的间隙，mm；e 为条料与导料板之间的间隙，mm。

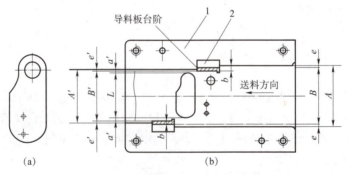

图 2-14　采用导料板和侧刃定位时条料宽度的确定

（a）工件；（b）采用导料板和侧刃定位条料宽度的确定
1—导料板；2—侧刃切去的料边

表 2-6　侧刃冲切的料边宽度 b 和条料与导料板之间的间隙 e'　　单位：mm

材料厚度 t	侧刃冲切的料边宽度 b		条料与导料板之间的间隙 e'
	金属材料	非金属材料	
≤1.5	1.5	2	0.10
1.5~2.5	2.0	3	0.15
2.5~3	2.5	4	0.20

5. 材料利用率的计算

一般常用的计算方法是：一个进距内制件的实际面积与所需板料面积的比的百分率，一般用 η 表示

$$\eta = \frac{F}{F_0} \times 100\% = \frac{F}{AB} \times 100\% \tag{2-4}$$

式中　A——在送料方向，排样图中相邻两个制件对应点之间的距离，mm；

　　　B——条料宽度，mm；

　　　F——一个步距内制件的实际面积，mm^2；

　　　F_0——一个步距所需的毛坯面积，mm^2。

二、冲裁模具工作零件尺寸计算

1. 冲裁间隙的确定

冲裁间隙是指冲裁的凸模与凹模刃口之间的间隙，凸模与凹模每一侧的间隙，称为单边间隙；两侧间隙的和称为双边间隙。如无特殊说明，冲裁间隙是指双边间隙。

冲裁间隙的数值等于凹模刃口与凸模刃口尺寸的差，如图 2-15 所示。

$$Z = D_d - D_p \tag{2-5}$$

式中　Z——冲裁间隙，mm；

　　　D_d——凹模刃口尺寸，mm；

　　　D_p——凸模刃口尺寸，mm。

从冲裁变形过程分析可知，凸模、凹模刃口之间的间隙对冲裁断面质量有极其重要的影响。此外，冲裁间隙对冲裁件尺寸精度、模具寿命、冲裁力、卸料力和推料力也有较大的影响。因此，冲裁间隙是一个非常重要的工艺参数。

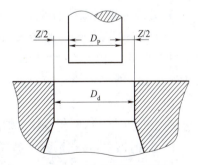

图 2-15　冲裁间隙示意图

2. 冲裁间隙对冲裁件断面质量的影响

（1）选用中等冲裁间隙（普通冲裁合理间隙）。当冲裁间隙合理时，能够使板料在凸模、凹模刃口处产生的上下裂纹相互重合于同一位置，这样，所得到的冲裁件断面光亮带较大，而塌角带和毛刺较小，断裂斜度适中，零件表面较平整，可得到较满意质量的冲裁件如图 2-16（b）所示。

（2）选用较小冲裁间隙。当选用较小冲裁间隙时，光亮带增大，塌角带、毛刺、断裂带均减小；如果冲裁间隙过小，会使上、下两裂纹不重合，随着凸模的下降而产生二次剪切，形成第二条光亮带，如图 2-16（a）所示，毛刺也将进一步拉长，使断面质量变差。

（3）选用较大冲裁间隙。如果冲裁间隙过大，则板料随凸模下降受到很大拉伸，最后被撕裂拉断。冲裁断面上会出现较大的断裂带，使光亮带减小，毛刺和斜度增大，塌角带增加，断面质量更差，如图 2-15（c）所示。

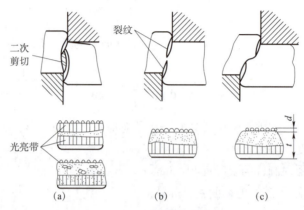

图 2-16　冲裁裂纹与断面变化

（a）冲裁间隙过小；（b）冲裁间隙合适；（c）冲裁间隙过大

较高质量的冲裁断面，应该是光亮带较宽，约占整个断面的 1/3 以上，塌角带、断裂带、毛刺和斜度都很小，整个冲裁零件平面无穹弯现象。但是，影响冲裁断面质量的因素十分复杂，材料不同，冲裁断面质量随材料的性能不同而变化。塑性差的材料，断裂倾向严重，光亮带、塌角带及毛刺均较小，而断面大部分是断裂带；塑性好的材料与此相反，其光亮带所占的比例较大，塌角带和毛刺也较大，而断裂带较小。对于同一种材料来说，光亮带、断裂带、塌角带和毛刺这 4 个部分在断面上所占的比例也不是固定不变的，它与材料本身的厚度、凸模和凹模之间的刃口间隙、模具结构、冲裁速度及刃口锋利程度等因素有关，其中，影响最大的是凸模和凹模之间的刃口间隙。

3. 合理冲裁间隙值的确定

所谓合理冲裁间隙，是指采用这一冲裁间隙进行冲裁加工时，能够得到令人满意的冲裁件的断面质量、较高的尺寸精度和较小的冲压力，并使模具有较长的使用寿命。在具体设计取值时，根据零件在生产中的具体要求可按下列原则进行选取。

（1）当冲裁件尺寸精度要求不高，或对断面质量无特殊要求时，为了提高模具使用寿命和减小冲压力，从而获得较大的经济效益，一般采用较大的冲裁间隙值。

（2）当冲裁件尺寸精度要求较高，或对断面质量有较高的要求时，应选择较小的冲裁间隙值。

（3）在设计冲裁模刃口尺寸时，考虑到模具在使用过程中的磨损，会使刃口间隙增大，应按最小冲裁间隙值来计算刃口尺寸。

确定冲裁间隙的方法，目前广泛使用的是经验公式法与查表法。

（1）经验确定法。

经验确定法见表2-7。

表2-7　经验确定法　　　　　　　　　　　　　　　　　　　　单位：mm

	当 $t<3$ mm 时	当 $t \geqslant 3$ mm 时
软钢、纯铁	$Z=(7\sim10)\%t$	$Z=(15\sim19)\%t$
铜、铝合金	$Z=(4.5\sim6)\%t$	$Z=(16\sim21)\%t$
硬钢	$Z=(12\sim15)\%t$	$Z=(17\sim25)\%t$

注：当冲裁件质量要求较高时，其冲裁间隙应取小值；反之，冲裁间隙应取大值，以降低冲压力及提高模具寿命。

（2）查表法。

查表法是工厂中在设计模具时普遍采用的方法之一。冲裁间隙分类及双面间隙值 Z 的经验数据表见表2-8。

表2-8　冲裁间隙分类及双面间隙值 Z 的经验数据表　　　　　　（%t mm）

材料		分类		
		I	II	III
低碳钢：08F 沸腾钢、10F 碇素钢、Q235 钢、10 钢、20 钢		$6.0 \leqslant Z \leqslant 14.0$	$14 < Z \leqslant 20$	$20 < Z \leqslant 25$
中碳钢：45 钢、1Cr18Ni9Ti 不锈钢、4Cr13 不锈钢、可代合金		$7.0 \leqslant Z \leqslant 16.0$	$16 < Z \leqslant 22$	$22 < Z \leqslant 30$
高碳钢：T8A 钢、T10A 钢、65Mn 钢		$16.0 \leqslant Z \leqslant 24.0$	$24 < Z \leqslant 30$	$30 < Z \leqslant 36$
1060 铝、1050A 铝、1035 铝、1200 铝、3A21 铝合金（软）、H62 黄铜（软）、T1 铜、T2 铜、T3 铜		$4.0 \leqslant Z \leqslant 8.0$	$9 < Z \leqslant 12$	$13 < Z \leqslant 18$
黄铜（硬）、铅黄铜、纯铜（硬态）		$6.0 \leqslant Z \leqslant 10.0$	$11 < Z \leqslant 16$	$17 < Z \leqslant 22$
2Al2 铝合金（硬态）、锡磷青铜、铝青铜、铍青铜		$7.0 \leqslant Z \leqslant 12.0$	$14 < Z \leqslant 20$	$22 < Z \leqslant 26$
镁合金		$3.0 \leqslant Z \leqslant 5.0$		
硅钢 D41		$5.0 \leqslant Z \leqslant 10.0$	$10 < Z \leqslant 18$	
红纸板、胶纸板、胶布板		$1.0 \leqslant Z \leqslant 4.0$	$4 < Z \leqslant 8$	
纸、皮革、云母纸		$0.5 \leqslant Z \leqslant 1.5$		
表面质量	圆角带	$4.0 \sim 7.0$	$6.0 \sim 8.0$	$8.0 \sim 10.0$
	光亮带	$35.0 \sim 55.0$	$25.0 \sim 40.0$	$15.0 \sim 25.0$
	断裂带	$35.0 \sim 50.0$	$50.0 \sim 60.0$	$60.0 \sim 70.0$
	毛刺	较小	最小	小
	斜角	$4° \sim 7°$	$7° \sim 8°$	$8° \sim 11°$
	平直度	较小	小	较大

注：1. 表2-8 所列表中数值，适用于材料厚度 $t<10$ mm 的金属材料，材料厚度 $t>10$ mm 时，冲裁间隙应适当加大比值。

2. 硬质合金模具的冲裁间隙比表中所给值大 25%~30%。

3. 表中下限值为 Z_{min}，上限值为 Z_{max}。

4. 表中的表面质量各项是参考值。

表 2-8 中 I 类适用于断面质量和尺寸精度均要求较高的制件，但在使用此冲裁间隙值时，冲压力较大、模具寿命较低；II 类适用于精度和断面质量要求一般的制件，以及需要进一步塑性变形的坯料；III 类适用于精度和断面质量要求不高的制件，但模具寿命较高。

由于各类冲裁间隙值之间没有绝对的界限，因此，还必须根据冲裁件的尺寸与形状，模具材料和加工方法、冲压方法，以及速度等因素酌情增减冲裁间隙值，原则如下。

（1）在相同条件下，非圆形制件冲裁间隙比圆形制件间隙大，冲孔工序冲裁间隙比落料工序间隙大。

（2）直壁凹模冲裁间隙比锥口凹模冲裁间隙大。

（3）在高速冲压时，模具易发热，冲裁间隙应增大，当行程次数超过 200 次/min 时，冲裁间隙值应增大 10% 左右。

（4）冷冲时冲裁间隙比热冲时冲裁间隙要大。

（5）冲裁加工热轧硅钢板的冲裁间隙比冷轧硅钢板的冲裁间隙大。

（6）用电火花加工的凹模，其冲裁间隙比用磨削加工的凹模的冲裁间隙小（0.5~2）%。

4. 凸模、凹模刃口尺寸计算原则

在冲裁过程中，凸模、凹模的刃口尺寸及制造公差，直接影响冲裁件的尺寸精度。合理的冲裁间隙，也要依靠凸模、凹模刃口尺寸的准确性来保证。因此，正确地确定冲裁模具刃口尺寸及制造公差，是冲裁模具刃口尺寸计算过程中的一项关键性的工作。

根据冲裁工艺的特点，落下来的料和冲出的孔都是带有锥度的，而且落料件的大端尺寸等于凹模尺寸，冲孔件的小端尺寸等于凸模尺寸。

在测量与使用中，落料件是以大端尺寸为基准，冲孔孔径是以小端尺寸为基准，即冲裁件的尺寸是以测量光亮带尺寸为基础的。在冲裁加工时，凸模、凹模将与冲裁件或废料发生摩擦，凸模越磨越小，凹模越磨越大，从而导致凸模、凹模间隙越用越大。

在确定刃口尺寸及制造公差时应遵循下述原则。

（1）在落料工序时，落料件尺寸决定于凹模尺寸，以凹模为基准，将冲裁间隙取在凸模上，冲裁间隙通过减小凸模刃口的尺寸来获得。

（2）在冲孔工序时，冲孔件尺寸决定于凸模尺寸，以凸模为基准，将冲裁间隙取在凹模上，冲裁间隙通过增大凹模刃口的尺寸来获得。

（3）根据磨损规律，在设计落料模具和冲孔模具时，由于凸模和凹模的尺寸中有磨损后尺寸增大的尺寸，磨损后尺寸减小的尺寸，以及磨损前后尺寸不发生变化的尺寸，如图 2-17 所示，因此，在设计基准模具刃口尺寸时，若刃口磨损后尺寸增大，则基准模具刃口公称尺寸应取制件公差范围内较小尺寸；若刃口磨损后尺寸减小，则基准模具刃口公称尺寸应取制件公差范围内较大尺寸；若刃口磨损前后尺寸不变，则基准模具刃口公称尺寸应等于制件的尺寸。

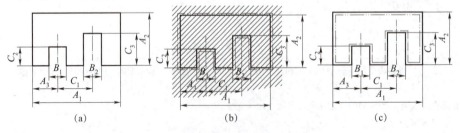

（a）　　　　　　　　（b）　　　　　　　　（c）

图 2-17　工件与落料凸、凹模磨损后尺寸变化

（a）工件；（b）落料凹模；（c）落料凸模

（4）制件尺寸公差与刃口尺寸的制造公差原则上按"入体"原则标注为单向极限偏差，即落料件和凸模刃口尺寸，标注成单向负极限偏差；冲孔件和凹模刃口尺寸，标注成单向正极限偏差；磨损后无变化的尺寸，一般标注成双向极限偏差。

（5）刃口尺寸计算公式。为了便于模具零件磨损或损坏后的快速更换，在生产中通常按凸模、凹模的零件图分别加工到最后的尺寸，以保证其具有良好的互换性。按照上述计算原则，可列出模具刃口尺寸计算公式，见表2-9。

表2-9 模具刃口尺寸计算公式

基准模具刃口尺寸磨损规律	尺寸标注	基准模具刃口尺寸计算公式	非基准模具刃口尺寸计算公式
磨损后尺寸变大	$A_{-\Delta}^{0}$	$A_1 = (A - x\Delta)_{0}^{+\delta_1}$	$A_2 = (A_1 - 2C_{min})_{-\delta_2}^{0}$
磨损后尺寸变小	$B_{0}^{+\Delta}$	$B_1 = (B + x\Delta)_{-\delta_1}^{0}$	$B_2 = (B_1 + 2C_{min})_{0}^{+\delta_2}$
磨损后尺寸不变	$C \pm \Delta'$	$C_1 = C \pm 1/2\delta_1$	$C_2 = C \pm 1/2\delta_2$
校核不等式		$\delta_1 + \delta_2 \leq 2(Z_{max} - Z_{min})$	
注：必须进行不等式校核，目的是为了保证加工出的凸、凹模之间具有合理冲裁间隙值。			

表2-9中，A、B、C分别为制件的公称尺寸，mm；A_1、B_1、C_1分别为基准模具刃口尺寸，mm，当基准模具是凹模时，将下标1改为d，当基准模具是凸模时，将下标1改为p；A_2、B_2、C_2分别为非基准模具刃口尺寸，mm，当非基准模具是凹模时，将下标2改为d，当非基准模是凸模时，将下标2改为p；Δ为制件公差，mm；Δ'为制件极限偏差，mm；δ_1、δ_2分别为基准模具和非基准模具的制造公差，mm，可分别用δ_p、δ_d代表凸模和凹模的制造公差，它们的值可按IT6、IT7级选用，当这种方法确定的δ_p、δ_d不符合表2-9中不等式的要求时，则取$\delta_p = 0.8(Z_{max} - Z_{min})$，$\delta_d = 1.2(Z_{max} - Z_{min})$；$x$为磨损系数，见表2-10；$Z_{max}$和$Z_{min}$分别为合理冲裁间隙的最大值和最小值，mm。

表2-10 磨损系数 x

材料厚度 t/mm	非圆形制件 x 值			圆形制件 x 值	
	1	0.75	0.5	0.75	0.5
	制件公差 Δ/mm				
1	<0.16	0.17~0.35	≥0.36	<0.16	≥0.16
1~2	<0.20	0.21~0.41	≥0.42	<0.20	≥0.20
2~4	<0.24	0.25~0.49	≥0.50	<0.24	≥0.24
>4	<0.30	0.31~0.59	≥0.60	<0.30	≥0.30

【例2-3】 冲制图2-18所示工件，材料为Q235钢，材料厚度为2 mm。计算凸模、凹模刃口尺寸及公差。

解：由图2-18可知，该零件为落料件，以凹模为基准。查表2-7得 $Z = (7 \sim 10)\% t$，即

$$Z_{min} = 7.0\% t = 7.0\% \times 2 \text{ mm} = 0.14 \text{ mm}$$

$$Z_{max} = 10.0\% t = 10.0\% \times 2 \text{ mm} = 0.2 \text{ mm}$$

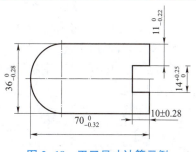

图2-18 刃口尺寸计算示例

磨损系数 x 由表 2-10 查得，凸模、凹模的制造公差 δ_p、δ_d 查 GB/T 1800.1—2020 并分别取 IT6 和 IT7 级公差等级，则凸模、凹模刃口尺寸计算如下。

（1）尺寸 $A_1 = 36_{-0.28}^{0}$ mm，$x = 0.75$，$\delta_{1p} = 0.016$ mm，$\delta_{1d} = 0.025$ mm

$$A_{1d} = (A - x\Delta)_{0}^{+\delta_{1d}} = (36 - 0.75 \times 0.28)_{0}^{+0.025} \text{ mm} = 35.79_{0}^{+0.025} \text{ mm}$$

$$A_{1p} = (A_{1d} - 2Z_{min})_{-\delta_{1p}}^{0} = (35.79 - 2 \times 0.14)_{-0.016}^{0} \text{ mm} = 35.51_{-0.016}^{0} \text{ mm}$$

$$\delta_{1p} + \delta_{1d} = 0.016 \text{ mm} + 0.025 \text{ mm} = 0.041 \text{ mm}$$

$$2(Z_{max} + Z_{min}) = 2 \times (0.2 \text{ mm} - 0.14 \text{ mm}) = 0.12 \text{ mm}$$

即 $\delta_{1p} + \delta_{1d} < 2(Z_{max} - Z_{min})$，故模具精度合适。

（2）尺寸 $A_2 = 11_{-0.22}^{0}$ mm，$x = 0.75$，$\delta_{2p} = 0.011$ mm，$\delta_{2d} = 0.018$ mm

$$A_{2d} = (A - x\Delta)_{0}^{+\delta_{2d}} = (11 - 0.75 \times 0.22)_{0}^{+0.018} \text{ mm} = 10.835_{0}^{+0.018} \text{ mm}$$

$$A_{2p} = (A_{2d} - 2Z_{min})_{-\delta_{2p}}^{0} = (10.835 - 2 \times 0.14)_{-0.011}^{0} \text{ mm} = 10.555_{-0.011}^{0} \text{ mm}$$

$$\delta_{2p} + \delta_{2d} = 0.011 \text{ mm} + 0.018 \text{ mm} = 0.029 \text{ mm}$$

$$2(Z_{max} + Z_{min}) = 2 \times (0.2 \text{ mm} - 0.14 \text{ mm}) = 0.12 \text{ mm}$$

即 $\delta_{2p} + \delta_{2d} < 2(Z_{max} - Z_{min})$，故模具精度合适。

（3）尺寸 $A_3 = 70_{-0.32}^{0}$ mm，$x = 0.75$，$\delta_{3p} = 0.019$ mm，$\delta_{3d} = 0.018$ mm

$$A_{3d} = (A - x\Delta)_{0}^{+\delta_{3d}} = (70 - 0.75 \times 0.32)_{0}^{+0.030} \text{ mm} = 69.76_{0}^{+0.030} \text{ mm}$$

$$A_{3p} = (A_{3d} - 2Z_{min})_{-\delta_{3p}}^{0} = (69.76 - 2 \times 0.14)_{-0.019}^{0} \text{ mm} = 69.48_{-0.019}^{0} \text{ mm}$$

$$\delta_{3p} + \delta_{3d} = 0.019 \text{ mm} + 0.030 \text{ mm} = 0.049 \text{ mm}$$

$$2(Z_{max} + Z_{min}) = 2 \times (0.2 \text{ mm} - 0.14 \text{ mm}) = 0.12 \text{ mm}$$

即 $\delta_{3p} + \delta_{3d} < 2(Z_{max} - Z_{min})$，故模具精度合适。

（4）尺寸 $B = 14_{0}^{+0.25}$ mm，$x = 0.75$，$\delta_p = 0.011$ mm，$\delta_d = 0.018$ mm

$$B_d = (B + x\Delta)_{-\delta_d}^{0} = (14 + 0.75 \times 0.25)_{-0.018}^{0} \text{ mm} = 14.188_{-0.018}^{0} \text{ mm}$$

$$B_p = (B_d + 2Z_{min})_{0}^{+\delta_p} = (14.188 + 2 \times 0.14)_{0}^{+0.011} \text{ mm} = 14.468_{0}^{+0.011} \text{ mm}$$

$$\delta_p + \delta_d = 0.011 \text{ mm} + 0.018 \text{ mm} = 0.029 \text{ mm}$$

$$2(Z_{max} - Z_{min}) = 2 \times (0.2 \text{ mm} - 0.14 \text{ mm}) = 0.12 \text{ mm}$$

即 $\delta_p + \delta_d < 2(Z_{max} - Z_{min})$，故模具精度合适。

（5）尺寸 $C = \pm 0.28$ mm，$\delta_p = 0.009$ mm，$\delta_d = 0.015$ mm

$$C_d = C \pm 1/2\delta_d = 10 \pm 0.0075 \text{ mm}$$

$$C_P = C \pm 1/2\delta_p = 10 \pm 0.0045 \text{ mm}$$

$$\delta_p + \delta_d = 0.009 \text{ mm} + 0.015 \text{ mm} = 0.024 \text{ mm}$$

$$2(Z_{max} - Z_{min}) = 2 \times (0.2 \text{ mm} - 0.14 \text{ mm}) = 0.12 \text{ mm}$$

即 $\delta_p + \delta_d < 2(Z_{max} - Z_{min})$，故模具精度合适。

5. 冲压力的计算

冲压力是冲裁力、卸料力、推料力和顶料力的总称。冲压力的计算是选取合理的冲压设备的关键步骤。

（1）冲裁力公式为

$$P = KLt\tau \tag{2-6}$$

式中 P——冲裁力，N；

τ——材料抗剪强度，MPa；

L——冲裁件周边长度，mm；

t——材料厚度，mm；

K——系数，取$K=1.3$。

（2）卸料力、推料力、顶料力的计算。

卸料力、推料力、顶料力示意图如图2-19所示，其公式为

1）卸料力。卸料力是将箍在凸模上的材料卸下时所需的力，其公式为

$$P_{卸}=K_{卸}P \qquad (2-7)$$

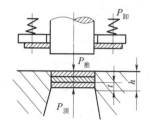

2）推料力。推料力是将落料件顺着冲裁加工方向从凸模刃口推出时所需的力，其公式为

$$P_{推}=K_{推}P \qquad (2-8)$$

$$n=h/t \quad h\geqslant 8 \text{ mm}$$

图 2-19 卸料力、推料力、顶料力示意图

3）顶料力。顶料力是将落料件逆着冲裁加工方向顶出凹模刃口时所需的力，其公式为

$$P_{顶}=K_{顶}P \qquad (2-9)$$

式中　$P_{卸}$、$P_{推}$、$P_{顶}$——分别为卸料力、推料力和顶料力，N；

$K_{卸}$、$K_{推}$、$K_{顶}$——分别为卸料力、推料力和顶料力的系数，其值见表2-11。

表2-11　卸料力，推料力和顶料力的系数

材料		$K_{卸}$	$K_{推}$	$K_{顶}$
不同厚度的铁碳合金	≤1.0	0.060~0.090	0.100	0.140
	0.1~0.5	0.040~0.070	0.065	0.080
	0.5~2.5	0.025~0.060	0.050	0.060
	2.5~6.5	0.020~0.050	0.045	0.050
	>6.5	0.015~0.040	0.025	0.030
铝、铝合金		0.030~0.080		
纯铜、黄铜		0.020~0.060	0.030~0.090	

（3）冲压力的计算

选择冲压设备时，要根据不同的模具结构，计算出所需的总冲压力。

1）采用弹性卸料和上出料方式时，总冲压力为

$$P_{总}=P+P_{卸}+P_{顶} \qquad (2-10)$$

2）采用刚性卸料和下出料方式时，总冲压力为

$$P_{总}=P+P_{推} \qquad (2-11)$$

3）采用弹性卸料和下出料方式时，总冲压力为

$$P_{总}=P+P_{推}+P_{卸} \qquad (2-12)$$

6. 冲裁模具压力中心的计算

压力中心是指冲压合力的作用点。为使冲裁模能平稳工作，当冲裁模具与压力机固定

时，必须使其压力中心通过模柄中心并与滑块的中心线重合，否则冲裁模具将受到偏载，造成凸模、凹模之间的间隙分布不均，导致零件加速磨损、模具刃口及其他零件损坏，甚至会引起压力机导轨磨损，影响压力机精度。因此，必须计算压力中心，并在冲裁模具安装时，使其压力中心通过模柄中心并与滑块中心线重合。

形状对称的冲裁件，其模具压力中心位于冲裁轮廓的几何中心，不需计算，如图 2-20 所示。复杂形状冲裁件或多凸模冲裁件的模具压力中心，可按力矩平衡原理进行解析计算。

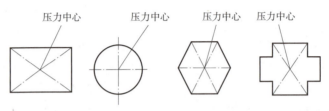

图 2-20　形状对称冲裁件的模具压力中心

（1）单凸模冲裁复杂形状工件模具压力中心的计算，计算步骤如下。

1）按比例画出冲裁件的轮廓（见图 2-21）。

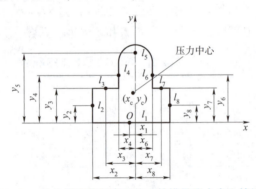

图 2-21　单凸模冲裁复杂形状工件模具压力中心的计算

2）建立直角坐标系 xOy。

3）将冲裁件的冲裁轮廓分解为若干直线段和圆弧段，并计算各线段的长度 l_1，l_2，l_3，$\cdots$，l_n。

4）计算各线段重心到坐标轴 x、y 的距离 y_1，y_2，y_3，$\cdots$，y_n 和 x_1，x_2，x_3，$\cdots$，x_n。

5）根据力矩平衡原理，得到计算压力中心 x_c、y_c 的公式为

$$x_c = \frac{l_1 x_1 + l_2 x_2 + \cdots + l_n x_n}{l_1 + l_2 + \cdots + l_n}$$

$$y_c = \frac{l_1 y_1 + l_2 y_2 + \cdots + l_n y_n}{l_1 + l_2 + \cdots + l_n}$$

（2）多凸模冲裁加工时模具压力中心的计算。确定多凸模冲裁加工模具压力中心，首先应计算各单个凸模的压力中心，然后再计算模具的压力中心。计算步骤如下。

1）按比例并根据各凸模的相对位置画出每一个冲裁轮廓形状，如图 2-22 所示。

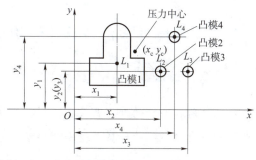

图 2-22　多凸模冲裁加工时模具压力中心的计算

2）在任意位置建立直角坐标系 xOy。

3）分别计算每个冲裁轮廓的压力中心到 x、y 轴的距离 y_1，y_2，y_3，$\cdots$，y_n 和 x_1，x_2，x_3，$\cdots$，x_n。

4）分别计算每个冲裁轮廓的周长 L_1，L_2，L_3，$\cdots$，L_n。

5）根据力矩平衡原理，可得压力中心坐标 x_c、y_c 的计算公式为

$$x_c = \frac{L_1 x_1 + L_2 x_2 + \cdots + L_n x_n}{L_1 + L_2 + \cdots + L_n}$$

$$y_c = \frac{L_1 y_1 + L_2 y_2 + \cdots + L_n y_n}{L_1 + L_2 + \cdots + L_n}$$

 任务实施

分析图 2-10 可知，所示工件在一个步距内和总的材料利用率，选用的钢板规格为 1 420 mm×710 mm。

解：工件的面积为 $F = 40\ \text{mm} \times 20\ \text{mm} + 15\ \text{mm} \times 20\ \text{mm} + \frac{1}{2} \times 3.14 \times 10^2\ \text{mm}^2 = 1\ 257\ \text{mm}^2$。

一个步距内的材料利用率为

$$\eta = \frac{F}{F_0} \times 100\% = \frac{1\ 257\ \text{mm}^2}{50\ \text{mm} \times 42\ \text{mm}} \times 100\% = 59.86\%$$

 任务评价

评价目标	评价内容	完成情况	得分
素养目标（20分）	养成精益求精的精神		
	养成一丝不苟的大国工匠精神		
技能目标（40分）	能够计算冲压力和凸、凹模刃口尺寸		
	能够计算模具压力中心		
知识目标（40分）	理解排样方式		
	学会选用冲裁模设备		
总分			

[任务描述]

试设计图 2-23（a）所示工件落料凹模的外形及尺寸，材料厚度 t 为 2 mm。

解：由于所冲形状接近于矩形，因此，其凹模外形选择矩形，如图 2-23（b）所示。

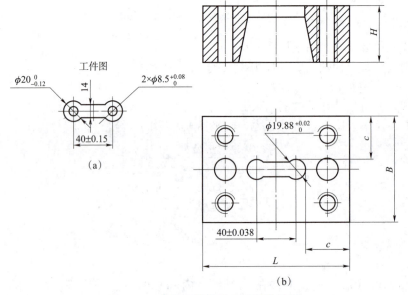

图 2-23 落料凹模外形尺寸计算示例

一、冲裁模具成形零件结构设计

1. 凸模的结构设计与标准化

（1）凸模结构。常见凸模有以下几种形式。

1）台肩式凸模。这种凸模结构主要用于冲制横断面简单的制件，如圆形制件、方形制件等，装配修磨方便，具有较好的固定性和工作稳定性，在模具结构中经常采用，如图 2-24 所示。

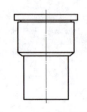

图 2-24 台肩式凸模

2）直通式凸模，即凸模沿轴线方向与横断面尺寸相同。这种凸模结构对于冲制非圆形制件非常实用，主要可用数控线切割机床加工或成形磨削，如图 2-25 所示。

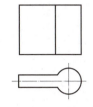

图 2-25　直通式凸模

（2）凸模的固定方式。凸模的固定方式主要分为台肩固定式、铆接固定式两大类。此外还有螺钉吊装式、横销固定式等形式，如图 2-26 所示。

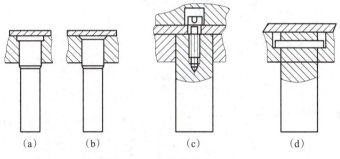

图 2-26　凸模的固定方式

（a）台肩固定式；（b）铆接固定式；（c）螺钉吊装式；（d）横销固定式

（3）凸模基本结构参数的确定。以台肩式凸模结构为例说明凸模基本结构参数的确定，如图 2-27 所示。

1）凸模横断面参数的确定，其公式为

$$D_1 = d + (3 \sim 5 \text{ mm})$$
$$D_2 = D_1 + (3 \sim 5 \text{ mm})$$

式中　d——刃口尺寸，mm。

2）凸模轴向参数的确定，其公式为

$$H_1 = 3 \sim 5 \text{ mm}$$
$$H_2 = h_1 + (3 \sim 5 \text{ mm})$$
$$H = h_1 + h_2 + h_3 + (10 \sim 20 \text{ mm})$$

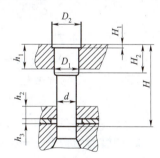

图 2-27　台肩式凸模结构

式中　h_1——固定板厚度，mm；

　　　h_2——卸料板厚度，mm；

　　　h_3——侧面导料板厚度，mm。

（4）凸模强度的校核。在一般情况下，凸模强度是足够的，无须校核。但对于特别细长的凸模或材料厚度较大的情况，应对凸模进行压应力和弯曲应力的校核。检查其危险断面尺寸和自由长度是否满足强度要求。

1）压应力的校核。

圆形凸模按式（2-13）进行校核，非圆形凸模按式（2-14）进行校核。

$$d_{min} \geqslant 4t\tau / [\sigma_{压}] \qquad (2\text{-}13)$$

$$f_{min} \geqslant P / [\sigma_{压}] \qquad (2\text{-}14)$$

式中　d_{min}——凸模最小直径，mm；

　　　f_{min}——凸模最小截面的面积，mm^2；

　　　t——材料厚度，mm；

　　　τ——材料的抗剪强度，MPa；

　　　P——冲裁力，N；

　　　$[\sigma_{压}]$——凸模材料的许用压力，MPa。

2）弯曲应力的校核。

根据模具结构特点，凸模的抗弯能力可分为无导向装置和有导向装置两种情况。

无导向装置的圆形凸模的最大长度为

$$L_{max} \leqslant \frac{95d^2}{\sqrt{P}} \qquad (2\text{-}15)$$

无导向装置的非圆形凸模的最大长度为

$$L_{max} \leqslant 425\sqrt{\frac{I}{P}} \qquad (2\text{-}16)$$

有导向装置的圆形凸模的最大长度为

$$L_{max} \leqslant \frac{270d^2}{\sqrt{P}} \qquad (2\text{-}17)$$

有导向装置的非圆形凸模的最大长度为

$$L_{max} \leqslant 1\,200\sqrt{\frac{I}{P}} \qquad (2\text{-}18)$$

式中　L_{max}——凸模允许的最大自由长度，mm；

　　　d——凸模的最小直径，mm；

　　　P——冲裁力，N；

　　　I——凸模最小横截面的惯性矩，mm^4。

（5）凸模结构标准化。

在依据上述推荐参数和模具结构的特点构思—凸模结构，在构思的基础上选择标准凸模结构。查国标 JB/T 5825—2008 选取标准尺寸。

2. 凹模的结构设计与标准化

（1）凹模洞孔形式。凹模洞孔形式常用的有三种，如图 2-28 所示。

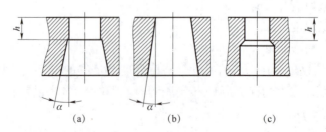

图 2-28　凹模洞孔形式

（a）圆柱形孔口；（b）锥形孔口；（c）过渡圆柱形孔口

1）圆柱形孔口（见图2-28（a））。这种结构工作刃口的强度较高，刃磨后工作部分的尺寸不变，主要用于冲制料较厚、形状较复杂的制件。圆柱部高度h及锥角α的推荐取值范围如下。

$$t<0.5 \text{ mm} \qquad\qquad h=3\sim5 \text{ mm}$$
$$t=0.5\sim5 \text{ mm} \qquad\qquad h=5\sim10 \text{ mm}$$
$$t=5\sim10 \text{ mm} \qquad\qquad h=10\sim15 \text{ mm}$$

孔口下方的锥部是为了漏料的方便。其锥角α可取$3°\sim5°$。

2）锥形孔口（见图2-28（b））。这种结构工作刃口刃磨后，工作部分的尺寸会变大，主要用于冲制精度较低、形状较简单的制件。锥角α的推荐取值范围如下。

$$t<1 \text{ mm} \qquad\qquad \alpha=0.5°$$
$$t=1\sim3 \text{ mm} \qquad\qquad \alpha=1°$$
$$t=3 \text{ mm} \qquad\qquad \alpha=1°\sim5°$$

3）过渡圆柱形孔口（见图2-28（c））。这种结构具有圆柱形孔口的特点，并且制造方便，是生产中常用的一种结构。其h值可参照圆柱形孔口的h值确定。

（2）凹模结构。凹模常用的基本结构外形有矩形、圆形板类结构及柱形结构。设计时按 JB/T 7643.1—2008、JB/T 7643.4—2008、JB/T 5830—2008选用，其中以板类结构凹模应用最广泛。凹模的固定方式是用螺钉、销钉直接固定在底座上。

（3）凹模外形尺寸的确定。以矩形凹模为例，如图2-29所示，凹模外形尺寸如下。

1）凹模厚度H为

$$H=Kb_1（不小于 8 \text{ mm}）\qquad (2-19)$$

式中　　K——凹模厚度系数，见表2-12；

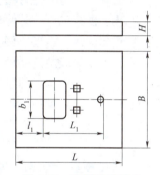

图2-29　凹模外形尺寸

b_1——垂直于送料方向测量的凹模洞孔间最大距离，mm。

表2-12　凹模厚度系数 K

垂直于送料方向测量的凹模洞孔间最大距离 b_1/mm	材料厚度 t/mm				
	0.5	1.0	2.0	3.0	>3.0
$b_1<50$	0.30	0.35	0.42	0.50	0.60
$50<b_1\leqslant100$	0.20	0.22	0.28	0.35	0.42
$100<b_1\leqslant200$	0.15	0.18	0.20	0.24	0.30
$b_1>200$	0.10	0.12	0.15	0.18	0.22

2）凹模长度L为

$$L=L_1+2l_1 \qquad\qquad (2-20)$$

式中　　L_1——平行于送料方向测量的凹模洞孔间最大距离，mm；

　　　　l_1——凹模孔壁至边缘的距离，mm，见表2-13。

表 2-13　凹模孔壁至边缘的距离 l_1　　　　　　　　　　单位：mm

材料宽度 d	材料厚度 t			
	$t \leq 0.8$	$0.8 < t \leq 1.5$	$1.5 < t \leq 3.0$	$3.0 < t \leq 5.0$
$d \leq 40$	20	22	28	32
$40 < d \leq 50$	22	25	30	35
$50 < d \leq 70$	28	30	36	40
$70 < d \leq 90$	34	36	42	46
$90 < d \leq 120$	38	42	48	52
$120 < d \leq 150$	40	45	52	55

3）凹模宽度 B 为

$$B = b_1 + (2.5 \sim 4.0)H$$

根据计算的凹模尺寸，查国标 JB/T 7643.1—2008，选取凹模标准尺寸。

3. 凸模、凹模的最小壁厚

凸模、凹模的内、外缘均为刃口，内、外缘之间的壁厚取决于冲裁件的尺寸，为保证凸模、凹模的强度，凸模、凹模应具有一定的壁厚。凸模、凹模的最小壁厚 m 一般按经验数据确定，不积聚废料的凸模、凹模最小壁厚值：冲裁加工硬材料时 $m = 1.5t$，冲裁加工软材料时 $m \approx t$，其中 t 为材料厚度。积聚废料的凸模、凹模，由于胀力大，故其最小壁厚值要比不积聚废料时的数据适当加大。

二、冲裁模具总体结构设计

1. 冲裁模具导向零件的确定

（1）导柱和导套。对于生产批量大、要求模具寿命长、工件精度较高的冲裁模具，一般采用导柱、导套来保证上、下模的精确导向。导柱、导套的结构形式有滑动和滚动两种。

1）滑动导柱、导套。滑动导柱、导套均为圆柱形，其加工方便，容易装配，是模具行业应用最广泛的导向装置。图 2-30 所示为最常用的滑动导柱、导套结构。导柱的直径一般在 16~60 mm 之间，长度 L 在 90~320 mm 之间。按标准选用时，L 应保证上模座在最低位置时（闭合状态），导柱上端与上模座顶面距离不小于 10~15 mm，而下模座底面与导柱底面的距离不小于 5 mm。导柱的下部与下模座导柱孔采用 H7/r6 过盈配合，导套的外径与上模座导套孔也采用 H7/r6 过盈配合。导套的长度 l_1，必须保证在冲裁加工前导柱进入导套 10 mm 以上。

导柱与导套之间采用间隙配合，根据冲裁工序性质、冲裁件的精度及材料厚度等的不同，其配合间隙也稍有不同。例如，对于冲裁模具，导柱和导套的配合可根据凸模、凹模之间的间隙选择。当凸模、凹模

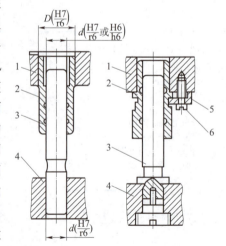

图 2-30　滑动导柱、导套结构
1—上模座；2—导套；3—导柱；4—下模座；
5—压板；6—螺钉

之间的间隙小于0.3 mm 时，采用 H6/h5 配合；当凸模、凹模之间的大于 0.3 mm 时，采用 H7/h6 配合；当拉深厚度为 4~8 mm 的金属板时，采用 H7/f7 配合。

2）滚珠导柱、导套。滚珠导柱、导套是一种无间隙、精度高、使用寿命长的导向装置，适用于高速冲裁模具、精密冲裁模具，以及硬质合金模具的冲裁加工。图 2-31 所示为常见的滚珠导柱、导套的结构，导套 1 与上模座 2 导套孔采用过盈配合，导柱 5 与下模座 6 导柱孔为过盈配合，滚珠 3 置于滚珠夹持圈 4 内，与导柱和导套接触，并有微量过盈。

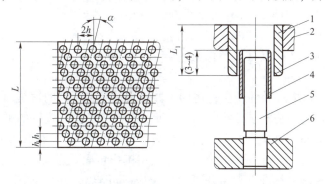

图 2-31　滚珠导柱、导套结构

1—导套；2—上模座；3—滚珠；4—滚珠夹持圈；5—导柱；6—下模座

在一般情况下，滚珠与导柱、导套之间应保持 0.01~0.02 mm 的过盈量。为保证均匀接触，滚珠尺寸必须严格控制，其直径一般为 3~5 mm。对于高精度模具，滚珠精度取 IT15，一般精度的模具，取精度为 IT16 的滚珠，并使其对称排列、分布均匀，与中心线倾斜角 α 一般为 5°~10°，使每个滚珠在上下运动时都有其各自的滚道而减少磨损。滚珠夹持圈的长度 L，在上模回程至上止点时，仍有 2~3 圈滚珠与导柱、导套配合，起导向作用。导套长度约为 $L_1 = L + (5~10)$ mm。导柱、导套有相应的国家标准，在设计时应尽可能选用标准的导柱、导套。

（2）上、下模座。模座分为带导柱和不带导柱两种，根据生产规模和产品要求确定是否采用带导柱的模座。带导柱标准模座的常用形式及导柱的排列方式如图 2-32 所示。

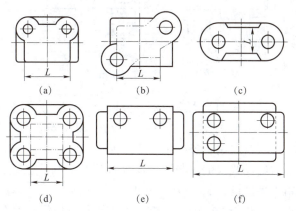

图 2-32　带导柱标准模座的常用形式及导柱的排列方式

图 2-32（a）所示为后侧导柱模座，$L = 63~400$ mm。两个导柱装在后侧，可以三面送料，操作方便，但在冲压加工时容易引起偏心矩而使模具歪斜。因此，它适用于冲裁中等精

度、较小尺寸冲裁件的模具，大型冲裁模具不宜采用此种形式。

图 2-32（b）所示为对角导柱模座，$L=63\sim500$ mm。两个导柱装在对角线上，便于纵向或横向送料。由于导柱装在模具中心对称位置，在冲裁加工时可防止由于偏心力矩而引起的模具歪斜，适用于冲制一般精度冲裁件的冲裁模具或级进模具。

图 2-32（c）所示为中间导柱模座，$L=63\sim630$ mm。便于纵向送料，适用于由单个毛坯冲制的较精密冲压件的模具。

图 2-32（d）所示为四导柱模座，$L=160\sim630$ mm。采用四导柱模座冲裁模具的导向性能最好，适用于冲制比较精密的冲压件。

图 2-32（e）所示为后导柱窄形模座，$L=250\sim800$ mm，适用于冲制中等尺寸冲压件的各种模具。

图 2-32（f）所示为三导柱模座，适用于冲制大尺寸冲压件的模具。

按标准选择模座时，应根据凹模（或凸模）、卸料和定位装置等的平面布置来选择模座的尺寸。一般应取模座的外围尺寸 L 大于凹模尺寸 $40\sim70$ mm，模座厚度应是凹模厚度的 $1\sim1.5$ 倍。下模座的外形尺寸每边应超出冲压设备工作台面孔边 $40\sim50$ mm。

上、下模座已有国家标准，除特殊类型外，应尽可能选取标准模座。导柱、导套和上、下模座装配后将组成模架，我国已有部分模架标准化。

（3）模柄。模柄的作用是将模具的上模座固定在冲压设备的滑块上。常用的模柄形式如图 2-33 所示。

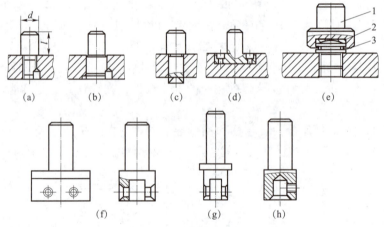

图 2-33　常用的模柄形式

图 2-33（a）所示为带螺纹的旋入式模柄，模柄与上模座做成整体，适用于小型模具。

图 2-33（b）所示为带台阶的压入式模柄，它与上模座安装孔采用 H7/n6 配合，可以保证较高的同轴度和垂直度，适用于各种中、小型模具。

图 2-33（c）所示为反铆式模柄，与上模座连接后，为防止松动，拧入防转螺钉紧固，垂直度精度较差，适用于小型模具。

图 2-33（d）所示为有凸缘的模柄，用螺钉、销钉与上模座紧固在一起，适用于较大的模具。

图 2-33（e）所示为浮动式模柄。它由模柄、球面垫块和连接板组成，这种结构可以通过球面垫块消除冲压设备导轨误差对冲裁模具导向精度的影响，适用于有滚珠导柱、导套结

构的精密冲裁模具。

图 2-33 （f）、图 2-33 （h）所示为整体式模柄，图 2-33 （f）适用于矩形凸模，图 2-33 （g）适用于圆形凸模。

在设计模柄时，模柄的长度不得大于冲压设备滑块内模柄孔的深度，模柄直径应与压力机滑块上的模柄孔径一致。

2. 冲裁模具卸料及出料结构设计

（1）卸料板。卸料板一般分为刚性卸料板和弹性卸料板两种形式。图 2-34 所示为刚性卸料板。其中图 2-34 （a）、图 2-34 （b）为封闭式刚性卸料板，适用于冲压厚度在 0.5 mm 以上的条料；图 2-34 （c）为悬臂式刚性卸料板，适用于窄而长的毛坯；图 2-34 （d）为钩形刚性卸料板，适用于简单的弯曲模具和拉深模具。刚性卸料板用螺钉和销钉固定在下模上，能够承受较大的卸料力，其卸料安全、可靠，但操作不便、生产效率不高。刚性卸料板与凸模间隙一般取 0.1~0.5 mm。刚性卸料板的厚度取决于卸料力大小及卸料尺寸，一般取 5~12 mm。

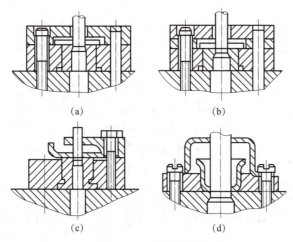

(a)   (b)

(c)   (d)

图 2-34 刚性卸料板

图 2-35 所示为弹性卸料板。其中图 2-35 （a）为顺装式模具的弹性卸料板，图 2-35 （b）为倒装式模具的弹性卸料板，图 2-35 （c）为采用橡胶等弹性元件的弹性卸料板。弹性卸料板有敞开的工作空间，操作方便、生产效率高，在冲裁加工前对毛坯有压紧作用，在冲裁加工后又使冲裁件平稳卸料，从而使冲裁件较为平整。但由于受弹簧、橡胶等零件的限制，其卸料力较小，且结构复杂，可靠性与安全性不如刚性卸料板。

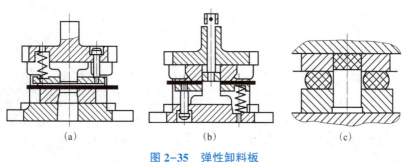

(a)   (b)   (c)

图 2-35 弹性卸料板

（2）推件装置。图 2-36 所示为两种推件装置，其中图 2-36（a）为刚性推件装置，其推件力大，推件可靠，但不具有压料作用；图 2-36（b）为弹性推件装置，在冲裁加工时能压住工件，冲裁出的工件质量较高，但弹性元件的压力有限，当需要较大推件力时，其结构庞大。

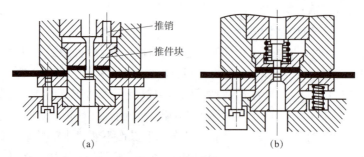

推销
推件块

（a） （b）

图 2-36 推件装置

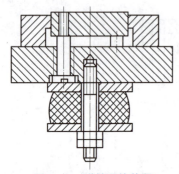

图 2-37 弹性顶件装置

（3）顶件装置。顶件装置装在下模，一般是弹性的，如图 2-37 所示。其弹性组件是弹簧或橡胶，大型压力机会采用气垫作为弹顶器。这种结构的顶件力容易调节、工作可靠，冲制出的冲裁件平直度较高。

注意：在模具设计装配时，应使推件块或顶件块伸出凹模孔口面 0.2~0.5 mm，以提高推件的可靠性。推件块和顶件块与凹模为间隙配合。

3. 冲裁模具弹簧和橡胶的选择

弹簧和橡胶是模具中广泛应用的弹性零件，现介绍普通圆柱螺旋压缩弹簧和橡胶的选用方法。

（1）普通圆柱螺旋压缩弹簧。普通圆柱螺旋压缩弹簧一般是按照标准选用，国家标准代号为 GB 2089—2009。

1）选择普通圆柱螺旋压缩弹簧时有以下三个方面的要求。

① 压力要足够，即

$$F_{预} \geq \frac{F_{卸}}{N}$$

式中 $F_{预}$——弹簧的预紧力，N；

　　$F_{卸}$——卸料力或推件力、顶件力，N；

　　N—弹簧根数。

② 压缩量要足够，即

$$S_{最大} \geq S_{总} = S_{预} + S_{工作} + S_{修磨}$$

式中 $S_{最大}$——弹簧允许的最大压缩量，mm；

　　$S_{总}$——弹簧需要的总压缩量，mm；

　　$S_{预}$——弹簧需要的预压缩量，mm；

　　$S_{工作}$——卸料板或推件块等的工作行程，mm，对冲裁可取 $S_{工作} = t + 1$ 其中 t 为材料厚度；

$S_{修磨}$——模具的修磨量或调整量，mm，一般取 4~6 mm。

③ 要符合模具结构空间的要求。因模具闭合高度的大小限定了所选弹簧在预压状态下的长度，上、下模座的尺寸限定了卸料板的面积，也限定了允许弹簧占用的面积，故选取弹簧的根数、直径和长度，必须符合模具结构空间的要求。

2）选择普通圆柱螺旋压缩弹簧的步骤如下。

① 根据模具结构初步确定弹簧根数 N，并计算出每根弹簧分担的卸料力（或推件力），即 $F_{卸}/N$。

② 根据 $F_{预}$ 和模具结构尺寸，查阅设计手册，从国家标准中初选出若干个序号的弹簧，这些弹簧均需满足最大工作负荷大于 $F_{预}$ 的条件，一般可取 $F_{最大}=(1.5~2)F_{预}$。

③ 校核弹簧的最大允许压缩量是否满足工作需要的总压缩量 $S_{总}$，即小尺寸凹模需满足式 $c=(1.5~2)H(c \geqslant 30\ \text{mm})$，大尺寸凹模需满足式 $c=(2~3)H(c \geqslant 30\ \text{mm})$，如不满足，则需重新选择。

④ 检查弹簧的装配长度。检查弹簧预压缩后的长度（弹簧预压缩后的长度＝弹簧的自由长度−预压缩量）、根数、直径是否符合模具结构空间尺寸，如不符合要求，则需重新选择。

（2）橡胶。橡胶允许承受的负荷比弹簧大，且价格低、安装调整方便，是模具中广泛应用的弹性组件。橡胶在受压方向所产生的变形与其所受到的压力不是成正比的线性关系，其特性曲线如图 2-38 所示。由图 2-38 可知，橡胶的单位压力与橡胶的压缩量和形状及尺寸有关。橡胶承受的压力为

$$F = Ap$$

式中　A——橡胶的断面面积，mm^2；

　　　p——与橡胶压缩量有关的单位压力，MPa，如图 2-38 所示，或见表 2-14。

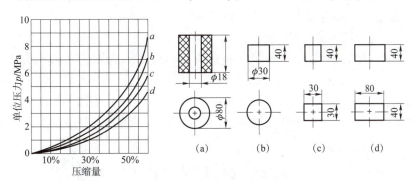

图 2-38　橡胶特性曲线

表 2-14　橡胶压缩量与单位压力的关系

压缩量（%）	10	15	20	25	30	35
单位压力/MPa	0.26	0.5	0.74	1.06	1.52	2.10

选用橡胶时的计算步骤如下。

1）计算橡胶的自由高度为

$$S_{工作} = S_{总} - S_{预} = (0.25~0.30)H_{自由}$$

$$H_{自由} = (3.5~4.0)S_{工作}$$

式中　$S_{工作}$——橡胶工作行程，mm；

　　　　$S_{总}$——总压缩量，mm；

　　　　$S_{预}$——预压缩量，mm；

　　　　$H_{自由}$——橡胶的自由高度，mm。

2）根据 $H_{自由}$ 计算橡胶的装配高度为

$$H_{装配} = (0.85 \sim 0.9) H_{自由}$$

3）计算橡胶的断面面积为

$$A = \frac{F}{p}$$

4）根据模具空间的大小校核橡胶的断面面积是否合适，并使橡胶的高径比满足

$$0.5 \leqslant \frac{H}{D} \leqslant 1.5$$

如果高径比超过 1.5，则应当将橡胶分成若干段叠加，在其间垫钢垫圈，并使每段橡胶的 H/D 值仍在上述范围内。另外要注意，在橡胶装上模具后，周围要留有足够的空隙位置，以允许橡胶压缩后断面胀大。

4. 冲裁模具定位零件设计

冲裁模具的定位装置用以保证材料的正确送进及在冲裁模具中的正确位置。单个毛坯定位用定位销或定位板。在使用条料时，保证条料送进的导向零件有导料板、导料销等；保证条料送进步距的零件有挡料销、定距侧刃等。在连续模具中，保证工件孔与外形位置对正时的零件有导正销。

（1）定位板和定位销。定位板或定位销都是单个毛坯的定位装置，以保证工件在前后工序中相对位置精度，或保证工件内孔与外缘的位置精度要求。

图 2-39（a）、图 2-39（b）所示为以毛坯外边缘定位用的定位板和定位销，其中图 2-39（a）为矩形毛坯外缘定位用定位板；图 2-39（b）为用定位销对毛坯外缘定位。图 2-39（c）~图 2-39（f）所示为以毛坯内孔定位用的定位板和定位销，其中图 2-39（c）为 $D<10$ mm 用的定位销；图 2-39（d）为 $D=10\sim30$ mm 用的定位销；图 2-39（e）为 $D>30$ mm 用的定位板；图 2-39（f）为大型非圆孔用的定位板。定位板或定位销销头高度见表 2-15。

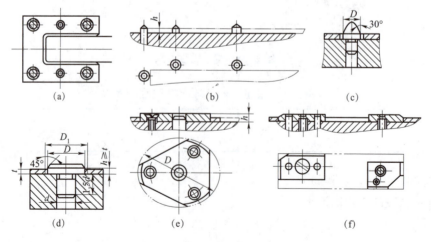

图 2-39　定位板和定位销

表2-15　定位板或定位销销头高度　　　　　　　　　　　　　　　　　单位：mm

材料厚度 t	$t \leqslant 1$	$1 < t \leqslant 3$	$3 < t \leqslant 5$
定位板或定位销销头高度	$t+2$	$t+1$	t

（2）导料板（导尺）和导料销。采用条料或带料进行冲裁加工时，一般选用导料板和导料销来导正材料的送进方向。其结构形式如图2-40所示。为了操作方便，从右向左送料时，与条料相靠的基准导料板（销）装在后侧；从前向后送料时，与条料相靠的基准导料板（销）装在左侧。如果采用导料销，则一般用2~3个。

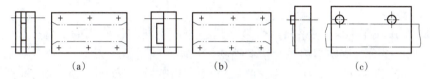

（a）　　　　　　　　　　　　（b）　　　　　　　　　　　　（c）

图 2-40　导料板和导料销

（a）分离式导料板；（b）整体式导料板；（c）导料销

图2-41所示为国家标准GB 2865—81中导料板的结构尺寸。导料板的长度 L 应大于凸模的长度。导料板厚度 H 见表2-16，其中送进时材料抬起是指采用固定挡料销定位时的情况。

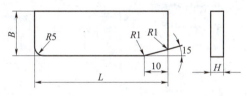

图 2-41　导料板的结构尺寸

表2-16　导料板厚度 H　　　　　　　　　　　　　　　　　　　单位：mm

材料厚度 t	导料板厚度			
	送料时材料抬起		送料时材料不抬起	
	$\leqslant 200$	>200	$\leqslant 200$	>200
$t \leqslant 1$	4	6	3	4
$1 < t \leqslant 2$	6	8	4	6
$2 < t \leqslant 3$	8	10	6	6
$3 < t \leqslant 4$	10	12	8	8
$4 < t \leqslant 6$	12	14	10	10

为保证送料精度，使条料紧靠一侧的导料板送进，可采用侧压装置。

如图2-42所示的簧片式侧压装置适用于材料厚度小于1 mm、侧压力要求不大的情况。如图2-43所示的弹簧压块式侧压装置适用于侧压力较大的情况。使用簧片式和弹簧压块式侧压装置时，一般设置2~3个侧压装置。当材料厚度小于0.3 mm时，不宜用侧压装置。

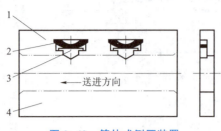

图 2-42　簧片式侧压装置

1—导料板；2—簧片；3—压块；4—基准导料板

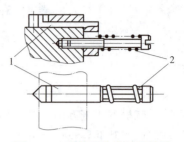

图 2-43　弹簧压块式侧压装置

1—压块；2—弹簧

（3）挡料销。挡料销是对条料或带料在送进方向上起定位作用的零件，起到控制送进量的作用。挡料销分为固定挡料销、活动挡料销、始用挡料销三大类。

图 2-44（a）所示为圆柱头式固定挡料销，其结构简单、使用方便，但销孔距凹模刃口距离很近，容易削弱刃口强度，图 2-44（b）所示为钩式固定挡料销，其固定部分的位置可离凹模刃口较远，有利于提高凹模强度，但由于此种挡料销形状不对称，为防止转动，需另加定向装置；如图 2-44（c）所示为国家标准圆柱头式、钩式挡料销结构。

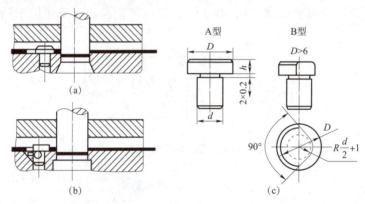

图 2-44　圆柱头式、钩式固定挡料销

图 2-45 所示为活动挡料销。当模具闭合后不允许挡料销的顶端高出板料时，宜采用活动挡料销。图 2-45（a）所示为利用压缩弹簧使挡料销上下活动；图 2-45（b）所示为利用扭转弹簧使挡料销上下活动；图 2-45（c）所示为橡胶弹顶式活动挡料销。

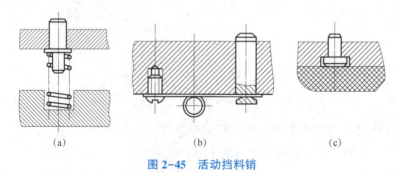

图 2-45　活动挡料销

图 2-46 所示为始用挡料销。这种挡料销一般用在连续模具中，对条料送进时进行首次

定位。在使用时，用手压出挡料销，完成首次定位后，在弹簧的作用下挡料销自动退出，不再起作用。

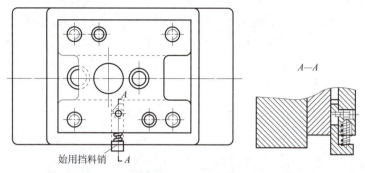

图 2-46　始用挡料销

（4）侧刃。侧刃常用于连续模具中控制送料步距，其实质是裁切边料的凸模。有用的刃口是其中两侧（见图 2-47）。通过这两侧刃口切去条料边缘的部分材料，使其形成台阶。条料被切去宽度方向部分边料后，才能够被允许通过通道继续向前送进，送进的距离即为切去的长度（送料步距）。当条料送到切料后形成的台阶时，侧刃挡块阻止了条料继续送进，只有通过侧刃下一次的冲切，才可形成新的送料步距。

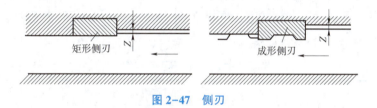

图 2-47　侧刃

侧刃的标准结构如图 2-48 所示。按其断面形状，侧刃分为矩形侧刃与成形侧刃两类。图 2-48 中 A 型为矩形侧刃，其结构与制造较简单，但当刃口磨损后，会使切出的条料台阶角部出现圆角、毛刺，或侧边毛刺，影响条料正常送进和定位；B 型为双角成形侧刃；C 型为单角成形侧刃。成形侧刃产生的圆角、毛刺位于条料侧边凹进处，因此，不会影响送料，但 B 型、C 型侧刃结构制造难度较大，冲裁废料也较多。采用 B 型侧刃时，冲裁受力均匀。按侧刃工作端面的形状，侧刃分为平端面（Ⅰ型）和台阶端面（Ⅱ型）两种。Ⅱ型多用于冲裁厚度为 1 mm 以上的材料。在冲裁加工前凸模部分先进入凹模导向，以改善侧刃在单边受力时的工作条件。

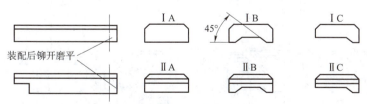

图 2-48　侧刃的标准结构

侧刃的数量可以是一个，也可以是两个。两个侧刃可两侧对称布置或两侧对角布置。

（5）导正销。导正销多用于连续模具中，装在第二工位后的凸模上。当工件内孔与外形相对位置的精度要求较高时，无论是采用挡料销定距，还是采用侧刃定距，都不可能满足要求。这时，设置导正销可提高定距精度。在冲裁加工前，先将导正销插入前面工序已冲好的孔中，以保证内孔与外形相对位置的精度，消除由于送料而引起的误差，然后再开始进行冲裁加工。

对于薄料（$t<0.3$ mm），导正销插入内孔内会使内孔边弯曲，不能起到正确的定位作用；此外，当内孔的直径太小（$d<1.5$ mm）时，导正销易折断，也不宜采用。此时可考虑采用侧刃。导正销的结构形式主要根据内孔的尺寸选择，如图 2-49 所示。

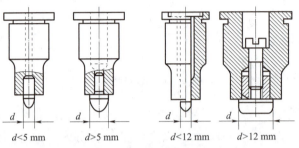

$d<5$ mm $d>5$ mm $d<12$ mm $d>12$ mm

图 2-49   导正销的结构形式

导正销的头部由圆锥形（或圆弧形）的导入部分和圆柱形的导正部分组成。导正部分的直径和高度尺寸及公差很重要。

导正部分的直径比冲孔凸模的直径要小 0.04~0.20 mm，双面导正间隙值见表 2-17。导正部分的高度一般取 $h=(0.5\sim1)t$。

表 2-17   双面导正间隙值   单位：mm

料厚 t	冲孔凸模直径 d						
	$1.5\leqslant d\leqslant6$	$6<d\leqslant10$	$10<d\leqslant16$	$16<d\leqslant24$	$24<d\leqslant32$	$32<d\leqslant42$	$42<d\leqslant60$
$t<1.5$	0.04	0.06	0.06	0.08	0.09	0.10	0.12
$1.5<t\leqslant3$	0.05	0.07	0.08	0.10	0.12	0.14	0.16
$3<t\leqslant5$	0.06	0.08	0.10	0.12	0.16	0.18	0.20

导正销通常与挡料销配合使用（也可以与侧刃配合使用）。导正销与挡料销的位置关系如图 2-50 所示。

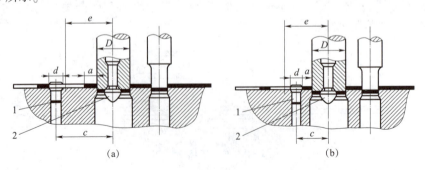

(a)   (b)

图 2-50   导正销与挡料销位置关系

1—挡料销；2—导正销

按图 2-50（a）方式定位时

$$c=\frac{D}{2}+a+\frac{d}{2}+\Delta$$

按图 2-50（b）方式定位时

$$c=\frac{3D}{2}+a-\frac{d}{2}-\Delta$$

式中，Δ 为条料宽度公差。

根据工件的最大外形尺寸 $b=40$ mm$+20$ mm$=60$ mm 和材料厚度 2 mm，查表 2-12 得凹模厚度系数 $K=0.28$，则可计算出凹模的各尺寸。

$$H=Kb=0.28\times60 \text{ mm}=16.8 \text{ mm}$$
$$c=(1.5\sim2)H=(1.5\sim2)\times16.8 \text{ mm}=25.2\sim33.6 \text{ mm}$$

取 $c=30$ mm，则

$$L=40 \text{ mm}+19.88 \text{ mm}+30 \text{ mm}\times2=119.88 \text{ mm}$$
$$B=19.88 \text{ mm}+30 \text{ mm}\times2=79.88 \text{ mm}$$

这是计算出来的凹模外形尺寸，依据计算出来的尺寸查表 2-18 可知实际的凹模外形尺寸应该为

$$L\times B\times H=125 \text{ mm}\times80 \text{ mm}\times18 \text{ mm}$$

表 2-18　矩形凹模板尺寸部分数据（JB/T 7643.1—2008）　　　　单位：mm

L	B	H												
		10	12	14	16	18	20	22	25	28	32	36	40	45
80	80		×	×	×	×	×	×						
100			×	×	×	×	×	×						
125			×	×	×	×	×	×						
250					×	×	×	×						
315					×	×	×	×						
100	100		×	×	×	×	×	×						
125				×	×	×	×	×	×					
160					×	×	×	×	×	×				
200						×	×	×	×	×	×			
315						×	×	×	×					
400						×	×	×	×					

评价目标	评价内容	完成情况	得分
素养目标 （20分）	养成创新精神		
	养成节约意识		
技能目标 （40分）	能够进行凸模结构设计		
	能够进行凹模结构设计与卸料、出料结构设计		
知识目标 （40分）	理解凸模、凹模的最小壁厚		
	学会冲裁模具导向零件的确定		
总分			

自主练习

（1）简述影响冲裁断面质量的主要因素及影响规律。

（2）简述冲裁间隙对冲裁工艺及模具寿命的影响。

（3）简述确定冲裁工艺方案的方法和步骤。

（4）简述计算冲裁凸模、凹模刃口尺寸的基本原则。

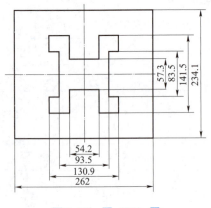

图 2-51 题（11）图

（5）简述排样类型及排样类型的选择方法。

（6）试比较单工序模具、复合模具与级进模具的特点。

（7）简述典型冲裁模具结构的零件组成。

（8）简述挡料销、导料板、侧刃、导正销的作用。

（9）简述标准模架、模柄的选用依据。

（10）简述卸料装置的结构形式及各自的卸料原理。

（11）当采用复合冲压工艺冲制图 2-51 所示工件时，试计算所需冲裁力。已知材料为 Q235 钢，材料厚度为 2 mm，抗剪强度为 310 MPa。

（12）冲制图 2-52 所示工件，材料为 08 钢，材料厚度为 1 mm，大批量生产，试完成如下步骤。

1）工艺设计。

2）模具设计。

3）绘制模具装配草图。

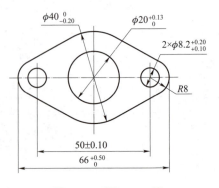

图 2-52 题（12）图

项目三　弯曲工艺与模具设计

项目目标

知识目标

（1）了解弯曲变形过程分析，分析弯曲件的质量问题。

（2）掌握弯曲件坯料的尺寸计算与弯曲力的计算方法。

（3）掌握弯曲工艺方案的确定，设计出弯曲模具的工作零件。

（4）培养学生环保意识。

能力目标

（1）能够掌握提高弯曲件质量的措施。

（2）掌握弯曲件的工艺性选择。

项目简介

所谓弯曲，就是将金属材料沿曲线弯成一定的角度和形状的工艺方法。弯曲是冲压工艺的基本工序之一，在冲压加工中占有很大的比重。弯曲模具的结构设计是在弯曲工序确定后的基础上进行的，在设计弯曲模具时应考虑弯曲件的形状、精度要求、材料性能及生产批量等因素。弯曲件的坯料尺寸计算、弯曲工艺方案的确定，以及弯曲模具的设计对弯曲件的质量有着重要的影响。因此，本项目学习弯曲工艺与模具设计。

任务 3.1　弯曲变形过程分析

[任务描述]

思考并描述控制弯曲件弯裂的措施。

知识链接

一、弯曲的类型

弯曲是使材料产生塑性变形，将平直板材或管材等型材的毛坯或半成品，放到模具中进行弯曲，得到一定角度或形状制件的加工方法，是冲压工艺的基本工序之一。

弯曲分为自由弯曲和校正弯曲。自由弯曲是指当弯曲结束时，凸模、工件和凹模三者贴紧后，凸模不再下压。校正弯曲是指凸模、工件和凹模三者贴紧后，凸模继续下压，从而使工件产生进一步塑性变形，减少回弹，对工件起到了校正作用。

弯曲成形使用的设备是机械压力机、摩擦压力机或液压机，也称冲床。此外，弯曲成形也可在弯板机、弯管机、拉弯机等专用设备上进行。在压力机上进行弯曲成形加工的特点是工具、模具均做直线运动，称为压弯；在专用设备上进行的弯曲成形加工，其工具做旋转运动，称为滚弯或滚压。各种常见的弯曲成形加工方式见表3-1。

表3-1　常见的弯曲成形加工方式

类型	简图	特点
压弯		板材在压力机或弯板机上的弯曲
拉弯		对于弯曲半径大（曲率小）的弯曲件，在拉力的作用下进行弯曲，从而得到塑性变形
滚弯		用2~4个滚轮，完成大曲率半径的弯曲
滚压（辊形）		在带料纵向连续运动过程中，通过几组滚轮逐渐弯曲，从而获得所需的形状

二、弯曲变形过程分析

1. 弯曲过程

弯曲形式很多，以V形件为例来阐述弯曲特点及过程。图3-1所示为V形件弯曲过程，其弯曲件材料是平面板料。当凸模向下作用时，平面板料受外力而首先达到图3-1（a）所示的位置，此时，板料与凸模只有三点接触。随着凸模的下压，弯曲区域逐渐缩小，弯曲件两边也逐渐与凹模工作表面贴紧，直到弯曲件与凸模和凹模全部贴紧。弯曲结束后凸模上升，凸模与凹模逐渐分开，平面板料件弯曲成具有 θ 角的弯曲件，如图3-1（b）所示。由于金属材料具有弹性，因此，弯曲件成形角度要稍大于 θ 角，这种现象称为回弹。回弹对弯曲件成形的影响很大，其大小可以估算，并采取一定措施予以

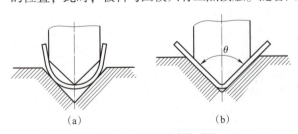

(a)　　　　　　　(b)

图3-1　V形件弯曲过程

消除。

2. 弯曲变形分析

根据弯曲变形程度，弯曲变形过程分为弹性弯曲、弹性-塑性弯曲、塑性弯曲三个阶段。为了观察与分析，通常采用在材料侧剖面上设置正方形网格的方法，如图3-2（a）所示。在弯曲成形加工前，在板料侧剖面上画上垂直交叉的直线，从而组成正方形的网格；在板料受力变形后，观察网格的变化，从中可以看出正方形网络中直线有的发生弯曲，有的仍保留原状。如图3-2（b）中 ab 段和 cd 段仍为直线，bc 段弯成了圆弧状，剖面上原来的正方形网格变成了梯形网格。

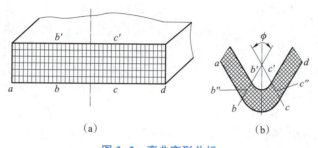

图 3-2　弯曲变形分析

（a）弯曲前；（b）弯曲后

图3-2（b）中 b′c′段圆弧附近的正方形网格，原来垂直方向的直线变成了斜线，但是，其长度没有变化；而原来水平方向的直线长度变短，也就是说，在弯曲的内侧部分形成压缩区。同理，板料的外侧 bc 段圆弧比变形前水平方向的直线变长，而垂直方向的直线长度没有变化，但位置改变了，也变成了斜线，这说明弯曲外侧部分是伸长区。在 bc 段圆弧与 b′c′段圆弧之间有许多这样的圆弧，从内侧向外侧逐渐变长。bc 段圆弧向内侧逐渐变短，但其中间有一段圆弧（图3-2（b）中 b″c″位置）既没有伸长，也没有缩短，这一层称为中性层。一般来说中性层位于板料厚度中间偏向压缩区一点的位置。

弯曲件除了厚度、长度方向有变形外，根据板料宽度的不同，弯曲件材料宽度方向变化也不同。如图3-3所示，弯曲件的板料宽度为 B，厚度为 t。板料宽度 B<3t 的板称为窄板，其内层材料向宽度方向分散，即板料宽度增加，外层材料受到拉伸后，使外层厚度减小，其结果是整个横断面变成扇形，如图3-3（a）所示。板料宽度 B>3t 的板称为宽板，由于横断面很宽，横向变形阻力很大，因此，其横断面形状变化不大，如图3-3（b）所示。

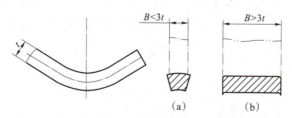

图 3-3　弯曲件横断面的形状变化

（a）窄板（B<3t）；（b）宽板（B>3t）

弯曲变形包括弹性变形、塑性变形及过渡过程。板料在弯曲时外层材料受到拉伸，其拉伸应力已超过材料的屈服极限值，内层材料受到压缩，其压缩应力也超过了材料的屈服极限值，这些均为塑性变形；中间各层的一些区域拉伸与压缩的变形应力很小，变形也较小，正处于弹性变形阶段，属于弹性变形。从弯曲工艺的要求来说，弹性变形区域及应力越小越好。这些与材料种类、所施加的外力、弯曲半径及弯曲区域大小等很多因素有关，这也是弯曲模具设计与制造的首要问题。

3. 提高弯曲件质量的措施

在弯曲成形加工中必然会产生质量问题，如回弹、开裂、扭曲、偏移等，其影响因素很多。要提高弯曲件的质量就必须减少或消除上述各种缺陷。除了技术工艺之外，还有经济成本、效益问题，所以在设计与制造弯曲件时应综合考虑各个方面。

（1）消除回弹。回弹是弯曲过程中不可避免的，也是影响弯曲件质量的首要问题，所以消除回弹是提高弯曲件质量的主要措施之一。其方法很多，主要有补偿法、校正法及拉弯工艺法等。

1）补偿法，即预先估算或试验得出弯曲件的回弹量，在设计模具时要超量弯曲，使弯曲件在回弹后刚好得到要求的弯曲角。这些主要是从模具结构上入手，如图3-4所示。图3-4（a）为单角补偿，根据所得回弹量，设计制造凸模、凹模的角度。图3-4（b）为U形件，它的补偿可采用两种方法，其一是角度法，使凸模向内倾斜一个角度，其值等于回弹角 $\Delta\theta$；其二是减少凸模、凹模单边间隙，增大弯曲时的摩擦，使得弯曲变形增大，回弹减小。图3-4（c）为凹模作成圆弧形，当凸模、凹模分离后，弯曲件圆弧回弹至直线，两侧边即向内倾斜。

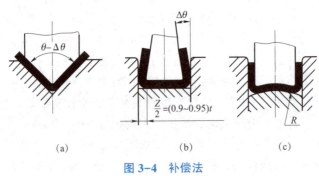

图3-4　补偿法

2）校正法，即采用校正弯曲，使弯曲圆角部分的正应力集中，当材料超过屈服极限值时就产生一定的塑性变形，使回弹得到补偿。除此还可以用活动凹模、聚氨酯橡胶凹模等实现。

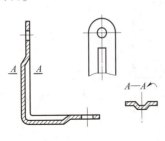

图3-5　加强筋结构

3）拉弯工艺法，即在弯曲时，让板材内、外层均受到拉应力，使其回弹方向一致，就可以减少回弹。

4）正确选择弯曲件结构。采用刚性好的弯曲件结构设计，即在弯曲区压制成各种加强筋（或肋），除了可以减少回弹外，还可以提高弯曲件的刚度，其结构如图3-5所示。

（2）减少开裂。在弯曲过程中板料外层受到拉应力作用，当超过许用极限时，就会出现裂纹，应采用如下方法加以防止。

1）选择塑性好的材料，采用经过退火或正火处理的软材料，即可减少开裂现象。

2）毛坯的表面质量要好，且要无划伤，没有潜伏裂纹、毛刺及冷作硬化等缺陷。

3）在弯曲成形加工时，排样要注意板料或卷料的轧制方向。

除了材料本身的塑性外，弯曲件开裂还与弯曲工艺、模具结构有关，如把毛刺面放在内侧，或采用中间退火工艺、局部加热及附加反压弯曲等方法都可减少开裂现象。

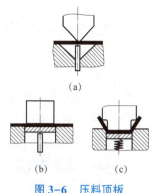

图 3-6　压料顶板

（3）防止偏移。偏移就是弯曲件在弯曲后不对称，在水平方向有移动。其主要原因是弯曲件或模具不对称，或弯曲件两边存在摩擦。防止偏移应采取的措施如下。

1）模具结构上采用压料装置，让板料在压应力下进行弯曲。这样不仅防止了板料的偏移，而且还能得到底部较平的弯曲件，如图 3-6 所示。

2）采用定位板、定位销，以此来保证弯曲中板料定位的可靠性。

对于异形弯曲件，可以两者同时采用。

3）工艺方案要合理。例如，有些非对称件的弯曲可以组合成对称件弯曲，然后再切开，使弯曲时板料受力平衡，不但可以防止偏移，而且还提高了生产效率，如图 3-7 所示。

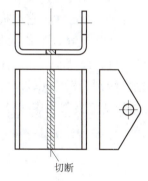

切断

图 3-7　非对称件的弯曲

4）防止底部不平。弯曲件底部不平会影响其使用、定位等性能，其主要原因是没有顶料装置或顶料力不够，而使弯曲时板料与底部不能靠紧，造成底部不平的现象。防止底部不平的措施就是采用顶料板，在弯曲时加大合理的顶料力。

（5）减少表面擦伤。表面擦伤是指在弯曲成形加工后弯曲件外表面因划伤而留下的痕迹等。主要原因有三点：其一是在工作表面附有较硬的颗粒；其二是凹模的圆角半径太小；其三是凸模与凹模之间的间隙太小。采取相应措施清洁工作表面，采用合理的表面粗糙度值、合理的凹模圆角半径，以及合理的凸模与凹模之间的间隙。

4. 保证弯曲件质量的基本原则

（1）正确制订冲压工艺方案。

1）选择合理的下料和制坯方式。一般采用落料制坯比剪床下料制坯尺寸精度更高。

2）注意板料（卷料、条料）的轧制方向和毛刺的正、反面。

3）正确确定毛坯展开尺寸。因在弯曲变形后，弯曲件尺寸会有变化，因此，对于尺寸精度要求较高的弯曲件，应先按理论或经验公式估算毛坯展开尺寸，经过多次试弯，最后确定出毛坯展开尺寸和落料模具刃口长度。

4）弯曲工艺方案的制定应充分考虑弯曲件尺寸标注方式，注意带孔弯曲件冲压工序的安排，合理确定冲压工序的组合。

5）尽量减少弯曲次数，提高弯曲件精度。

6）增加整形与校平工序。

（2）模具设计、制造与日常维护。模具设计合理，制造与日常维护要精细，为此注意以下几点。

1）定位装置必须准确、可靠。

2）合理安排与设置强力压料装置，这是由于在弯曲过程中，毛坯的应力状态与摩擦条件会发生改变。

3）合理设计模具的结构，减少回弹。

4）合理确定凸模、凹模之间的间隙，凹模圆角半径及深度之间的关系，并且在模具加工制造和维修时，应保证两侧圆角半径一致、表面粗糙度一致。

5. 弯曲件工艺性分析

（1）弯曲件的材料。弯曲件要求材料应具有足够的塑性、较低的屈服强度及较高的弹性模量。足够的塑性能保证弯曲时不开裂，较低的屈服强度和较高的弹性模量能使弯曲件的形状与尺寸准确。适合的弯曲件材料有软钢、黄铜、铝及铝合金等。

脆性较大的材料，如磷青铜、铍青铜、弹簧钢等，由于其易开裂，因此，在弯曲时应有较大的相对弯曲半径，也可以利用加热弯曲的方法进行。

对于塑性好的非金属材料，如纸板、有机玻璃板等才能进行弯曲，而且需要对毛坯进行预热，弯曲半径可适当大些。

（2）弯曲件的精度。弯曲件的精度主要是指其形状与尺寸的准确性、稳定性，它与板料的力学性质、厚度、模具结构、模具精度、工序数量及工序顺序有关，还与弯曲件本身的形状尺寸、结构有关。具有关资料记载，弯曲件外形尺寸所能达到的精度，按其厚度和弯曲件直边尺寸长度的不同分为 IT12~IT16 级，板料比较薄的短边取小精度级别，板料比较厚的长边取大精度级别。弯曲件长度的自由公差与弯曲件角度的自由公差的精度极限见表 3-2、表 3-3。

表 3-2　弯曲件长度的自由公差　　　　　　　　　单位：mm

长度 L		$3 \leq L \leq 6$	$6 < L \leq 18$	$18 < L \leq 50$	$50 < L \leq 120$	$120 < L \leq 260$	$260 < L \leq 500$
板料厚度 t	$t \leq 2$	±0.3	±0.4	±0.6	±0.8	±1.0	±1.5
	$2 < t \leq 4$	±0.4	±0.6	±0.8	±1.2	±（1.0~5.0）	±2.0
	$t > 4$		±0.8	±1.5	±1.5	±2.0	±（2.0~5.0）

表 3-3　弯曲件角度的自由公差

L/mm	$L \leq 6$	$6 < L \leq 10$	$10 < L \leq 18$	$18 < L \leq 30$	$30 < L \leq 50$
$\Delta \delta$	±3°	±2°30′	±2°	±1°30′	±1°15′
L/mm	$50 < L \leq 80$	$80 < L \leq 120$	$120 < L \leq 180$	$180 < L \leq 260$	$260 < L \leq 360$
$\Delta \theta$	±1°	±50′	±40′	±30′	±25′

（3）弯曲半径。一般情况下，弯曲件在弯曲时的最大弯曲半径是没有限制的，但如果弯曲半径过小，则会导致弯曲件外层表面纤维的拉伸应变过大，超过所允许的极限值而开裂，而这种开裂与板厚有关，所以除弯曲半径外，一般也用相对弯曲半径来衡量弯曲件。在保证外层表面纤维不发生破坏的前提下，弯曲件能够弯曲成的内表面最小圆角半径，称为最小弯曲半径，相应的与板料厚度的比值称为最小相对弯曲半径。

1）最小相对弯曲半径的影响因素。

① 材料的力学性能。材料的塑性越好，其塑性指标（伸长率 δ、断面收缩率 ψ）数值越高，相应的最小弯曲半径就越小。

② 弯曲中心角（α）。弯曲只发生在圆角部分，直边不参与变形，其变形程度只与相对弯曲半径有关，与弯曲对应的中心角无关。但这只是限于理论上，实际上弯曲件是一个整体，在弯曲过程中，直边与圆角部分的金属纤维之间是互相牵制的，这就使靠近圆角的直边部分参与变形，使变形区扩大，圆角外层表面受拉伸的状态得以缓解，从而导致最小相对弯曲半径减小。当弯曲中心角 $\alpha < 70°$ 时，其影响较大；当弯曲中心角 $\alpha > 70°$ 时，其影响就很小。

③ 板料的纤维方向与弯曲线的夹角。轧制的板料具有各向异性，即板料在弯曲时各个方向的性能是有差别的。顺着纤维方向的塑性指标高于垂直于纤维方向的塑性指标，即弯曲线垂直于纤维线方向时的弯曲效果比弯曲线平行于纤维线方向时的弯曲效果要好，弯曲线垂直于纤维线方向时的弯曲不易开裂。冲压加工所用材料大多是长料或卷料，这些材料的纤维线与长边方向是平行的。有时垂直与平行于纤维线的弯曲线同时存在于一个弯曲件上，当弯曲件有多向弯曲时，在考虑其排样经济性的同时，应尽量让弯曲线与板料的纤维方向有一定的夹角，一般不小于 30°，最好是 45°，如图 3-8 所示。

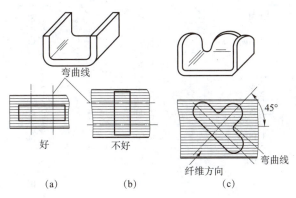

图 3-8　弯曲线与板料纤维方向的关系
（a）垂直；（b）平行；（c）45°夹角

④ 弯曲件相对宽度。弯曲件宽度不能准确反映实际情况，所以应当用到相对宽度。相对宽度的数值不同，弯曲变形区的应力状态也不同。在相对弯曲半径相同的条件下，相对宽度越大，其应变强度越大；反之则其应变强度越小。当相对宽度大于 10 mm 时，对最小弯曲半径影响很小。

⑤ 弯曲件板料厚度。一般板料厚度越大，最小弯曲半径也应越大，因为此时弯曲变形

区内切向应变在厚度方向上裂纹毛刺呈线形规律变化，外表面上最大，中性层上切向应力为零。当板料厚度较小时，切向应变在厚度方向变化的程度大，其数值很快由最大值衰减为零，与切向应变最大的外表面相邻的金属可以起到阻止外表面金属产生局部不稳定的塑性变形的作用，因此，可以得到较大的弯曲变形和较小的最小弯曲半径。

⑥ 板料表面与断面质量。当板料表面和断面质量较差时，其最小相对弯曲半径较大。这是因为若板料表面有划伤、裂纹或侧面有毛刺、裂口及冷作硬化现象等缺陷，则在弯曲时弯曲件因为潜伏缺陷而极易开裂。为防止在弯曲时开裂，最好将有毛刺的一面置于内侧，也就是让有缺陷的一面产生压应力，从而避免拉应力的产生，如图 3-9 所示。

2）最小相对弯曲半径的确定。最小相对弯曲半径的影响因素很多，确定其数值的方法也很多，但主要还是采用经验的实验数值，即充分考虑部分工艺因素经实验得出的数值，应用时再进行修正。具体数值见表 3-4。

图 3-9 板料表面有缺陷时弯曲时的毛刺方向

裂纹　　毛刺

表 3-4 最小相对弯曲半径（t 为板料厚度）

材料	退火或正火		冷作硬化	
	弯曲线位置			
	垂直于纤维方向	平行于纤维方向	垂直于纤维方向	平行于纤维方向
08 钢、10 钢	$0.10t$	$0.40t$	$0.40t$	$0.80t$
15 钢、20 钢	$0.10t$	$0.50t$	$0.50t$	$1.00t$
25 钢、30 钢	$0.20t$	$0.60t$	$0.60t$	$1.20t$
35 钢、40 钢	$0.30t$	$0.80t$	$0.80t$	$1.50t$
45 钢、50 钢	$0.50t$	$1.00t$	$1.00t$	$1.70t$
55 钢、60 钢	$0.70t$	$1.30t$	$1.30t$	$2.00t$
65Mn 钢、T7 钢	$1.00t$	$2.00t$	$2.00t$	$3.00t$
不锈钢	$1.00t$	$2.00t$	$3.00t$	$4.00t$
软杜拉铝	$1.00t$	$1.50t$	$1.50t$	$2.50t$
硬杜拉铝	$2.00t$	$3.00t$	$3.00t$	$4.00t$
磷青铜	—	—	$1.00t$	$3.00t$
半硬黄铜	$0.10t$	$0.35t$	$0.50t$	$1.20t$
软黄铜	$0.10t$	$0.35t$	$0.35t$	$1.30t$
纯铜	$0.10t$	$0.35t$	$1.00t$	$2.00t$
铝	$0.10t$	$0.35t$	$0.50t$	$1.00t$
镁合金	加热至 300~400 ℃		冷作硬化状态	

材料	退火或正火		冷作硬化	
	弯曲线位置			
	垂直于纤维方向	平行于纤维方向	垂直于纤维方向	平行于纤维方向
M_2M 镁合金	$2.00t$	$3.00t$	$6.00t$	$8.00t$
AZ40M 镁合金	$1.50t$	$2.00t$	$5.00t$	$6.00t$
钛合金	加热至 300~400 ℃		冷作硬化状态	
TB2 钛合金	$1.50t$	$2.00t$	$3.00t$	$4.00t$
	$3.00t$	$4.00t$	$5.00t$	$6.00t$
钼合金（$t \leqslant 2$ mm）	加热至 400~500 ℃		冷作硬化状态	
	$2.00t$	$3.00t$	$4.00t$	$5.00t$

注：1. 当弯曲线与纤维方向成一定角度时，可采用垂直和平行纤维方向两者的中间值。

2. 在冲裁工序或剪裁工序后没有退火的毛坯应作为硬化的金属选用。

3. 弯曲时应使有毛刺的一边处于弯曲的内侧。

4. 括号之中的钛合金牌号为旧标准。

在弯曲工艺中除了板料以外，还存在其他形式材料的弯曲，也有最小弯曲半径，如管料、杆件等，管件最小弯曲半径见表3-5。

表3-5　管件最小弯曲半径

管壁厚度	最小弯曲半径 R	管壁厚度	最小弯曲半径 R
$0.02d$	$4.00d$	$0.10d$	$3.00d$
$0.05d$	$3.60d$	$0.15d$	$2.00d$
注：d——管件外径。			

（4）直边高度与孔边距。

1）直边高度。如图 3-10（a）所示，在弯曲直角时，若直立部分过小，弯曲稳定性就差，也就将产生不规则变形。为了避免此现象的发生，弯曲件直边高度 H 必须大于或等于最小弯曲高度（$H_{min} = 2t$）。若为侧边有倾角的弯曲件，如图 3-10（b）所示，则侧边的最小弯曲高度为

$$H_{min} = (2~4)t \text{ 或 } H_{min} = (1.5+r)t$$

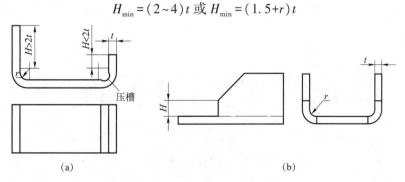

图 3-10　弯曲件直边与侧边高度

（a）直边高度；（b）侧边高度

若 $H<H_{min}$，则需预先压槽或加长至可弯曲长度，弯曲后再切除多余部分。

2）孔边距。弯曲件上有时需要各种孔，这些孔大部分是预先冲制加工的，经弯曲后，弯曲线附近的孔由于材料的流动会发生畸变。为防止这种现象的发生，必须让孔的位置处于弯曲变形区外，即孔边到弯曲半径 R 的中心距离 l 必须满足

当 $t<2$ mm 时，$\qquad l>t$

当 $t\geqslant2$ mm 时，$\qquad l\geqslant t$

如图 3-11 所示。

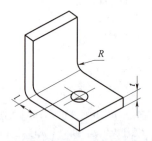

图 3-11 孔边到弯曲半径 R 的中心距离 l 示意图

若在实际中 l 过小不能满足上述条件，则应调整弯曲工艺：可先弯曲后冲孔，或冲制防止变形的工艺孔等。

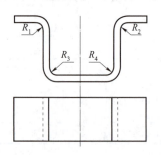

图 3-12 弯曲件形状与尺寸的对称性

（5）弯曲件形状与尺寸的对称性。弯曲件的形状与尺寸应对称分布，两边的圆角半径等尺寸也应一样。若在弯曲时，弯曲件两边的圆角半径不同，则摩擦力等阻力就不同，将会导致弯曲件尺寸精度不高，甚至弯曲失败，如图 3-12 所示。

（6）工艺孔、槽及缺口。对一些弯曲件进行局部弯曲时，为了防止在交接处因受力不均或应力集中而造成开裂、圆角部分畸变等缺陷，应预先在弯曲件上设置工艺孔、槽及缺口。如图 3-13（a）所示，若弯曲件在弯曲后很难达到理想的直角，或出现开裂、变宽等现象，则在弯曲前加工出工艺缺口（MN），就可以得到理想的弯曲件。图 3-13（b）所示为在弯曲处预冲工艺孔，其效果与图 3-13（a）所示效果相同。图 3-13（c）所示为多次弯曲工件，其中 D 是定位工艺孔，目的是作为多次弯曲的定位基准，因此，工件经多次弯曲也仍能保证尺寸精度或对称性。

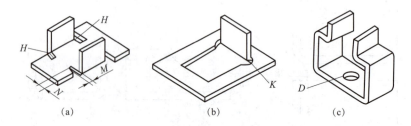

图 3-13 工艺孔、槽及缺口

（1）选择塑性好的材料进行弯曲，对冷作硬化的材料在弯曲前进行退火处理。

（2）采用 $r/t>r_{min}/t$ 的弯曲。

（3）在排样时，使弯曲线与板料的纤维线方向垂直。

（4）将板料有毛刺的一面朝向弯曲凸模一侧，或在弯曲前去除毛刺，应避免板料外侧有任何划伤、裂纹等缺陷。

评价目标	评价内容	完成情况	得分
素养目标 （20分）	养成爱国主义情怀		
	养成奉献精神		
技能目标 （40分）	能够掌握提高弯曲件质量的措施		
	能够掌握弯曲件的工艺性分析		
知识目标 （40分）	理解弯曲件出现质量问题的原因		
	学会提高弯曲质量的方法		
总分			

任务 3.2 弯曲工艺计算

[任务描述]

根据图 3-14、图 3-15 所示的保持架，试计算其板料展开长度。

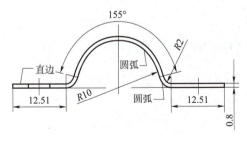

图 3-14　保持架分段图

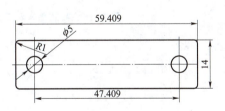

图 3-15　保持架展开图

一、弯曲工艺参数计算

1. 板料展开长度的确定

板料展开长度的确定原则是板料展开长度应等于弯曲后弯曲件中性层的长度。

（1）中性层的确定。中性层的长度是确定弯曲件板料长度的依据。在弯曲变形程度较小时，中性层一般位于板厚的中间；当弯曲变形程度增大时，塑性变形成分增多，会导致中性层位置内移，使外层拉伸区大于内层压缩区，使得板料厚度变薄，总长度增大。相对弯曲半径越小，中性层内移越大，板料变薄越严重。具体计算公式为

$$\rho = R + Kt \tag{3-1}$$

式中　ρ——中性层半径，mm；

　　　R——弯曲件半径，mm；

　　　K——中性层系数，见表3-6；

　　　t——板料厚度，mm。

表3-6　中性层系数 K

R/t	0.1	0.2	0.3	0.4	0.5	0.6	0.7	0.8
K	0.21	0.22	0.23	0.24	0.25	0.26	0.27	0.28
R/t	1	1.5	2	2.5	3	4	5	>5
K	0.31	0.36	0.37	0.40	0.42	0.44	0.46	0.5

（2）板料展开长度的计算。当中性层半径确定后，就可以按几何方法来计算中性层的展开长度，从而初步确定板料的展开长度。弯曲件形状不同，计算公式也不同，根据相对弯曲半径可分为有圆角半径弯曲件和无圆角半径弯曲件两类。

1）有圆角半径弯曲件。$R>0.5t$ 的弯曲件称为有圆角半径弯曲件。其板料展开长度等于直中部分长度与弯曲部分中性层长度的和，如图3-16所示。

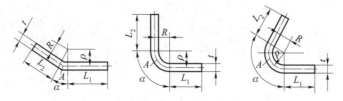

图3-16　有圆角半径弯曲件（$R>0.5t$）的板料长度计算

$$L = L_1 + L_2 + A \tag{3-2}$$
$$A = (R + Kt)\alpha \tag{3-3}$$

式中　L——板料展开长度，mm；

　　　R——弯曲件半径，mm；

　　　A——圆角区的展开长度，mm；

　　　α——弯曲圆角区的中心角度，rad；

　　　K——中性层系数；

　　　t——板料厚度，mm。

2）无圆角半径弯曲件。如图3-17所示，$R<0.5t$ 的弯曲件称为无圆角半径弯曲件。其板料展开长度公式可用体积法推导而来。

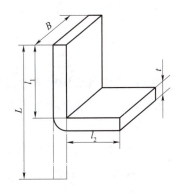

图 3-17　无圆角半径弯曲件（$R<0.5t$）的板料长度计算

即弯曲前的体积为 $V_0 = LBt$

弯曲后的体积为 $V = (l_1+l_2)Bt + \pi t^2 B/4$

由 $V_0 = V$ 可得

$$L = l_1 + l_2 + 0.785t \tag{3-4}$$

　　由于在弯曲时不仅圆角部分变薄，而且相邻的直边部分也会参与变形而变薄，所以上面所推导的公式有些偏大，因此，需要进行修正。一般将板厚前的系数 0.785 换成一个范围数（0.4~0.6），即

$$L = L_1 + L_2 + (0.4~0.6)t \tag{3-5}$$

　　用式（3-5）计算时没有考虑材料性能、模具结构、弯曲方式等很多因素，误差较大。因此，式（3-5）只能用于形状简单、弯曲较少、精度要求不高的弯曲件。弯曲件板料展开长度计算后数值的最后确定，必须经过试验修正。

2. 弯曲件的回弹

　　弯曲过程是弹性变形和塑性变形兼有的过程。由于弯曲区存在弹性变形，所以在弯曲变形后，弯曲件的形状与大小均不一样，这种现象称为回弹。回弹量一般用回弹角 $\Delta\theta$ 与曲率回弹值 $\Delta\rho$ 来表示。回弹会影响弯曲件的精度，因此，在设计与制造模具时一定要注意其内容。

　　回弹量用回弹角 $\Delta\theta$ 表示：

$$\Delta\theta = \theta_0 - \theta \tag{3-6}$$

式中　θ——模具的角度（°）；

　　　θ_0——弯曲后的实际角度（°）。

　　（1）回弹量的影响因素。

　　1）材料的力学性能。回弹量与材料的屈服强度、弹性模量及加工硬化程度有关。屈服强度越大，弹性模量越小，回弹量越大，即与屈服强度 σ_s 成正比，与弹性模量 E 成反比。

　　2）弯曲角 θ。弯曲角（模具的角度）θ 越大，弯曲变形区的长度越大，回弹角越大。但弯曲角对曲率半径的回弹没有影响。

　　3）相对弯曲半径 R/t。弯曲件的相对弯曲半径在其他条件相同时，其值越小，在弯曲时外表面上的总切向应变程度就越大，虽然弹性变形数值也随之增大，但在整个弯曲变形过程中的比例却减少了。因此，回弹角与弯曲角的比值（$\Delta\theta/\theta$）和曲率回弹值与曲率半径的比值（$\Delta\rho/\rho$）会随着相对弯曲半径的减少而减少。当 $0.2<R/t\leqslant0.3$ 时，回弹角可能为零，或为负值。

4）弯曲方式及模具结构。弯曲方式及模具结构对弯曲过程受力状态及变形均有较大影响。校正弯曲回弹量比自由弯曲回弹量要小。除此以外，弯曲件的形状也对回弹量影响很大，例如，U 形件回弹量比 V 形件回弹量要小。

5）压应力。弯曲时弯曲件所变压应力逐渐增大，当超过弯曲所需应力时，就改变了弯曲变形区的应力状态和应变性质，从而减少了回弹量。

6）模具间隙。对 U 形件来说，凸模与凹模之间的间隙也有影响。其间隙值越大，回弹量也越大。

除了上述几点以外，还有板料与模具之间的摩擦、板料厚度误差等，均对回弹量有影响，在设计与制造模具时应多加考虑。

（2）回弹角的确定。回弹角的影响因素很多，且各因素之间又互相影响，因此，想要精确计算与确定回弹角是很困难的。所以，在设计模具时大多按经验数据确定，然后在试模过程中再进行修正。

当弯曲变形为大圆角半径弯曲时，除回弹角外，还需考虑弯曲曲率半径的变化，因此，当弯曲件的圆角半径 $5t<R\leqslant8t$ 时，计算结果才有一定的准确度。根据板料厚度、屈服极限、弹性模量等有关参数获取回弹补偿所需的弯曲凸模的圆角半径的公式如下。

板材

$$R_p=\frac{R}{1+3\dfrac{\sigma_sR}{Et}} \tag{3-7}$$

棒材

$$R_p=\frac{R}{1+3.4\dfrac{\sigma_sd}{Et}} \tag{3-8}$$

凸模弯曲角

$$\theta_p=180°-\frac{R}{R_p}（180°-\theta） \tag{3-9}$$

式中　　R——弯曲件圆角半径，mm；

R_p——弯曲凸模圆角半径，mm；

σ_s——屈服强度，MPa；

E——弹性模量，MPa；

d——棒料直径，mm；

θ_p——凸模弯曲角，（°）；

θ——零件弯曲角，（°）。

当弯曲变形为小圆角半径弯曲（$5t<R\leqslant8t$）时，弯曲件的弯曲率半径变化不大，因此，只需考虑回弹角即可。V 形件、U 型件弯曲回弹角查表 3-7、表 3-8。

表 3-7　V 形件弯曲回弹角

牌号	$\dfrac{R}{t}$	弯曲角 θ						
		150°	135°	120°	105°	90°	60°	30°
		回弹角 $\Delta\theta$						
2Al2（硬） （LY/2Y）	2	2°	2°30′	3°30′	4°	4°30′	6°	7°30′
	3	3°	3°30′	4°	5°	6°	7°30′	9°
	4	3°30′	4°30′	5°	6°	7°30′	9°	10°30′
	5	4°30′	5°30′	6°30′	7°30′	8°30′	10°	11°30′
	6	5°30′	6°30′	7°30′	8°30′	9°30′	11°30′	13′30′
2Al2（软） （LY12M）	2	0°30′	1°	1°30′	2°	2°	2°30′	3°
	3	1°	1°30′	2°	2°30′	2°30′	3°	4°30′
	4	1°30′	1°30′	2°	2°30′	3°	4°30′	5°
	5	1°30′	2°	2°30′	3°	4°	5°	6°
	6	2°30′	3°	3°30′	4°	4°30′	5°30′	6°30′
7A04（硬） （LC4Y）	3	5°	6°	7°	8°	8°30′	9°	11°30′
	4	6°	7°30′	8°	8°30′	9°	12°	14°
	5	7°	8°	8°30′	10°	11°30′	13°30′	l6°
	6	7°30′	8°30′	10°	12°	13°30′	15°30′	18°
7A04（软） （LC4M）	2	1°	1°30′	1°30′	2°	2°30′	3°	3°30′
	3	1°30′	2°	2°30′	2°	3°	3°30′	4°
	4	2°	2°30′	3°	3°	3°30′	4°	4°30′
	5	2°30′	3°	3°30′	3°30′	4°	5°	5°
	6	3°	3°30′	4°	2°	5°	6°	7°
20 （已退火）	1	0°30′	1°	1°	1°30′	1°30′	2°	2°30′
	2	0°30′	1°	1°30′	2°	2°	3°	3°30′
	3	1°	1°30′	2°	2°	2°30′	3°30′	4°
	4	1°	1°30′	2°	2°30′	3°	4°	5°
	5	1°30′	2°	2°30′	3°	3°30′	4°30′	5°30′
	6	1°30′	2°	2°30′	4°	4°	5°	6°
30CrMnSiA （已退火）	1	0°30′	1°	1°	1°30′	2°	2°30′	3°
	2	0°30′	1°30′	1°30′	2°	2°30′	3°30′	4°30′
	3	1°	1°30′	2°	2°30′	3°	4°	5°30′
	4	1°30′	2°	3°	3°30′	4°	5°	6°30′
	5	2°	2°30′	3°	4°	4°30′	5°30′	7°
	6	2°30′	3°	4°	4°30′	5°30′	6°30′	3°

牌号	$\dfrac{R}{t}$	弯曲角 θ						
		150°	135°	120°	105°	90°	60°	30°
		回弹角 Δθ						
12Cr17Ni7	0.5	0°	0°	0°30′	0°30′	1°	1°30′	2°
	1	0°30′	0°30′	1°	1°	1°30′	2°	2°30′
	2	0°30′	1°	1°30′	1°30′	2°	2°30′	3°
	3	1°	1°	2°	2°	2°30′	2°30′	4°
	4	1°	1°30′	2°30′	3°	3°30′	4°	4°30′
	5	1°30′	2°	3°	3°30′	4°	4°30′	5°30′
	6	2°	3°	3°30′	4°	4°301	5°30′	6°30′

表3-8 U形件弯曲回弹角

牌号	$\dfrac{R}{t}$	凸模、凹模之间的间隙 Z/2						
		0.8t	0.9t	1.0t	1.1t	1.2t	1.3t	1.4t
		回弹角 Δθ						
2Al2（硬）（LY/2Y）	2	−2°	0°	2°30′	5°	7°30′	10°	12°
	3	−1°	1°30′	4°	6°30′	9°30′	12°	14°
	4	0°	3°	5°30′	8°30′	11°30′	14°	16°30′
	5	1°	4°	7°	10°	12°30′	15°	18°
	6	2°	5°	8°	11°	13°30′	16°30′	19°30′
2Al2（软）（LY12M）	2	−1°30′	0°	1°30′	3°	5°	7°	8°30′
	3	−1°30′	0°30′	2°30′	4°	6°	8°	9°30′
	4	−1°	1°	3°	4°30′	6°30′	9°	10°30′
	5	−1°	1°	3°	5°	7°	9°30′	11°
	6	−0°30′	1°30′	3°30′	6°	8°	10°	12°
7A04（硬）（LC4Y）	3	3°	7°	10°	12°30′	14°	16°	17°
	4	4°	8°	11°	13°30′	15°	17°	18°
	5	5°	9°	12°	14°	l6°	18°	20°
	6	6°	10°	13°	15°	17°	20°	23°
7A04（软）（LC4M）	2	−3°	−2°	0°	3°	5°	6°30′	8°
	3	−2°	−10°30′	2°	3°30′	6°30′	8°	8°
	4	1°30′	−1°	2°30′	4°30′	7°	8°30′	10°
	5	−1°	−1°	3°	5°30′	8°	8°	11°
	6	0°	−0°30′	3°30′	6°30′	8°30′	10°	12°

牌号	$\dfrac{R}{t}$	凸模、凹模之间的间隙 $Z/2$						
		$0.8t$	$0.9t$	$1.0t$	$1.1t$	$1.2t$	$1.3t$	$1.4t$
		回弹角 $\Delta\theta$						
20 （已退火）	1	$-2°30'$	$-1°$	$0°30'$	$1°30'$	$3°$	$4°$	$5°$
	2	$-2°$	$-0°30'$	$1°$	$2°$	$3°30'$	$5°$	$6°$
	3	$-1°30'$	$0°$	$1°30'$	$3°$	$4°30'$	$6°$	$7°30'$
	4	$-1°$	$0°30'$	$2°30'$	$4°$	$5°30'$	$7°$	$8°$
	5	$-1°30'$	$1°30'$	$3°$	$5°$	$6°30'$	$8°$	$10°$
	6	$-0°30'$	$2°$	$4°$	$5°$	$7°30'$	$8°$	$11°$
30CrMnSiA （已退火）	1	$-1°$	$-0°30'$	$0°$	$1°$	$2°$	$4°$	$5°$
	2	$-2°$	$-1°$	$1°$	$2°$	$4°$	$5°30'$	$7°$
	3	$-1°30'$	$0°$	$2°$	$3°30'$	$5°$	$6°30'$	$8°30'$
	4	$-0°30'$	$1°$	$3°$	$8°$	$6°30'$	$8°30'$	$10°$
	5	$0°$	$1°30'$	$4°$	$5°$	$8°$	$10°$	$11°$
	6	$0°30'$	$2°$	$5°$	$7°$	$9°$	$11°$	$13°$

3. 弯曲力的计算

（1）弯曲力计算公式。弯曲力是指弯曲件在完成预定弯曲时需要压力机所施加的压力。弯曲力的大小不仅与材料的力学性能、厚度、相对弯曲半径、模具间隙等有关，还受到摩擦因数、弯曲角大小、弯曲方式的直接影响。在设计与制造模具时很难在理论上精确计算，因此，一般均采用在理论基础上经过实际试验而获得的经验公式。弯曲可分为自由弯曲和校正弯曲；按弯曲件形状还可分为 V 形件弯曲、U 形件弯曲。自由弯曲就是冲压行程结束，即刻回程的弯曲所用的压力。具体公式如下。

V 形弯曲件

$$F_1 = \frac{0.6KB\,t^2\sigma_{\mathrm{b}}}{R+t} \tag{3-10}$$

U 形弯曲件

$$F_1 = \frac{0.7KB\,t^2\sigma_{\mathrm{b}}}{R+t} \tag{3-11}$$

式中　F_1——自由弯曲力，N；

　　　B——弯曲件宽度，mm；

　　　t——板料厚度，mm；

　　　R——弯曲半径，mm；

　　　σ_{b}——材料抗拉强度，MPa；

　　　K——安全系数，一般取 $K=1.3$。

（2）校正弯曲力的计算。为了提高弯曲件的精度、减小回弹，在弯曲过程的结束阶段对弯曲件的圆角及直边进行精压，称为校正弯曲。校正弯曲的弯曲力

$$F_2 = qA \tag{3-12}$$

式中　F_2——校正弯曲力，N；

　　　　q——单位校正强度，MPa，见表3-9；

　　　　A——弯曲件校正部分的投影面积，mm^2。

表3-9　单位校正强度　　　　　　　　　　　　　　　单位：MPa

材料	板料厚度 t/mm			
	$t \leqslant 1$	$1 < t \leqslant 2$	$2 < t \leqslant 5$	$5 < t \leqslant 10$
铝	$10 \sim 15$	$15 \sim 20$	$20 \sim 30$	$30 \sim 40$
黄铜	$15 \sim 20$	$20 \sim 30$	$30 \sim 40$	$40 \sim 60$
10钢、15钢、20钢	$20 \sim 30$	$30 \sim 40$	$40 \sim 60$	$60 \sim 80$
25钢、30钢、35钢	$30 \sim 40$	$40 \sim 50$	$50 \sim 70$	$80 \sim 100$

（3）压力机标称压力的确定。标称压力确定的总原则是压力机的标称压力必须大于弯曲时所有工艺力的和，包括弯曲力、顶料力、压料力等。除此之外，还决定于压力机的调整和板料厚度误差的大小。

自由弯曲时压力机的标称压力必须大于自由弯曲力；校正弯曲时压力机的标称压力必须大于自由弯曲力和校正弯曲力的和。但有时校正弯曲力比自由弯曲力大很多，因此，根据实际情况，自由弯曲力可以忽略不计。

任务实施

暂不考虑压肋，将制件划分为5段，即两段12.51 mm的直边，两段$R2$ mm（$\alpha = 77.5°$）的过渡圆弧和一段$R10$ mm（$\alpha = 155°$）的圆弧。

则由式（3-1）可得

$$\rho_{R2} = R + Kt = 2 \text{ mm} + 0.29 \times 0.8 \text{ mm} = 2.232 \text{ mm}$$

$$\rho_{R10} = R + Kt = 10 \text{ mm} + 0.488 \times 0.8 \text{ mm} = 10.394 \text{ mm}$$

由式（3-2）、式（3-3）可得

$$A_{R2} = \rho_{R2}\alpha_{R2} = 2.232 \text{ mm} \times (\pi \times 77.5° \div 180°) = 3.142 \text{ mm}$$

$$A_{R10} = \rho_{R10}\alpha_{R10} = 10.394 \text{ mm} \times (\pi \times 155° \div 180°) = 28.105 \text{ mm}$$

$$L = L_直 + A_弧 = 12.51 \text{ mm} \times 2 + 3.142 \text{ mm} \times 2 + 28.105 \text{ mm} = 59.409 \text{ mm}$$

任务评价

评价目标	评价内容	完成情况	得分
素养目标 （20分）	养成精益求精的精神		
	养成一丝不苟的工匠精神		
技能目标 （40分）	能够掌握板料展开长度的确定方法		
	能够掌握弯曲力的计算		
知识目标 （40分）	理解压力机的标称压力		
	学会计算板料展开长度		
总分			

任务 3.3　弯曲模具结构设计

[任务描述]

根据图 3-18、图 3-19 所示的保持架，试计算其凸模、凹模之间的间隙，保持架的厚度为 0.8 mm，尺寸公差 $\Delta = 0.12$ mm。

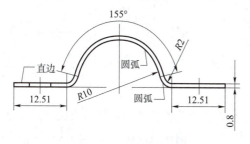

图 3-18　保持架分段图

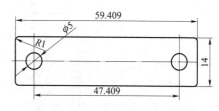

图 3-19　保持架展开图

知识链接

一、弯曲模具工作部分尺寸确定

1. 模具圆角半径的确定

（1）凸模圆角半径。一般凸模圆角半径等于或小于弯曲件弯曲半径。对于大圆角半径（$R > 10t$），且精度有较高要求的弯曲件，应考虑回弹的影响，应根据回弹量大小适当修正。

（2）凹模圆角半径。凹模圆角半径不直接影响弯曲件的尺寸。但是，在弯曲过程中，凹模圆角半径太小会擦伤毛坯表面，且对弯曲力也有影响。凹模圆角半径大小与板料进入凹模的深度、弯边高度和板料厚度有关。如图 3-16。一般可以根据板厚选取。

$$t < 2 \text{ mm} \qquad R_凹 = （3 \sim 6）t$$
$$t = 2 \sim 4 \text{ mm} \qquad R_凹 = （2 \sim 3）t$$
$$t > 4 \text{ mm} \qquad R_凹 = 2t$$

（3）凹模深度。凹模深度选择时要合理，如果凹模深度选择过小，则弯曲件的两直边太长，弯曲件回弹太大，容易出现弯曲件不平直的现象；如果凹模深度选择过大，则凹模增大，成本增加，且压力机行程也会变大。凹模圆角半径与深度见表 3-10。

表 3-10　凹模圆角半径与深度　　　　　　　　　　单位：mm

弯曲件直边高度 H	板料厚度 t							
	<0.5		0.5~2.0		2.0~4.0		4.0~7.0	
	L	$R_凹$	L	$R_凹$	L	$R_凹$	L	$R_凹$
10	6	3	10	3	10	4		
20	8	3	12	4	15	5	20	8
35	12	4	15	5	20	6	25	8
50	15	5	20	6	25	8	30	10
75	20	6	25	8	30	10	35	12
100			30	10	35	12	40	15
150			35	12	40	15	50	20
200			45	15	55	20	65	25

2. 模具间隙

V 形件弯曲时，凸模、凹模之间的间隙理论上是以板厚为准，依靠调整压力机闭合高度来控制，不需在模具上确定间隙。U 形件弯曲时，必须选择合理的模具间隙。模具间隙过小，弯曲力增大，使弯曲件侧壁变薄，降低凹模寿命；模具间隙过大，回弹量增大，弯曲件精度降低。

V 形件模具间隙根据材料种类、厚度及弯曲件高度和宽度而定，如图 3-20 所示，其公式如下。

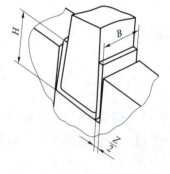

弯曲有色金属　　　　　　$Z/2 = t_{min} + nt$ 　　　　　　(3-13)

弯曲黑色金属　　　　　　$Z/2 = t(1+n)$ 　　　　　　(3-14)

式中　$Z/2$——凸模、凹模单边间隙，mm；

　　　t_{min}——最小板料厚度，mm；

　　　t——板料厚度，mm；

　　　n——系数，它是根据弯曲件高度 H 和弯曲线长度 B 而决定的，见表 3-11。

图 3-20　V 形件弯曲模具间隙

表 3-11　系数 n

弯曲件高度 H/mm	板料厚度 t/mm								
	t<0.5	0.5<t≤2	2<t≤4	4<t≤5	t<0.5	0.5<t≤2	2<t≤4	4<t≤7.5	7.5<t≤12
	B≤2H				B>2H				
10	0.05	0.05	0.04	—	0.10	0.10	0.08	—	—
20	0.05	0.05	0.04	0.03	0.10	0.10	0.08	—	—
35	0.07	0.05	0.04	0.03	0.15	0.10	0.08	0.06	0.06
50	0.10	0.07	0.05	0.04	0.20	0.15	0.10	0.06	0.06
75	0.10	0.07	0.05	0.02	0.25	0.15	0.10	0.10	0.08
100	—	0.07	0.05	0.05	—	0.15	0.10	0.10	0.08
150	—	0.10	0.07	0.05	—	0.20	0.15	0.10	0.10
200	—	0.10	0.07	0.07	—	0.20	0.15	0.15	0.10

3. 凸模、凹模工作部位尺寸计算

凸模、凹模工作部位尺寸计算主要是指弯曲件的凸模、凹模的横向尺寸。弯曲件横向尺寸标注的不同，其相应的计算方法也不同。凸模、凹模工作部位尺寸计算的基本原则如下。

（1）当弯曲件标注外形尺寸时，模具以凹模为基准件，间隙取在凸模上。

（2）当弯曲件标注内形尺寸时，模具以凸模为基准件，间隙取在凹模上。

具体步骤如下。

（1）弯曲件标注外形尺寸。当弯曲件标注外形尺寸时，先计算凹模尺寸，然后再减去间隙值而获得凸模尺寸，如图 3-21 所示。

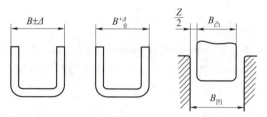

图 3-21　弯曲件标注外形尺寸示意图

当弯曲件标注双向偏差时，凹模尺寸计算公式为

$$B_{凹}=\left(B+\frac{1}{2}\Delta\right)_{0}^{+\delta_{凹}} \tag{3-15}$$

当弯曲件标注单向偏差时，凹模尺寸计算公式为

$$B_{凹1}=\left(B-\frac{3}{4}\Delta\right)_{0}^{+\delta_{凹}} \tag{3-16}$$

凸模尺寸 $B_{凹}$ 按配制法获得，即根据凸模、凹模单边间隙（$Z/2$），按凹模实际尺寸配制。

（2）弯曲件标注内形尺寸。当弯曲件标注内形尺寸时，先计算凸模尺寸，然后再加上凸模、凹模之间的间隙 Z 值，即为凹模尺寸，如图 3-22 所示。

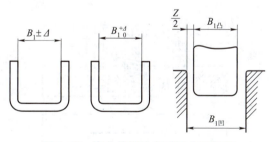

图 3-22　弯曲件标注内形尺寸示意图

当弯曲件标注双向偏差时，凸模计算公式为

$$B_{凸}=\left(B_1+\frac{1}{2}\Delta\right)_{-\delta_{凸}}^{0} \tag{3-17}$$

当弯曲件标注单向偏差时，凸模计算公式为

$$B_{凸1}=\left(B_1-\frac{3}{4}\Delta\right)_{-\delta_{凸}}^{0} \tag{3-18}$$

凹模尺寸同样是根据凸模、凹模单边间隙（$Z/2$），按凸模实际尺寸配制。

式中　$B_凹$、$B_{凹1}$——凹模工作部位尺寸，mm；

　　　$B_凸$、$B_{凸1}$——凸模工作部位尺寸，mm；

　　　B、B_1——弯曲件外形或内形尺寸，mm；

　　　$\delta_凸$、$\delta_凹$——凸模、凹模的制造公差，mm；

　　　Δ——弯曲件尺寸公差，mm；

　　　Z——凸模与凹模的双面间隙，mm。

二、弯曲模具结构

1. 弯曲模具分类与典型结构

弯曲模具结构形式很多，按不同要求有不同的分类方法。弯曲模具按弯曲件形状可分为V形件弯曲模具、U形件弯曲模具、Z形件弯曲模具、圆圈形件弯曲模具；按弯曲角的数量可分为单角弯曲模具、双角弯曲模具、四角弯曲模具；按组合形式可分为单工序弯曲模具、多工序弯曲模具；按结构复杂程度可分为简单弯曲模具、复杂弯曲模具。下面就介绍几种典型结构。

（1）V形件弯曲模具。V形件弯曲模具又称单角弯曲模具，大部分没有模架，如图3-23所示。该模具结构简单，在压力机上安装、调试容易，对板料厚度偏差要求不严。在弯曲结束时，可以得到不同程度的校正，所以回弹量较小，弯曲件的平面度较好。

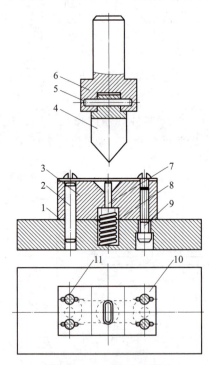

图3-23　V形件弯曲模具

1—下模座；2，5—销钉；3—凹模；4—凸模；6—上模座；7—顶杆；8—弹簧；9，11—螺钉；10—定位板

（2）U形件弯曲模具。U形件弯曲模具一般是同时弯曲两个角，因此，又称双角弯曲模具，如图3-24所示，其中列出6种主要结构形式，每种结构形式都有自己的特点与用途。

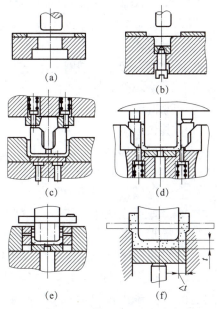

图 3-24　U 形件弯曲模具

图 3-24（a）所示为无顶件块结构形式，主要用于底面无平面度要求的弯曲件。该模具结构简单、制造容易，但弯曲件精度较低。图 3-24（b）所示结构因为弯曲结束时弯曲件底部能得到校正，故弯曲件精度比图 3-24（a）所示结构精度高。图 3-24（c）所示为凸模为分体活动式结构，凸模尺寸可以根据板料厚度进行调整，也可以校正弯曲件底部及两个侧壁。但其结构较复杂，制造相对费时，成本较高，主要用于对外侧尺寸要求较高的弯曲件。图 3-24（d）所示结构主要用于对内侧尺寸要求较高的弯曲件，其底部和侧壁都能得到校正，最后加工精度较高。与图 3-24（c）所示结构一样，其凹模的强度不如整体结构好；其他同上。图 3-24（e）所示为 U 形件精弯曲模具，弯曲件质量精度都很高。其原因是活动式凹模与板料之间无相对滑动，不会损坏板料表面。图 3-24（f）所示为变薄弯曲模具，凸模、凹模之间的间隙比板料厚度小，在弯曲过程中板料被弯曲的同时，还会受到挤压，所以弯曲力不但增大，也容易使弯曲件表面划伤甚至开裂，因此，模具需要有足够的强度。

（3）Z 形件弯曲模具。Z 形件两个直边的弯曲方向相反，因此，相应的模具结构必须有向两个相反方向弯曲的动作，这就导致模具结构复杂、制造相对困难、成本较高。但只要结构合理，工序安排得当，就会得到很高的综合效益。Z 形件弯曲模具结构如图 3-25 所示，它是由下模座 8、凸模 6 和 7、凹模 1、托板 2 等主要零件组成。下模座的下面有弹顶器，其作用就是将弯曲件通过顶板顶出。

弯曲过程如下。弯曲前，在橡胶 3 作用下，凸模 6、7 的端面是平齐的。弯曲时，凸模 7 下行和板料接触，凸模 7 与顶板将板料毛坯夹紧。由于托板上橡胶的作用力大于作用于顶板的顶件力，使顶板向下运行，完成了左端直边的弯曲。当凸模接触下模座后继续下行，使得橡胶压缩，凸模 6 和顶板共同作用完成右端直边的弯曲。当压块 4 与上模座接触后，弯曲件得到校正。

该模具结构比较简单、制造比较容易，但弯曲件精度一般，适用于形状简单、精度较低的零件弯曲。

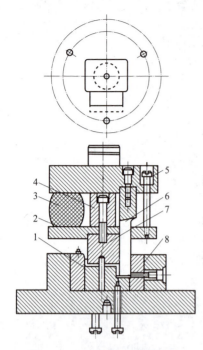

图 3-25 Z 形件弯曲模具结构

1—凹模；2—托板；3—橡胶；4—压块；
5—螺钉；6，7—凸模；8—下模座

（4）圆圈形件的弯曲。圆圈形件不但大量应用于工业，而且，随着现代生活节奏的加快，社会发展与需求的进步，也应用于其他很多场合。圆圈形件弯曲方法很多，一般根据圆圈大小分为以下三类。

小圆圈件的弯曲：圆圈直径 $d<5$ mm 的弯曲件称为小圆圈件，在一般仪器仪表及电子工业中应用较广泛，如仪表插孔、接线孔等。一般是先将板料弯曲成 U 形件，然后再用芯棒弯曲成圆圈。这里就再不介绍其结构。

大圆圈件的弯曲：圆圈直径 $d>20$ mm 的弯曲件称为大圆圈件。对于中间直径的弯曲可以根据实际情况而定。其弯曲方法是先将板料弯曲成波浪形，然后再弯曲成圆圈形，如图 3-26（a）所示，第一次弯曲成波浪形尺寸要进行试验修正。在第二次弯曲后，弯曲件会套在凸模 3 上，可以推开支撑 4 将其取出，如图 3-26（b）所示。

采用转动凹模式弯曲模具：如图 3-27 所示，该弯曲模具的凹模是活动的，分成左、右两部分。凸模下降板料弯曲，当接触到凹模底部时对应的左、右凹模绕各自的轴转动，将板料紧紧地包在凸模上，然后开模取件，从而完成一个弯曲过程。注意，到此模具只用了一套模具、一个工序，所以此模具又称一次弯曲成形模具。其特点是减少了弯曲工序、效率较高，但弯曲件的回弹量较大，因此，只适用于直径较大的弯曲件，如卡箍类零件。

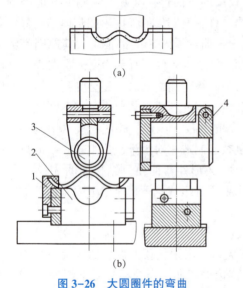

图 3-26　大圆圈件的弯曲

1—定位板；2—凹模；3—凸模；4—支撑

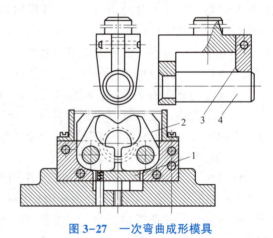

图 3-27　一次弯曲成形模具

1—顶板；2—转动凹模；3—支撑；4—凸模

弯曲模具结构种类繁多，还有异形件、型材、管料、杆件等弯曲模具结构，其特点与用途也各不相同，这里不再赘述。若需要，则可以查阅有关手册。

2. 保持架弯曲模具及其工作原理

保持架毛坯在弯曲过程中非常容易滑动而产生偏移，所以必须采取定位措施。此弯曲件中部有两个凸耳，在凹模的对应部位设有沟槽，在冲压弯曲时凸耳始终处于沟槽内，用此种方法可以实现毛坯的可靠定位。

保持架弯曲模具结构如图3-28所示。该模具由上模部分和下模部分两大部分组成。上模部分由带柄矩形上模座1、凸模4、凸模固定板3、凸模垫板2及销钉、螺钉等组成；下模部分由凹模9、凹模固定板7、凹模垫板6、顶件块12、推杆13、下模座5及销钉11、紧固螺钉10组成。

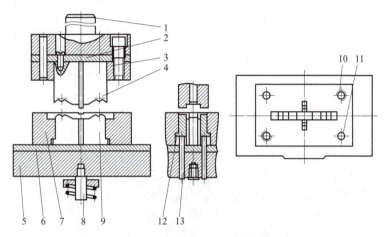

图3-28　保持架弯曲模具结构

1—带柄矩形上模座；2—凸模垫板；3—凸模固定板；4—凸模；5—下模座；6—凹模垫板；7—凹模固定板；
8—弹顶器；9—凹模；10—紧固螺钉；11—销钉；12—顶件块；13—推杆

装配关系：凸模是通过凸模固定板定位，依靠小螺钉连接于上模座下的凸模垫板上；其固定板是通过销钉定位，并利用大螺钉紧固在上模座上；上模座是采用带模柄的矩形模座。凸模垫板作用是防止凸模尾部压伤模座表面，垫板一般都采用经过渗碳淬火热处理的低碳钢，硬度很大，若损坏，则可以直接更换，这样就不用更换价格昂贵的上模座了。凹模固定板通过定位销、紧固螺钉将凹模固定于在模座上。下模座下面装有弹顶器8，与凹模内的推杆相连，传递弹顶力。

模具工作过程：开启模具后，将毛坯放置于凹模上，使中部的两个凸耳进入凹模固定板的槽内。当弯曲模具的上模部分向下运行时，凸模中部和顶件块压住毛坯的凸耳，使其准确、可靠地定位于槽内。凸模、凹模将毛坯逐渐夹紧下压而弯曲，当模具的上模部分继续向下运行，弯曲线及圆弧很快成形。当行程结束时，凸模回程，弹顶器通过推杆、顶件块将弯曲件顶出，从而完成一个工作过程。

由图3-18、图3-19可知，板料厚度为0.8 mm，$B/H = 14$ mm/10 mm $= 1.4 < 2$，查表3-11可得$n = 0.05$。又可知弯曲件的尺寸公差为$\Delta = 0.12$，则凸模、凹模的单边间隙z为

$$z = t + \Delta + nt = (0.8 + 0.12 + 0.05 \times 0.8)\ \text{mm} = 0.96\ \text{mm}$$

评价目标	评价内容	完成情况	得分
素养目标 （20分）	养成勇于创新的工匠精神		
	养成艰苦奋斗的精神		
技能目标 （40分）	能够掌握确定模具圆角半径的方法		
	能够掌握弯曲模具凸模、凹模之间的间隙的计算方法		
知识目标 （40分）	理解弯曲模具凸模、凹模工作部分的计算方法		
	学会弯曲模具的模具结构		
总分			

自主练习

（1）简述弯曲变形的特点。

（2）简述影响最小相对弯曲半径的主要因素及影响规律。

（3）简述弯曲回弹的原因、影响因素及影响规律。为什么弯曲回弹是所有塑性变形中回弹量最大的？

（4）简述减小弯曲回弹的主要措施。

（5）简述弯曲件产生偏移的原因及防止偏移的措施。

（6）简述弯曲凹模圆角半径对弯曲过程的影响。

（7）简述弯曲模具间隙对弯曲过程的影响。

（8）弯曲图3-29所示工件，材料为35钢，已退火，板料厚度为4 mm，中批量生产，请完成以下工作。

1）分析弯曲件的工艺性。

2）计算毛坯展开长度和弯曲力（采用校正弯曲）。

3）绘制弯曲模结构草图。

4）确定弯曲凸模、凹模工作部位尺寸，绘制凸模、凹模零件图。

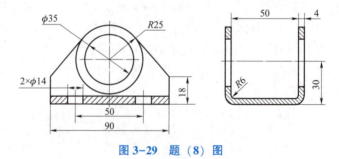

图3-29 题（8）图

项目四 拉深工艺与模具设计

项目目标

知识目标

（1）了解拉深变形过程分析。

（2）分析拉深件的质量问题。

（3）掌握拉深件毛坯尺寸计算与拉深力的计算方法。

能力目标

（1）能够掌握拉深模具的典型结构，设计出拉深模具的工作零件。

（2）培养社会责任感。

项目简介

拉深技术在众多行业中应用广泛，如家电、汽车、仪器仪表、电子元器件等，其产品尺寸跨度大，从几毫米到几百毫米。随着时代的发展，市场对拉深件的需求与要求都在不断扩大和提高。拉深工艺是冲压工艺的细分领域，有一定的技术要求，经过近些年的快速发展，国内企业已经取得巨大的进步，与国外的差距急速缩小。拉深件毛坯尺寸的计算、拉深工艺方案的确定，以及拉深模具的设计对拉深件的质量有着重要的影响。因此，本项目学习拉深工艺与模具设计。

任务 4.1 拉深工艺概述

[任务描述]

根据图 4-1 所示拉深件，试分析其起皱原因。

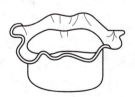

图 4-1 拉深件

一、拉深工艺及其分类

拉深是指将一定形状的平板毛坯通过拉深模具冲压成各种开口空心件，或以开口空心件为毛坯，通过拉深进一步改变其形状和尺寸的一种冲压工艺方法。

按照拉深件的形状，拉深工艺可分为旋转体件拉深、盒形件拉深和复杂形状件拉深三类。其中，旋转体拉深件又可分为无凸缘圆筒形拉深件、带凸缘圆筒形拉深件、半球形拉深件、锥形拉深件、抛物线形拉深件、阶梯形拉深件和复杂旋转体拉深件等。

按照变形方法，拉深工艺可分为不变薄拉深和变薄拉深。不变薄拉深是通过减小毛坯或半成品的直径来增加拉深件高度，在拉深过程中材料厚度的变化很小，可以近似认为拉深件壁厚等于毛坯厚度；变薄拉深是以开口空心件为毛坯，通过减小壁厚的方式来增加拉深件高度，拉深过程中筒壁厚度有显著变薄。

本项目主要讨论圆筒形拉深件的不变薄拉深。

二、拉深变形过程分析

图 4-2 所示为无凸缘圆筒形拉深件的拉深工艺过程。将圆形平板毛坯 3 放在凹模 4 上。上模部分下行时，先由压边圈 2 压住毛坯，然后凸模 1 继续下行，将坯料拉入凹模。拉深完成后，上模部分回程，拉深件 5 脱模。

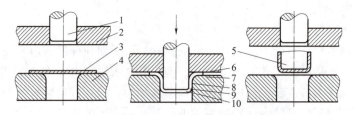

图 4-2　无凸缘圆筒形拉深件的拉深工艺过程

1—凸模；2—压边圈；3—毛坯；4—凹模；5—拉深件；6—平面凸缘部分；7—凸缘圆角部分；
8—筒壁部分；9—底部圆角部分；10—筒底部分

在拉深过程中，坯料可分为平面凸缘部分 6、凸缘圆角部分 7、筒壁部分 8、底部圆角部分 9、筒底部分 10 五个区域，如图 4-2 所示。平面凸缘部分为主要变形区，该部分材料在凸模施加的拉深力的作用下，经过凸缘圆角部分流入凸模、凹模之间的间隙，构成筒壁。平面凸缘部分在拉深时，材料的应力状态为径向、厚向受拉压力作用，切向受压应力作用；应变状态为径向、厚向产生拉伸变形，切向产生压缩变形。筒壁部分为已变形区，在拉深过程中，该部分材料起到向变形区传递拉深力的作用，因此，也称传力区，在拉深时，该部分可近似认为受单向拉应力作用。筒底部分为非变形区，该部分材料在拉深时受双向拉应力作用，材料厚度将变薄，但变薄量很小，一般只有 1%~3%。凸缘圆角部分、底部圆角部分为平面凸缘部分、筒壁部分、筒底部分之间的过渡区，前者称为第一过渡区，后者称为第二过渡区。

通过网络实验可以直观地观察、分析材料在拉深时的变形情况。在圆形毛坯的表面上画上许多间距都等于 a 的同心圆和分度相等的辐射线，如图 4-3（a）所示，这些同心圆和辐射线构成了由扇形圆环单元网格组成的网络。将该毛坯拉深成无凸缘圆筒形拉深件后，网格的变化情况如图 4-3（b）所示。观察网格的变化情况可以发现：该无凸缘圆筒形拉深件筒底部分基本保持原来的形状和尺寸，表明该部分材料无较大的变形；筒壁部分的网格发生了很大的变化，原来毛坯上的扇形圆环单元网格 F_1 变成了筒壁上的矩形单元网格 F_2，如图 4-3（c）所示。单元网格的变形情况为切向产生压缩变形，径向产生拉伸变形，故矩形单元网格的高度 a_n，大于同心圆的间距 a。越靠近筒壁的口部，矩形网格的高度越高，即 $a_5>a_4>a_3>a_2>a_1>a$，表明越靠近口部的筒壁材料在拉深时的变形程度越大。

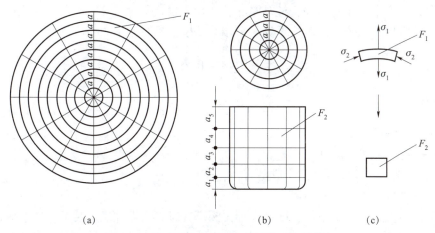

(a)   (b)   (c)

图 4-3　通过网络实验观察到的拉深变形情况

在拉深后无凸缘圆筒形拉深件的筒壁厚度和硬度均有一定的变化，如图 4-4 所示。一方面，平面凸缘部分材料在流向凸模、凹模之间的间隙构成筒壁时，厚度将增大；另一方面，已经构成筒壁部分的材料在传递拉深力时，厚度将减薄。筒壁部分上部的材料在拉深变形时的增厚量较大，而在传递拉伸力时的减薄量较小，其壁厚大于毛坯厚度 t，而且越靠近口部，壁厚越厚。筒壁部分下部的材料在拉深变形时的增厚量较小，而在传递拉伸力时的减薄量较大，其壁厚小于毛坯厚度 t，壁厚最薄处位于筒壁部分和底部圆角部分的交界面附近。

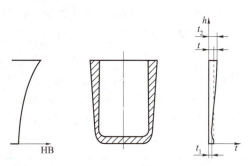

图 4-4　在拉深后无凸缘圆筒形拉深件筒壁厚度和硬度的变化

由于拉深变形程度不同，筒壁部分材料的冷作硬化程度也不同，导致筒壁部分材料的硬度随高度 h 的增加而提高，即越靠近口部的材料，拉深变形程度越大，冷作硬化程度越高，其硬度也就越高。

三、拉深工艺的主要问题

在进行拉深时，有许多因素将影响到拉深件的质量，甚至影响到拉深工艺能否顺利完成。常见的拉深工艺问题包括平面凸缘部分的起皱、筒壁部分危险断面的拉裂、口部或凸缘边缘不整齐、筒壁表面拉伤、拉深件存在较大的尺寸和形状误差等，其中平面凸缘部分的起皱和筒壁部分危险断面的拉裂是拉深工艺的两个主要问题。

1. 平面凸缘部分的起皱

平面凸缘部分的起皱是指在拉深过程中，该部分材料沿切向产生波浪形的拱起。当起皱现象轻微时，材料在流入凸模、凹模之间的间隙时能被凸模、凹模挤平；当起皱现象严重时，起皱的材料无法被凸模、凹模挤平，若继续拉深则会因为拉深力的急剧增加导致危险断面拉裂，即使被强行拉入凸模、凹模之间的间隙，也会在拉深件筒壁部分留下折皱纹或沟痕，影响拉深件的外观质量。

起皱是平面凸缘部分材料受切向压应力作用而失去稳定性的结果。拉深时是否产生起皱现象与拉深力的大小、压边条件、材料厚度、变形程度等因素有关，要准确判断比较困难。在生产实际中常用下列公式概略估算普通平端面凹模拉深时的不起皱条件。

首次拉深
$$\frac{t}{D} \geq 0.045(1-m_1) \tag{4-1}$$

以后各次拉深
$$\frac{t}{d_{i-1}} \geq 0.045\left(\frac{1}{m_i}-1\right) \tag{4-2}$$

式中　t——材料厚度，mm；

　　　D——毛坯直径，mm；

　　　d_{i-1}——前一次拉深得到的半成品直径，mm；

　　　m_i——本次拉深的拉深系数。

如果不满足上述不起皱条件，则在设计拉深模具时必须设计压边装置，通过压边圈的压边力将平面凸缘部分压紧，以防止起皱。压边力的大小必须适当。压边力过大，将导致拉深力过大，而使危险断面拉裂；压边力过小，则不能有效防止起皱。在设计压边装置时，应考虑如何方便地调节压边力，以便在保证材料不起皱的前提下，采用尽可能小的压边力。

在设计拉深模具时，压边力的大小可按下式核算：
$$Q = Fq \tag{4-3}$$

式中　Q——压边力，N；

　　　F——毛坯在压边圈上的投影面积，mm^2；

　　　q——单位压边力，MPa，见表4-1。

表4-1　单位压边力 q

材料名称	单位压边力 q/MPa	材料名称	单位压边力 q/MPa
铝	0.80~1.20	镀锡钢板	2.50~3.00
纯铜、硬铝（已退火）	1.50~2.00	高合金钢、高锰钢、不锈钢	0.30~0.45
软钢 $t \leq 0.5$ mm	2.00~2.50	黄铜	2.00~2.50
$t > 0.5$ mm	2.50~3.00	高温合金（软化状态）	2.80~3.50

2. 筒壁部分危险断面的拉裂

筒壁部分在拉深过程中起到传递拉深力的作用，可近似认为受单向拉应力作用。当拉深力过大，筒壁材料的应力达到抗拉强度极限时，筒壁部分将被拉裂。由于在筒壁部分与底部圆角部分的交界面附近材料的厚度最薄、硬度最低，因此，该处是发生拉裂的危险断面，拉深件的拉裂一般都发生在危险断面，如图4-5所示。

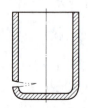

图4-5　圆筒部分危险断面的拉裂

筒壁部分危险断面是否被拉裂取决于拉深力的大小和筒壁部分材料的强度。凡是有利于减小拉深力，提高筒壁部分材料强度的措施，都有利于防止圆筒部分危险断面拉裂的发生。在设计拉深模具时，首先应控制材料的变形程度，然后再采取其他各种措施防止筒壁部分危险断面的拉裂，详见任务 4.2。

任务实施

拉深起皱最主要的原因之一是切向压应力过大。在其他条件相同的情况下，如果能减小切向压应力，则可以有效防止起皱现象的发生。

任务评价

评价目标	评价内容	完成情况	得分
素养目标 （20分）	养成较强的社会责任感		
	养成集体主义精神		
技能目标 （40分）	能够掌握拉深工艺的分类方式		
	能够掌握拉深变形过程的分析		
知识目标 （40分）	理解拉深工艺的主要问题		
	能够掌握拉深件的质量问题解决方法		
总分			

任务 4.2　圆筒形拉深件拉深工艺

[任务描述]

计算图 4-6 所示宽凸缘圆筒形拉深件的毛坯尺寸和半成品工序尺寸。拉深件材料为 08F 钢，材料厚度 $t = 2\ mm$。

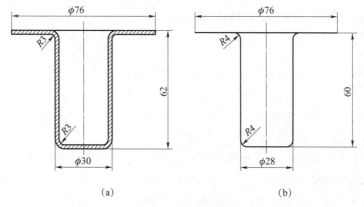

（a）　　　　　　　　　　（b）

图 4-6　宽凸缘圆筒形零件图及中线尺寸图

（a）零件图；（b）中线尺寸图

知识链接

一、拉深件工艺性分析

1. 拉深件的材料

拉深件的材料应具有良好的拉深性能。

若材料的硬化指数 n 值越大，径向比例应力 σ_1/σ_b（径向拉应力 σ_1 与抗拉强度 σ_b 的比值）的峰值越低，则传力区越不易拉裂，拉深性能越好。

若材料的屈强比 σ_s/σ_b 越小，则在一次拉深过程中允许的极限变形程度越大，拉深性能越好。例如，低碳钢的屈强比 $\sigma_s/\sigma_b \approx 0.57$，其一次拉深过程中允许的最小拉深系数 $m = 0.48 \sim 0.50$；65Mn 钢的屈强比 $\sigma_s/\sigma_b \approx 0.63$，其一次拉深过程中允许的最小拉深系数 $m = 0.68 \sim 0.70$。用于拉深的钢板，其屈强比不宜大于 0.66。

材料的厚向异性指标 $r > 1$ 时，说明材料在宽度方向上的变形比材料在厚度方向上的变形容易，在拉深过程中不易变薄和拉裂。r 值越大，表明材料的拉深性能越好。

2. 拉深件的结构

凸缘部分与筒壁部分的圆角半径一般取 $r_\phi = (4 \sim 8)t$，至少应保证 $r_\phi \geq 2t$。当 $r_\phi < 2t$ 或 $r_\phi < 0.5$ mm 时，应先以较大的圆角半径进行拉深，然后增加整形工序，缩小圆角半径。

筒壁部分与筒底部分的圆角半径一般取 $r_g = (3 \sim 5)t$，至少应保证 $r_g \geq t$。当 $r_g < t$ 时，应在拉深后增加整形工序，缩小圆角半径。每整形一次，r_g 可以缩小 1/2。

3. 拉深件的精度

拉深件横断面尺寸的精度一般要求在 IT13 级以下。如高于 IT13 级，则应在拉深后增加整形工序或用机械加工方法提高精度。横断面尺寸只能标注外形或内形尺寸之一，不能同时标注内、外形尺寸。拉深件的壁厚一般都有上厚下薄的现象。如不允许有壁厚不均的现象，则应注明，以便采取后续措施。

拉深件的口部应允许稍有回弹，侧壁应允许有工艺斜度，但必须保证一端在公差范围之内。经多次拉深的拉深件，其内、外壁上，或凸缘部分表面上应允许留有压痕。

二、圆筒形拉深件毛坯尺寸的计算

1. 计算准则

对于不变薄拉深，拉深件的平均壁厚与毛坯的厚度相差不大，因此，可用等面积条件，即毛坯的表面积和拉深件的表面积相等的条件计算毛坯的尺寸。

毛坯的形状和拉深件的筒部截面形状具有一定的相似性，因此，旋转体拉深件的毛坯形状为圆形。毛坯尺寸计算就是确定毛坯的直径。

由于材料存在各向异性，以及材料在各个方向上的流动阻力不同，因此，毛坯经拉深后，尤其是经多次拉深后，拉深件的口部或凸缘部分边缘一般都不平齐，需要进行切边。因此，在计算毛坯尺寸时，必须加上一定的切边余量。无凸缘圆筒形拉深件与带凸缘圆筒形拉伸件的切边余量 δ 见表 4-2 和表 4-3。

表 4-2　无凸缘圆筒形拉深件的切边余量 δ　　　　　　单位：mm

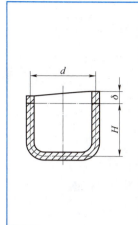

拉深件总高度 H	拉深件相对高度 H/d			
	$0.5<H/d\leq0.8$	$0.8<H/d\leq1.6$	$1.6<H/d\leq2.5$	$2.5<H/d<4.0$
$H\leq10$	1.0	1.2	1.5	2.0
$10<H\leq20$	1.2	1.6	2.0	2.5
$20<H\leq50$	2.0	2.5	3.3	4.0
$50<H\leq100$	3.0	3.8	5.0	6.0
$100<H\leq150$	4.0	5.0	6.5	8.0
$150<H\leq200$	5.0	6.3	8.0	10.0
$200<H\leq250$	6.0	7.5	9.0	11.0
$H>250$	7.0	8.5	10.0	12.0

表 4-3　带凸缘圆筒形拉深件的切边余量 δ　　　　　　单位：mm

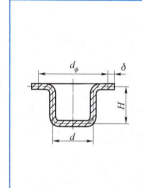

凸缘直径 d_ϕ	相对凸缘直径 d_ϕ/d			
	$d_\phi/d\leq1.5$	$1.5<d_\phi/d\leq2.0$	$2.0<d_\phi/d\leq2.5$	$d_\phi/d>2.5$
$d_\phi\leq25$	1.6	1.4	1.2	1.0
$25<d_\phi\leq50$	2.5	2.0	1.8	1.6
$50<d_\phi\leq100$	3.5	3.0	2.5	2.2
$100<d_\phi\leq150$	4.3	3.6	3.0	2.5
$150<d_\phi\leq200$	5.0	4.2	3.5	2.7
$200<d_\phi\leq250$	5.5	4.6	3.8	2.8
$d_\phi>250$	6.0	5.0	4.0	3.0

2. 计算方法

（1）查表计算法。常见圆筒形拉深件毛坯尺寸计算公式见表 4-4，其中拉深件高度 H 或凸缘直径 d_ϕ 应包含切边余量。

表 4-4　常见圆筒形拉深件毛坯尺寸计算公式

序号	拉深件形状及尺寸	毛坯直径 D/mm
1		$D=\sqrt{d_1^2+4dh+6.28r_gd_1+8r_g^2}$ 或 $D=\sqrt{d^2-1.72dr_g-0.56r_g^2+4dh}$
2		$D=1.414\sqrt{d^2+2dh}$

序号	拉深件形状及尺寸	毛坯直径 D/mm
3		$D=\sqrt{4h_1(2R-d)+(d-2r)(0.0696r\alpha-4h_2)+4dH}$ $\sin\alpha=\dfrac{\sqrt{R^2-r(2r-d)-0.25d^2}}{R-r}$ $h_1=R(1-\sin\alpha)$ $h_2=r\sin\alpha$
4		$D=\sqrt{d_1^2+6.28r_gd_1+8r_g^2+4dh+6.28r_\phi d+4.56r_\phi^2+d_\phi^2-d_2^2}$ 或 $D=\sqrt{d_\phi^2-1.72d(r_g+r_\phi)-0.56(r_g^2-r_\phi^2)+4dH}$
5		$D=\sqrt{8R^2+4dH-4dR-1.72dr_\phi+0.56r_\phi^2+d_\phi^2-d^2}$
6		$D=\sqrt{\begin{array}{c}4h_1(2R-d)+(d-2r)(0.0696r\alpha-4h_2)+\\ 4d(H-0.43r_\phi)+0.56r_\phi^2+d_\phi^2-d^2\end{array}}$ $\sin\alpha=\dfrac{\sqrt{R^2-r(2R-d)-0.25d^2}}{R-r}$ $h_1=R(1-\sin\alpha)$ $h_2=r\sin\alpha$

（2）解析计算法。旋转体拉深件的毛坯尺寸，可根据计算旋转体表面积的定理求得：任何形状的母线，绕轴线旋转一周得到的旋转体的表面积，等于该母线的长度与其重心绕该轴旋转轨迹的长度（即母线重心绕该轴所画出的圆周长）的乘积，即

$$F=2\pi R_s L \tag{4-4}$$

式中 F——旋转体表面积，mm^2；

R——旋转体母线的重心到轴线的距离，mm；

L——旋转体母线的长度，mm。

毛坯的面积与旋转体的表面积相等，则有

$$\frac{\pi D^2}{4}=2\pi R_s L$$

可得

$$D=\sqrt{8R_s L}=\sqrt{8\sum_{i=1}^{n}l_i r_i} \tag{4-5}$$

式中 l——单元母线的长度，mm；

r——单元母线的重心到轴线的距离，mm。

用解析法求毛坯尺寸的过程如下。

1）画出拉深件的轮廓（包括切边余量），如图 4-7 所示，并将其分解为由直线段和圆弧段构成的单元母线。

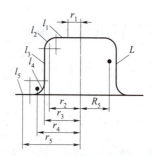

图 4-7　解析计算法计算毛坯尺寸

2）找出每一单元的重心。直线段的重心在其中点上；圆弧段的重心可根据图 4-8 和下列公式求出

$$A = aR \tag{4-6}$$
$$B = bR \tag{4-7}$$

式中　A、B——圆弧所对的中心角 y—y 轴的距离，mm。

　　　R——圆弧段的半径，mm；

　　　a、b——系数，可由式（4-8）、式（4-9）求出。

$$a = \frac{180\sin \alpha}{\pi\alpha} \tag{4-8}$$

$$b = \frac{180(1-\cos \alpha)}{\pi\alpha} \tag{4-9}$$

式中　α——圆弧所对的中心角，（°）。

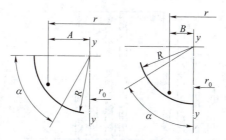

图 4-8　圆弧段单元母线重心位置计算

求出 A 或 B 的值后，再根据几何关系求出圆弧段重心到轴线的距离 r_0。

3）求出各单元母线的长度 l_1、l_2、…、l_n。

4）求出各单元母线的长度与其重心到轴线的距离的乘积的代数和

$$\sum_{i=1}^{n} l_i r_i = l_1 r_1 + l_2 r_2 + \cdots + l_n r_n \tag{4-10}$$

5）求出毛坯的直径

$$D = \sqrt{8\sum_{i=1}^{n} l_i r_i} = \sqrt{8(l_1 r_1 + l_2 r_2 + \cdots + l_n r_n)} \tag{4-11}$$

三、圆筒形拉深件的拉深系数和拉深工序尺寸计算

1. 拉深系数

拉深系数是指拉深前后拉深件筒部直径（或半成品筒部直径）与毛坯直径（或半成品筒部直径）的比值。

部分拉深件只需一次拉深就能成形，拉深系数就是拉深件筒部直径 d 与毛坯直径 D 的比值，即

$$m = \frac{d}{D} \tag{4-12}$$

部分拉深件需要经过多次拉深才能最终成形，如图 4-9 所示，各次拉深的拉深系数分别为

$$m_1 = \frac{d_1}{D}$$

$$m_2 = \frac{d_2}{d_1}$$

$$\cdots$$

$$m_{n-1} = \frac{d_{n-1}}{d_{n-2}}$$

$$m_n = \frac{d_n}{d_{n-1}}$$

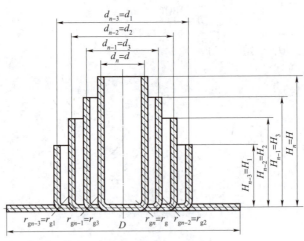

图 4-9　无凸缘圆筒形件的多次拉深

如果第 n 次拉深为最后一次拉深，则

$$m_n = \frac{d_n}{d_{n-1}} = \frac{d}{d_{n-1}}$$

式中　m_1、m_2、$\cdots$、m_{n-1}、m_n——各次拉深的拉深系数；

$\quad\quad d_1$、d_2、$\cdots$、d_{n-1}、d_n——各次拉深后的半成品或拉深件筒部直径，mm；

$\quad\quad D$——毛坯直径，mm；

d——拉深件筒部直径，mm。

多次拉深的总拉深系数 m 为

$$m = m_1 m_2 \cdots m_{n-1} m_n = \frac{d_1}{D} \frac{d_2}{d_1} \cdots \frac{d_{n-1}}{d_{n-2}} \frac{d_n}{d_{n-1}} = \frac{d_n}{D} = \frac{d}{D} \qquad (4-13)$$

拉深系数可以用来表示拉深时材料的变形程度。若拉深系数 m 的数值越小，则材料的变形程度越大。从降低拉深件生产成本、提高经济效益出发，在制定拉深工艺方案时，拉深的次数越少越好，这就希望尽可能地降低每一次拉深的拉深系数。但是，对于某一次拉深而言，拉深系数不能无限制地减小，这是因为对于某一种材料，当拉深条件一定时，筒壁传力区中所产生的最大拉应力 $P_{\max}$ 的数值，是由变形程度，即拉深系数的大小决定的。m 值越小，则材料变形程度越大，$P_{\max}$ 值越大。当 m 值减小到某一数值时，将使 $P_{\max}$ 值达到危险断面的抗拉强度 σ_b，从而导致危险断面拉裂。把某种材料在拉伸时危险断面濒于拉裂这种极限条件所对应的拉深系数，称为这种材料的极限拉深系数（或称最小拉深系数），记为 $m_{\min}$。

2. 影响极限拉深系数的因素

极限拉深系数的数值，取决于筒壁传力区的最大拉应力和危险断面的强度。凡是能够使筒壁传力区的最大拉应力减小，或使危险断面强度增加的因素，都有利于减小极限拉深系数。

（1）材料的力学性能。材料的力学性能指标中，影响极限拉深系数的主要是材料的强化率（屈强比 σ_s / σ_b、硬化指数 n、硬化模数 D 等）和厚向异性指数 r。材料的强化率越高（σ_s / σ_b 比值越小，n、D 值越大），则筒壁传力区最大拉应力的相对值越小，同时材料越不易产生拉伸缩颈、危险断面的严重变薄和拉断相应推迟。因此，强化率越高的材料，其极限拉深系数的数值也就越小。厚向异性指数越大的材料，厚度方向的变形越困难，危险断面越不易变薄、拉断，因此，其极限拉深系数越小。

（2）拉深条件。

1）模具几何参数。凸模圆角半径 r_p 的大小对于筒壁传力区的最大拉应力影响不大，但对危险断面的强度有较大影响。r_p 过小，将使材料绕凸模弯曲的拉应力增加，危险断面的变薄量增加；r_p 过大，将会减小凸模端面与材料的接触面积，使传递拉深力的承载面积减小，材料容易变薄，同时材料的悬空部分增加，易于产生内皱（在拉伸凹模圆角半径 r_d 以内起皱）。

凹模圆角半径 r_d 过小，将使凸缘部分材料流入凸模、凹模之间的间隙时的阻力增加，从而增加筒壁传力区的拉应力，不利于减小极限拉深系数；但是如果凹模半径 r_d 过大，则会减小有效压边面积，使凸缘部分材料容易失稳起皱。

由于凸缘部分材料在流向凸模、凹模之间的间隙时有增厚现象，当凸模、凹模之间的间隙过小时，材料将受到过大的挤压作用，并使摩擦力增加，不利于减小极限拉深系数。但是当凸模、凹模之间的间隙过大时，会影响拉深件的精度。

2）压边条件。压边力过大，会增加拉深阻力；压边力过小，不能有效防止凸缘部分材料起皱，将使拉深阻力剧增。在保证凸缘部分材料不起皱的前提下，应尽量将压边力调整到最小值。

3）摩擦和润滑条件。凹模和压边圈的工作表面应比较光滑，并在拉深时用润滑剂进行润滑。在不影响拉深件表面质量的前提下，凸模工作表面可以制作得比较粗糙，并在拉深时不使用润滑剂。这些都有利于减小极限拉深系数。

（3）毛坯的相对厚度 $(t/D) \times 100$。毛坯的相对厚度 $(t/D) \times 100$ 的值越大，在拉深时凸缘部分材料抵抗失稳起皱的能力越强，因此，可以减小压边力、减小摩擦阻力，有利于减小极限拉深系数。

（4）拉深次数。拉深时材料的冷作硬化使材料的变形抗力有所增加，同时危险断面的壁厚又略有减薄，因此，后一次拉深的极限拉深系数应比前一次拉深的极限拉深系数大。通常第二次拉深的极限拉深系数要比第一次拉深的极限拉深系数大得多，而以后各次逐次略有增加。

（5）拉深件的几何形状。不同几何形状的拉深件在拉深变形过程中各有不同的特点，因此，极限拉深系数也不同。例如，带凸缘圆筒形拉深件首次拉深的极限拉深系数比无凸缘圆筒形拉深件首次拉深的极限拉深系数小。

3. 极限拉深系数的确定

各次拉深的极限拉深系数的大小，可以根据筒壁传力区的最大拉应力 P_{max} 和危险断面的抗拉强度 σ_b 用理论公式计算出来。但是，由于影响极限拉深系数的因素很多，这种理论计算不仅麻烦，而且误差较大。在实际生产中，通常都是在一定的拉深条件下，通过试验得到材料的极限拉深系数。用压边圈时及不用压边圈时的无凸缘圆筒形拉深件各次拉深的极限拉深系数见表4-5、表4-6，不锈钢及高温合金的以后各次拉深系数见表4-7。

表4-5　无凸缘圆筒形拉深件各次拉深的极限拉伸系数（用压边圈时）

各次拉深的极限拉伸系数	毛坯相对厚度 $(t/D) \times 100$					
	≤1.5~2	<1.0~1.5	<0.6~1.0	<0.3~0.6	<0.15~0.3	<0.08~0.15
m_1	0.48~0.50	0.50~0.53	0.53~0.55	0.55~0.58	0.58~0.60	0.60~0.63
m_2	0.73~0.75	0.75~0.76	0.76~0.78	0.78~0.79	0.79~0.80	0.80~0.82
m_3	0.76~0.78	0.78~0.79	0.79~0.80	0.80~0.81	0.81~0.82	0.82~0.84
m_4	0.78~0.80	0.80~0.81	0.81~0.82	0.82~0.83	0.83~0.85	0.85~0.86
m_5	0.80~0.82	0.82~0.84	0.84~0.85	0.85~0.86	0.86~0.87	0.87~0.88

注：1. 表中拉深系数适用于 08 钢、10 钢、15Mn 钢等普通拉深碳钢及软黄铜 H62。对于拉深性能较差的材料，如 20 钢、25 钢、Q215 钢、Q235 钢、硬铝等，取值应比表中数值大 1.5%~2.0%；对于拉深性能较好的材料，如 05 钢、08F 钢等深拉深钢及软铝等，取值应比表中数值小 1.5%~2.0%。

2. 表中数值适用于未经中间退火的拉深。当采用中间退火工序时，取值可比表中数值小 2%~3%。

3. 凹模圆角半径较大时（$r_d = 8t~15t$），应取表中的较小数值；凹模圆角半径较小时（$r_d = 4t~8t$），应取表中的较大数值。

表4-6　无凸缘圆筒形拉深件各次拉深的极限拉伸系数（不用压边圈时）

各次拉深的极限拉伸系数	毛坯相对厚度 $(t/D) \times 100$						
	0.8	1.0	1.5	2.0	2.5	3.0	>3.0
m_1	0.80	0.75	0.65	0.60	0.55	0.53	0.50
m_2	0.88	0.85	0.80	0.75	0.75	0.75	0.70
m_3		0.90	0.84	0.80	0.80	0.80	0.75
m_4			0.87	0.84	0.84	0.84	0.78
m_5			0.90	0.87	0.87	0.87	0.82
m_6				0.90	0.90	0.90	0.85

注：表中取值要求同表4-5。

表4-7 不锈钢及高温合金的以后各次拉深系数

材料	有无中间热处理	$m_1 = 0.53$		$m_1 = 0.56$		$m_1 = 0.63$		$m_1 = 0.72$	
		试验值	推荐值	试验值	推荐值	试验值	推荐值	试验值	推荐值
奥氏体型不锈钢	有	0.70~0.74	0.78~0.81	0.67~0.72	0.76~0.80	0.63~0.69	0.72~0.75	0.62~0.65	0.69~0.72
	无	0.75~0.83	0.86~0.91	0.72~0.80	0.83~0.88	0.70~0.76	0.80~0.83	0.67~0.72	0.76~0.81
铁素体型不锈钢	有			0.71~0.74	0.80~0.83	0.67~0.73	0.77~0.80	0.65~0.69	0.74~0.76
	无					0.74~0.80	0.84~0.87	0.72~0.77	0.80~0.84

4. 无凸缘圆筒形拉深件的拉深工序尺寸计算

（1）拉深次数。无凸缘圆筒形拉深件的拉深次数可通过试算法确定。先根据表4-5或表4-6选取极限拉深系数，然后根据极限拉深系数的定义试算各次拉深后的半成品筒部直径，即

$$d_1 = m_1 D；\quad d_2 = m_2 d_1；\quad \cdots；\quad d_{n-1} = m_{n-1} d_{n-2}；\quad d_n = m_n d_{n-1}$$

逐次计算各次拉深后的筒部直径，直到 $d_n \le d$ 为止，计算的次数 n 即为所需的拉深次数。

无凸缘圆筒形拉深件拉深次数也可根据拉深件的相对高度 H/d 值由表4-8查得。

表4-8 圆筒形拉深件拉深次数的确定

相对高度 H/d ＼ 拉深次数	毛坯相对厚度 $(t/D) \times 100$					
	2.00~1.50	1.50~1.00	1.00~0.60	0.60~0.30	0.30~0.15	0.15~0.06
1	0.94~0.77	0.84~0.65	0.70~0.57	0.62~0.50	0.52~0.45	0.46~0.38
2	1.88~1.54	1.60~1.32	1.36~1.10	1.03~0.94	0.96~0.83	0.90~0.70
3	3.50~2.70	2.80~2.20	2.30~1.80	1.90~1.50	1.60~1.30	1.30~1.10
4	5.60~4.30	4.30~3.50	3.60~2.90	2.90~2.40	2.40~2.00	2.00~1.50
5	8.90~6.60	6.60~5.10	5.20~4.10	4.10~3.30	3.30~2.70	2.70~2.00

注：凹模圆角半径较大时（$r = 8t \sim 12t$），H/d 取较大值；凹模圆角半径较小时（$r = 4t \sim 8t$），H/d 取较小值。

（2）半成品筒部直径。对试算得到的各次拉深后的直径进行调整，先取 $d_n = d$；然后分别调整 d_{n-1}、$\cdots$、d_2、d_1。调整应保证各次拉深的实际拉深系数大于或等于在表4-5、表4-6中所查得的数值。

（3）各次拉深后半成品的底部圆角半径。各次拉深后半成品的底部圆角半径为

$$r_{gi} = r_{pi} + t/2 \tag{4-14}$$

式中 r_{gi}——第 i 次拉深后半成品的底部圆角半径，mm；

　　　r_{pi}——第 i 次拉深的凸模圆角半径，mm；

　　　t——材料厚度，mm。

凸模圆角半径 r_{pi} 的取值见任务 4.4。

各次拉深后半成品的高度，可由求毛坯尺寸的公式演变求得。对于无凸缘圆筒形拉深件，各次拉深后的半成品高度为

$$H_i = 0.25\left(\frac{D^2}{d_i} - d_i\right) + 0.43 \frac{r_{gi}}{d_i}\left(d_i + 0.32 r_{gi}\right) \tag{4-15}$$

式中 H_i——第 i 次拉深后的半成品高度，mm；

D——毛坯直径，mm；

d_i——第 i 次拉深后半成品的筒部直径，mm；

r_{gi}——第 i 次拉深后半成品的底部圆角半径，mm。

【例 4.1】 计算图 4-10 所示无凸缘圆筒形拉深件的毛坯尺寸和工序尺寸。拉深件材料为 08F 钢。

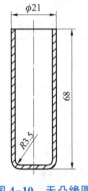

图 4-10　无凸缘圆
筒形拉深件

解：（1）由图 4-10 中尺寸得

$$d = 20 \text{ mm}$$
$$r_g = 4 \text{ mm}$$
$$H = 67.5 \text{ mm}$$

（2）确定切边余量。

根据 $H = 67.5$ mm，$H/d = 67.5/20 \approx 3.4$，查表 4-2 得切边余量为

$$\delta = 4.5 \text{ mm}$$

末次拉深的高度调整为

$$H = 67.5 \text{ mm} + 4.5 \text{ mm} = 72 \text{ mm}$$

（3）计算毛坯直径，有

$$
\begin{aligned}
D &= \sqrt{d^2 - 1.72\,dr_g - 0.56r_g^2 + 4dH} \\
&= \sqrt{20^2 - 1.72 \times 20 \times 4 - 0.56 \times 4^2 + 4 \times 20 \times 72} \text{ mm} \\
&= \sqrt{6013.44} \text{ mm} \approx 77 \text{ mm}
\end{aligned}
$$

（4）确定拉深次数。

根据毛坯相对厚度 $(t/D) \times 100 = (1/77) \times 100 \approx 1.3$，查表 4-5 取极限拉深系数，试算确定拉深次数和各次拉深后的半成品筒部直径为

$$d_1 = m_1 D = 0.51 \times 77 \text{ mm} = 38.8 \text{ mm} \rightarrow 调整为\ d_1 = 41 \text{ mm}$$
$$d_2 = m_2 d_1 = 0.75 \times 38.8 \text{ mm} = 29.5 \text{ mm} \rightarrow 调整为\ d_2 = 31 \text{ mm}$$
$$d_3 = m_3 d_2 = 0.78 \times 29.5 \text{ mm} = 23 \text{ mm} \rightarrow 调整为\ d_3 = 24.5 \text{ mm}$$
$$d_4 = m_4 d_3 = 0.80 \times 23 \text{ mm} = 18.4 \text{ mm} \rightarrow 调整为\ d_4 = 20 \text{ mm}$$

拉深次数为 4 次。

（5）确定各次拉深后的半成品底部圆角半径取

$$r_{g1} = 7 \text{ mm}$$
$$r_{g2} = 6 \text{ mm}$$
$$r_{g3} = 5 \text{ mm}$$
$$r_{g4} = 4 \text{ mm}$$

（6）计算各次拉深后的半成品高度，有

$$
\begin{aligned}
H_1 &= 0.26\left(\frac{d^2}{D_1} - d_1\right) + 0.43\frac{r_{g1}}{d_1}(d_1 + 0.32r_{g1}) \\
&= 0.25\left(\frac{77^2}{41} - 41\right) \text{ mm} + 0.43 \times \frac{7}{41} \times (41 + 0.32 \times 7) \text{ mm} \\
&\approx 29.1 \text{ mm}
\end{aligned}
$$

同理可得

$$H_2 = 43 \text{ mm}$$
$$H_3 = 57 \text{ mm}$$

5. 带凸缘圆筒形拉深件的拉深工序尺寸计算

带凸缘圆筒形拉深件如图 4-11 所示。根据相对凸缘直径 d_ϕ/d，带凸缘圆筒形拉深件可以分为两类：当 $d_\phi/d \leqslant 1.4$ 时，称为窄凸缘圆筒形拉深件；当 $d_\phi/d > 1.4$ 时，称为宽凸缘圆筒形拉深件。

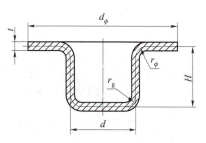

图 4-11　带凸缘圆筒形拉深件

窄凸缘圆筒形拉深件的拉深方法如图 4-12 所示。前几道工序先将毛坯拉深成无凸缘圆筒形拉深件，最后两道工序拉深成口部带有锥度和较大凸缘圆角的带凸缘圆筒形拉深件，然后再用一道工序将凸缘校平。因此，窄凸缘圆筒形拉深件的拉深工序尺寸计算方法与无凸缘圆筒形拉深件的拉深工序尺寸计算方法基本相同，在此不再赘述。

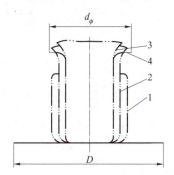

图 4-12　窄凸缘圆筒形拉深件的拉深方法

宽凸缘圆筒形拉深件的拉深方法如图 4-13 所示。从变形区材料的变形情况来看，宽凸缘圆筒形拉深件的拉深与无凸缘圆筒形拉深件的拉深是相同的，不同的是宽凸缘圆筒形拉深件在首次拉深时，凸缘部分只有部分材料转化为筒壁。因此，宽凸缘圆筒形拉深件首次拉深的拉深过程和工序尺寸计算与无凸缘圆筒件的拉深有一定的区别。

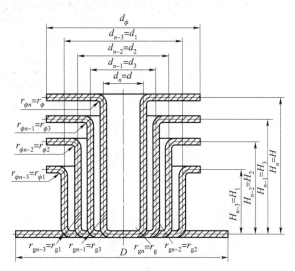

图 4-13　宽凸缘圆筒形拉深件的拉深方法

（1）凸缘直径应在首次拉深时确定，以后各次拉深只是将首次拉深拉入凹模的材料做重新分配。

（2）带凸缘圆筒形拉深件首次拉深的变形程度比极限拉深系数相同的无凸缘圆筒形拉深件的变形程度小，因此，允许取更小的拉深系数。带凸缘圆筒形拉深件（10钢）首次拉深的最大相对高度和极限拉深系数见表4-9和表4-10。

表4-9　带凸缘圆筒形拉深件（10钢）首次拉深的最大相对高度 H_1/d_1

凸缘相对直径 d_ϕ/d	毛坯相对厚度 $(t/D)\times100$				
	2.00~1.50	1.50~1.00	1.00~0.60	0.60~0.30	0.30~0.10
$d_\phi/d \leqslant 1.1$	0.90~0.75	0.82~0.65	0.70~0.57	0.62~0.50	0.52~0.45
$1.1 < d_\phi/d \leqslant 1.3$	0.80~0.65	0.72~0.56	0.60~0.50	0.53~0.45	0.47~0.40
$1.3 < d_\phi/d \leqslant 1.5$	0.70~0.58	0.63~0.50	0.53~0.45	0.48~0.40	0.42~0.35
$1.5 < d_\phi/d \leqslant 1.8$	0.58~0.48	0.53~0.42	0.44~0.37	0.39~0.34	0.35~0.29
$1.8 < d_\phi/d \leqslant 2.0$	0.81~0.42	0.46~0.36	0.38~0.32	0.34~0.29	0.30~0.25
$2.0 < d_\phi/d \leqslant 2.2$	0.45~0.35	0.40~0.31	0.33~0.27	0.29~0.25	0.26~0.22
$2.2 < d_\phi/d \leqslant 2.5$	0.35~0.28	0.32~0.25	0.27~0.22	0.23~0.20	0.21~0.17
$2.5 < d_\phi/d \leqslant 2.8$	0.27~0.22	0.24~0.19	0.21~0.17	0.18~0.15	0.16~0.13
$2.8 < d_\phi/d \leqslant 3.0$	0.22~0.18	0.20~0.16	0.17~0.14	0.15~0.12	0.13~0.10

注：1. 表中数值适用于10钢。对于比10钢塑性好的材料，取较大数值；对于比10钢塑性差的材料，取较小数值。

2. 底部及凸缘的圆角半径大时 $\left(由 \dfrac{t}{D}\times100=2\sim1.5 时的 R=10t\sim15t 到 \dfrac{t}{D}\times100=0.3\sim0.15 时的 R=15t\sim20t\right)$，$H_1/d_1$ 取较大值；底部及凸缘的圆角半径小时（$R=4t\sim8t$），H_1/d_1 取较小值。

表4-10　带凸缘圆筒形拉深件（10钢）首次拉深的极限拉深系数 m_1

凸缘相对直径 d_ϕ/d_1	毛坯相对厚度 $(t/D)\times100$				
	2.00~1.50	1.50~1.00	1.00~0.60	0.60~0.30	0.30~0.10
$d_\phi/d_1 \leqslant 1.1$	0.51	0.53	0.55	0.57	0.59
$1.1 < d_\phi/d \leqslant 1.3$	0.49	0.51	0.53	0.54	0.55
$1.3 < d_\phi/d \leqslant 1.5$	0.47	0.49	0.50	0.51	0.52
$1.5 < d_\phi/d \leqslant 1.8$	0.45	0.46	0.47	0.48	0.48
$1.8 < d_\phi/d \leqslant 2.0$	0.42	0.43	0.44	0.45	0.45
$2.0 < d_\phi/d \leqslant 2.2$	0.40	0.41	0.4	0.4	0.42
$2.2 < d_\phi/d \leqslant 2.5$	0.37	0.38	0.38	0.38	0.38
$2.5 < d_\phi/d \leqslant 2.8$	0.34	0.35	0.35	0.35	0.35
$2.8 < d_\phi/d \leqslant 3.0$	0.32	0.33	0.33	0.33	0.33

3）首次拉深拉入凹模的材料应比实际需要量多 5%～10%，多拉入的材料在以后各次拉深中逐次返回到凸缘部分。

宽凸缘圆筒形拉深件以后各次拉深的工序计算方法与无凸缘圆筒形拉深件的工序计算方法基本相同。

四、拉深力的计算

圆筒形拉深件的拉深力常用下列经验公式计算。

首次拉深 $\qquad P = K_1 \pi d_1 t \sigma_b$ (4-16)

以后各次拉深 $\qquad P = K_2 \pi d_i t \sigma_b$ (4-17)

式中　P——拉深力（N）；

　　　d_1、d_i——第一次、第 i 次拉深后的筒部直径，mm；

　　　t——材料厚度，mm；

　　　σ_b——材料的抗拉强度，MPa；

　　　K_1、K_2——修正系数，见表 4-11。

表 4-11　修正系数 K_1、K_2

拉深系数 m_1	0.55	0.57	0.60	0.62	0.65	0.67	0.70	0.72	0.75	0.77	0.80	—	—	—
K_1	1.00	0.93	0.86	0.79	0.72	0.66	0.60	0.55	0.50	0.45	0.40	—	—	—
拉深系数 m_i	—	—	—	—	—	—	0.70	0.72	0.75	0.77	0.80	0.85	0.90	0.95
K_2	—	—	—	—	—	—	1.0	0.95	0.90	0.85	0.80	0.70	0.60	0.50

使用单动压力机进行拉深时，滑块上除了要承受拉深力 P 外，同时还要承受压边力 Q，有时还要承受一些其他作用力。在设计拉深模具时，应以拉深工艺总作用力 $P_总$ 作为选择压力机规格的依据。拉深工艺总作用力可用式（4-18）计算。

$$P_总 = P + Q + \cdots \qquad (4-18)$$

由于拉深工艺的压力行程通常都大于压力机的标称压力行程，因此，在选择压力机规格时，应校核压力机的行程负荷曲线，即保证拉深工艺总作用力的变化曲线始终在压力机的行程负荷曲线以下。

在实际生产中，常按下列经验公式选择压力机的规格。

浅拉深时 $\qquad P_总 \leqslant (0.7～0.8) P_g$

深拉深时 $\qquad P_总 \leqslant (0.5～0.6) P_g$

式中　$P_总$——拉深工艺总作用力，kN；

　　　P_g——压力机标称压力，kN。

五、带料级进拉深工艺

筒部直径 $d \leqslant 50$ mm、厚度 $t \leqslant 2$ mm、大批量生产的多工序拉深件可以采用带料级进拉深工艺。这种拉深工艺的特点是生产效率高，但模具结构复杂。由于带料级进拉深工艺不能进行中间退火，因此，要求拉深件材料必须具有优良的拉深性能。常用于带料级进拉深工艺的材料有08F钢、10F钢，H62黄铜、H68黄铜，纯铜，3A21软铝等。

带料级进拉深工艺可分为整带料级进拉深和带料切口级进拉深两种。图4-14（a）所示为整带料级进拉深，图4-14（b）、图4-14（c）所示为带料切口级进拉深。

整带料级进拉深时，相邻两个拉深件之间相互牵连，材料的纵向流动比较困难，当变形程度大时容易拉破。为了避免拉破，每次拉深都应采用比单工序拉深大的拉深系数。整带料级进拉深一般应用于 $(t/D) \times 100 > 1$、$d_\phi/d = 1.1 \sim 1.5$、$H/d \leqslant 1$ 时的级进拉深。

带料切口级进拉深是在前后两个拉深件相邻处用切口或切槽将材料切断，以减小相邻两个拉深件在拉深时的相互影响。与整带料级进拉深相比，带料切口级进拉深时材料的纵向流动较容易，每次拉深可以采用较小的拉深系数（略大于单工序拉深），工步数较少，但材料消耗较多。带料切口级进拉深一般应用于 $(t/D) \times 100 \leqslant 1$、$d_\phi/d = 1.1 \sim 1.5$、$h/d > 1$ 的情况。

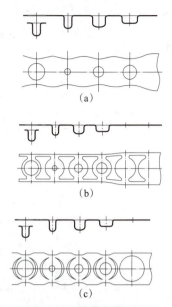

图 4-14　带料级进拉深工艺

选用带料级进拉深工艺时，应校核材料在不进行中间退火时所能达到的最大变形程度，即校核采用带料级进拉深工艺时，材料的极限总拉深系数是否满足拉深件总拉深系数的要求。拉深件的总拉深系数为

$$m_\Sigma = \frac{d}{D} = m_1 m_2 m_3 \cdots m_n \tag{4-19}$$

式中　d——拉深件筒部直径，mm；

D——毛坯直径，mm；

m_1、m_2、m_3、$\cdots$、m_n——各次拉深系数。

带料级进拉深工艺材料的极限总拉深系数见表4-12，m 应大于或等于表4-12中数值。带料级进拉深的工艺计算省略。

表 4-12　带料级进拉深工艺材料的极限总拉深系数

材料	抗拉强度孔 σ_b/MPa	相对伸长率 δ/%	极限总拉深系数		
			不带推件装置		带推件装置
			$t \leqslant 1.0$ mm	1.0 mm$< t \leqslant 2.0$ mm	
08F 钢、10F 钢	300~400	28~40	0.40	0.32	0.16
黄铜、纯铜	300~400	28~40	0.35	0.28	0.20~0.24
软铝	80~110	22~25	0.38	0.30	0.18~0.24

（1）计算实际拉深的凸缘直径。

查表4-3，取切边余量 $\delta = 2$ mm，则实际拉深的凸缘直径为

$$d_\phi = 76 \text{ mm} + 2 \times 2 \text{ mm} = 80 \text{ mm}$$

（2）初算毛坯直径。

查表 4-4 序号 4 所示公式，当 $r_g = r_\phi = r$ 时，毛坯直径为

$$D = \sqrt{d_\phi^2 - 3.44rd + 4dH}$$
$$= \sqrt{80^2 - 3.44 \times 4 \times 28 + 4 \times 28 \times 58} \text{ mm}$$
$$= 113 \text{ mm}$$

（3）判断能否一次拉深，由

$$H/d = 60 \text{ mm}/28 \text{ mm} = 2.14$$
$$(t/D) \times 100 = (2 \text{ mm}/113 \text{ mm}) \times 100 = 1.77$$
$$d_\phi/d = 80 \text{ mm}/28 \text{ mm} = 2.85$$

查表 4-5 得首次拉深的极限拉深系数为

$$m_{min} = 0.32$$

图 4-12 例 4-2 带凸缘圆筒形拉深件图该拉深件的实际拉深系数为

$$m = d/D = 28 \text{ mm}/113 \text{ mm} = 0.25$$

由于 $m < m_{min}$，因此，该拉深件不能一次拉深成形。

（4）确定首次拉深的毛坯和半成品尺寸。首先需要选取首次拉深的拉深系数，然后计算毛坯和半成品尺寸，最后验算首次拉深系数的取值是否合理。

假设取凸缘相对直径 $d_\phi/d = 1.1$，由表 4-10 查出 $m_1 = 0.51$，则首次拉深后的半成品筒部直径为

$$d_1 = m_1 D = 0.51 \times 113 \text{ mm} = 58 \text{ mm}$$

取首次拉深拉入凹模的材料面积比实际需要的面积大 5%，则实际需要的毛坯直径应为

$$D_1 = \sqrt{[113^2 - (80^2 - 30^2)] \times 1.05 + (80^2 - 30^2)} \text{ mm}$$
$$\approx 115 \text{ mm}$$

取首次拉深后的圆角半径 $r_1 = 9.8 \text{ mm}$，则首次拉深后的半成品高度为

$$H_1 = \frac{0.25}{d_1}(D^2 - d_\phi^2) + 0.43(r_{g1} + r_{\phi1}) + \frac{0.14}{d_1}(r_{g1}^2 - r_{\phi1}^2)$$
$$= \left[\frac{0.25}{58} \times (115^2 - 80^2) + 0.43 \times (9.8 + 9.8) + \frac{0.14}{58} \times (9.8^2 - 9.8^2)\right] \text{ mm}$$
$$= 37.9 \text{ mm}$$

验算 m_1 的选择是否合理的步骤如下。

根据 $d_\phi/d = 80 \text{ mm}/58 \text{ mm} = 1.38$、$(t/D) \times 100 = 1.77$ 查表 4-9，得首次拉深允许的最大相对高度 H_1/d_1 值为 0.70，而实际的相对高度为

$$\frac{H_1}{d_1} = \frac{37.9 \text{ mm}}{58 \text{ mm}} = 0.65 < 0.70$$

验算结果表明，首次拉深系数 $m_1 = 0.51$ 是合理的。如果实际的相对高度大于或远远小于表 4-9 中查得的首次拉深允许的最大相对高度，则表明 m_1 的选择不合理，需要调整 m_1 后重新计算。

（5）确定以后各次拉深的工序尺寸。查表 4-5，选取 m_2、m_3、$\cdots$、m_i，试算并确定半成品的筒部直径为

$$d_2 = m_2 d_1 = 0.74 \times 58 \text{ mm} = 42.9 \text{ mm} \rightarrow 调整为 d_2 = 43.5 \text{ mm}$$
$$d_3 = m_3 d_2 = 0.76 \times 42.9 \text{ mm} = 32.6 \text{ mm} \rightarrow 调整为 d_3 = 34 \text{ mm}$$
$$d_4 = m_4 d_3 = 0.79 \times 32.6 \text{ mm} = 25.8 \text{ mm} \rightarrow 调整为 d_4 = 28 \text{ mm}$$

拉深次数为 4 次。

取各次拉深的圆角半径为

$$r_2 = r_{g2} = r_{\phi2} = 5.4 \text{ mm}$$
$$r_3 = r_{g3} = r_{\phi3} = 4.6 \text{ mm}$$
$$r_4 = r_{g4} = r_{\phi4} = 4 \text{ mm}$$

在首次拉深时多拉入凹模的 5% 材料中，在第二次拉深时将 2% 的材料返回到凸缘部分上，第三次、第四次拉深各再返回 1.5%。为便于计算，令 D_2、D_3 分别为第二次、第三次拉深的假象毛坯直径，则

$$D_2 = \sqrt{[113^2 - (80^2 - 36^2)] \times 1.03 + (80^2 - 36^2)} \text{ mm}$$
$$\approx 114 \text{ mm}$$

$$D_3 = \sqrt{[113^2 - (80^2 - 36^2)] \times 1.015 + (80^2 - 36^2)} \text{ mm}$$
$$\approx 113 \text{ mm}$$

以后各次拉深的高度分别为

$$H_2 = \left[\frac{0.25}{43.5} \times (114^2 - 80^2) + 0.86 \times 5.4\right] \text{ mm} = 42.5 \text{ mm}$$

$$H_3 = \left[\frac{0.25}{40} \times (113^2 - 80^2) + 0.86 \times 4.6\right] \text{ mm} = 15 \text{ mm}$$

任务评价

评价目标	评价内容	完成情况	得分
素养目标 （20分）	养成劳动精神		
	养成精益求精的精神		
技能目标 （40分）	能够掌握拉深件的工艺性分析		
	能够掌握圆筒形拉深件毛坯尺寸的计算方法		
知识目标 （40分）	理解圆筒形拉深件的拉深系数和拉深工序尺寸的计算方法		
	学会拉深力的计算方法		
总分			

任务 4.3　拉深模具典型结构与压边装置

[任务描述]

思考并描述拉深模具压边装置的作用，以及压边力该如何选用。

知识链接

拉深模具按工序集中程度可分为单工序拉深模具、复合拉深模具和级进拉深模具；按工

艺顺序可分为首次拉深模具和以后各次拉深模具；按模具结构特点可分为带导柱、不带导柱和带压边装置、不带压边装置的拉深模具；按使用的压力机可分为单动压力机（通用曲柄压力机）用拉深模具和双动拉深压力机用拉深模具。本任务讨论单动压力机上使用的单工序和复合拉深模具。

一、首次拉深模具

图 4-15 所示为不带压边装置的首次拉深模具结构。在工作时，毛坯放置在定位圈 2 内定位，凸模 1 下行进行拉深。拉深完成后，凸模回升，弹性卸料器 4 将拉深件从凸模上卸下。该模具结构简单，适用于不需要压边的首次拉深模具。凸模上开设通气孔，目的是便于将拉深件从凸模上卸下，并防止在卸件时拉深件变形。

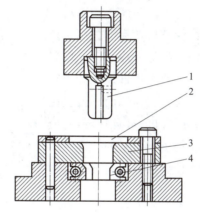

图 4-15　不带压边装置的首次拉深模具结构
1—凸模；2—定位圈；3—凹模；4—弹性卸料器

图 4-16 所示为带压边装置的首次拉深模具结构。毛坯放在压边圈 3 的定位孔内，上模下行时，先由压边圈和凹模 1 一起完成压边，然后再进行拉深。拉深完成后，上模回升，压边圈起顶件作用，使拉深件脱离凸模 4，留在凹模中的拉深件则由推块 2 推出凹模。该模具采用倒装结构，由安装在下模座上的弹顶器或气垫提供压边力，并且能够获得较大的压边力，也便于调整压边力的大小。

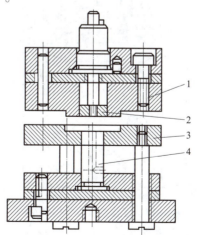

图 4-16　带压边装置的首次拉深模具结构
1—凹模；2—推块；3—压边圈；4—凸模

二、以后各次拉深模具

图 4-17 所示为以后各次拉深模具结构。前次拉深得到的半成品由压边圈 6 的外圆定位，上模下行时，先由压边圈和凹模 3 完成压边，然后再进行拉深。拉深完成后，上模回升，压边圈顶件，推块 1 推件。

三、落料拉深复合模具

图 4-18 所示为落料拉深复合模具结构。条料送进时由挡料销 1 定位。上模下行，先由凸凹模 2 和落料凹模 6 完成落料，再由凸凹模和拉深凸模 7 完成拉深。拉深时，顶块 5 起到压边圈的作用。拉深完成后，上模回升，卸料板 4 卸料，顶块顶件，推块 3 推件。设计落料拉深复合模具时应注意：拉深凸模的工作端面一般应比落料凹模 6 的工作端面低一个料厚高度，保证落料完成后再进行拉深；选用压力机时应校核压力机的行程负荷曲线；凸凹模应有足够的壁厚（按落料冲孔复合模具的要求校核）。

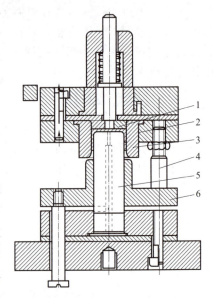

图 4-17　以后各次拉深模具结构
1—推块；2—拉深件；3—凹模；
4—限位柱；5—凸模；6—压边圈

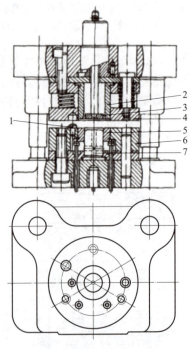

图 4-18　落料拉深复合模具结构
1—挡料销；2—凸凹模；3—推块；4—卸料板；5—顶块；6—落料凹模；7—拉深凸模

四、压边装置

1. 压边装置的类型

单动压力机一般采用弹性压边装置，其类型有三种，如图4-19所示，图4-19（a）所示为橡胶垫式压边装置，图4-19（b）所示为弹簧垫式压边装置，图4-19（c）所示为气垫式压边装置。三种弹性压边装置的压边力和凸模拉深行程的关系如图4-19（d）所示。气垫式压边装置在拉深过程中能使压边力保持不变，压边效果较好，但其结构复杂，需要压缩空气，一般仅在压力机带有气垫附件时才采用；弹簧垫式压边装置和橡胶垫式压边装置的压边力随凸模拉深行程的增加而升高，压边效果会受到影响，但它们的结构简单、使用方便，因此，在生产中有广泛应用。

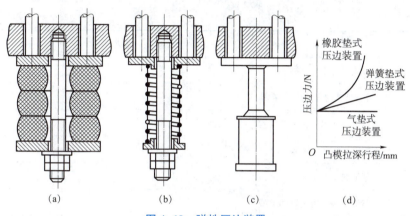

图4-19　弹性压边装置

2. 压边圈的类型

压边圈的类型如图4-20所示。图4-20（a）～图4-20（d）用于首次拉深，其中图4-20（a）所示为压边圈常用结构；图4-20（b）、图4-20（c）在拉深凸缘宽度很宽的带凸缘圆筒形拉深件时采用；图4-20（d）可以通过修磨限位钉调整压边力的大小，并使压边力在拉深过程中保持不变；图4-20（e）、图4-20（f）用于以后各次拉深，其中图4-20（e）采用固定限位柱，图4-20（f）采用可调限位柱。

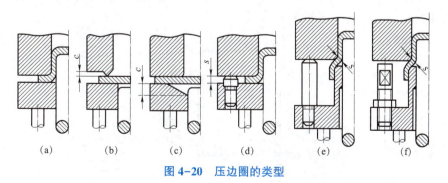

图4-20　压边圈的类型

图4-20中参数 C 的取值为

$$C = (0.2 \sim 0.5)t$$

S 的取值如下。

拉深铝合金时 $\qquad\qquad\qquad\qquad\qquad$ $S=1.1t$

拉深钢时 $\qquad\qquad\qquad\qquad\qquad\quad$ $S=1.2t$

拉深带凸缘圆筒形拉深件时 $\quad S=t+(0.05\sim0.1~\text{mm})$

任务实施

压边装置的作用是防止拉深变形区起皱，压边力是由模具中设置的压边装置提供的。压边装置产生的压边力应在保证筒壁变形区不起皱的前提下，尽量选小压边力。

任务评价

评价目标	评价内容	完成情况	得分
素养目标 （20分）	养成艰苦奋斗精神		
	养成坚持不懈的工匠精神		
技能目标 （40分）	能够描述出拉深模具结构零件		
	能够掌握定位装置类型		
知识目标 （40分）	理解典型的拉深模具结构		
	能够掌握压边装置的类型		
总分			

任务4.4 拉深模具工作部分设计

[任务描述]

根据图 4-21 所示的拉深件，其厚度为 1 mm，材料为 08F 钢，试确定在末次拉深时，模具的凸模圆角半径和凹模圆角半径。

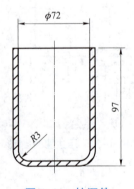

图4-21 拉深件

一、拉深模具凹模、凸模圆角半径

1. 凹模圆角半径 r_d

拉深时，平面凸缘部分材料经过凹模圆角流入凸模、凹模之间的间隙。如果凹模圆角半径过小，则材料流入凸模、凹模之间的间隙时的阻力和拉深力过大，将使拉深件表面产生划痕，或使危险断面拉裂；如果凹模圆角半径过大，则材料在流经凹模圆角时会产生起皱现象。

首次拉深凹模圆角半径 r_{d1} 见表 4-13。

表 4-13 首次拉深凹模圆角半径 r_{d1}

拉深方式	毛坯相对厚度 $(t/D) \times 100$		
	$2.0 \geqslant (t/D) \times 100 \geqslant 1.0$	$1.0 \geqslant (t/D) \times 100 \geqslant 0.3$	$0.3 \geqslant (t/D) \times 100 \geqslant 0.1*$
无凸缘圆筒形拉深件拉深	$(4 \sim 6)t$	$(6 \sim 8)t$	$(8 \sim 12)t$
带凸缘圆筒形拉深件拉深	$(6 \sim 10)t$	$(10 \sim 15)t$	$(15 \sim 20)t$
注：1. 带"＊"的毛坯最好用球面压边圈。 2. 对于有色金属取较小值，对于黑色金属取较大值。			

以后各次拉深的凹模圆角半径可按式（4-20）取值。

$$r_{di} = (0.6 \sim 0.8) r_{di-1} \quad (i = 2, 3, \cdots, n) \tag{4-20}$$

带凸缘圆筒形拉深件拉深时，末次拉深的凹模圆角半径一般应根据拉深件凸缘圆角半径确定。当凸缘圆角半径过小时，应以较大的凹模圆角半径拉深，然后增加整形工序缩小凸缘圆角半径。

2. 凸模圆角半径

如果凸模圆角半径过小，则在拉深过程中危险断面容易产生局部变薄，甚至被拉裂；如果凸模圆角半径过大，则在拉深时底部材料的承压面积小，容易变薄。

首次拉深的凸模圆角半径可等于或略小于首次拉深的凹模圆角半径，即

$$r_{p1} = (0.7 \sim 1.0) r_{d1}$$

末次拉深的凸模圆角半径一般按拉深件底部圆角半径确定，但应满足拉深件工艺性要求。当拉深件底部圆角半径过小时，应按拉深工艺性要求确定凸模圆角半径，拉深后通过增加整形工序缩小拉深件底部圆角半径，使其符合图纸要求。

中间各次拉深的凸模圆角半径可在首次拉深到末次拉深的凸模圆角半径值之间逐次递减，或按式（4-21）计算。

$$r_{pi-1} = 0.5(d_{i-1} - d_i - 2t) \tag{4-21}$$

二、拉深模具间隙

拉深模具的凸模、凹模之间的间隙对拉深件质量和模具寿命都有重要的影响。当凸模、凹模之间的间隙取值较小时，拉深件的回弹较小，尺寸精度较高，但拉深力较大，凸模、凹模磨损较快，模具寿命较低；当凸模、凹模之间的间隙值过小时，拉深件筒壁部分将严重变薄，危险断面

容易拉裂；当凸模、凹模之间的间隙取值较大时，拉深件筒壁部分的锥度大，尺寸精度低。

无压边装置的拉深模具间隙可按式（4-22）取值。

$$\frac{Z}{2} = (1 \sim 1.1) t_{\max} \tag{4-22}$$

式中　Z——拉深模具的凸模、凹模之间的间隙，mm；

　　　$t_{\max}$——毛坯厚度的最大极限尺寸，mm；

　　　（1~1.1）——系数。对于末次拉深或尺寸精度要求较高的拉深件，系数取较小值；对于首次和中间各次拉深，或尺寸精度要求不高的拉深件，系数取较大值。

有压边装置的拉深模具单边间隙见表4-14。

表4-14　有压边装置的拉深模具单边间隙

总拉深次数											
1	2		3			4			5		
各次拉深时的拉伸模具单边间隙											
1	1	2	1	2	3	1、2	3	4	1、2、3	4	5
$(1 \sim 1.1)t$	$1.1t$	$(1 \sim 1.05)t$	$1.2t$	$1.1t$	$(1 \sim 1.05)t$	$1.2t$	$1.1t$	$(1 \sim 1.05)t$	$1.2t$	$1.1t$	$(1 \sim 1.05)t$

三、拉深模具凸模、凹模工作部分尺寸

末次拉深的凸模、凹模工作部分尺寸，应保证拉深件的尺寸精度符合图纸要求，并且保证模具有足够的磨损寿命。

对于标注外形尺寸的拉深件，如图4-22（a）所示，应当以凹模为基准，先计算确定凹模的工作尺寸，然后通过减小凸模尺寸保证凸模、凹模之间的间隙，计算公式为

$$D_{\mathrm{d}} = (D_{\max} - 0.75\Delta)^{+\delta_{\mathrm{d}}}_{0} \tag{4-23}$$

$$D_{\mathrm{p}} = (D_{\max} - 0.75\Delta - Z)^{0}_{-\delta_{\mathrm{p}}} \tag{4-24}$$

对于标注内形尺寸的拉深件，如图4-22（b）所示，应当以凸模为基准，先计算确定凸模的工作尺寸，然后通过增大凹模尺寸保证凸模、凹模之间的间隙，计算公式为

$$d_{\mathrm{p}} = (d_{\min} + 0.4\Delta)^{0}_{-\delta_{\mathrm{p}}} \tag{4-25}$$

$$d_{\mathrm{d}} = (d_{\min} + 0.4\Delta + Z)^{+\delta_{\mathrm{d}}}_{0} \tag{4-26}$$

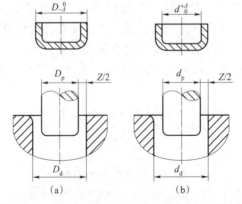

图4-22　拉深模具凸模、凹模工作部分尺寸计算

对于首次和中间各次拉深，半成品的尺寸无须严格要求，凸模、凹模工作尺寸可按式（4-27）、式（4-28）计算：

$$D_{di} = D_{i\ 0}^{+\delta_d} \tag{4-27}$$

$$D_{pi} = (D_i - Z)_{-\delta_p}^{\ 0} \tag{4-28}$$

式中　D_d、d_d——凹模的基本尺寸，mm；

　　　D_p、d_p——凸模的基本尺寸，mm；

　　　D_{max}——拉深件外径的最大极限尺寸，mm；

　　　d_{min}——拉深件内径的最小极限尺寸，mm；

　　　D_i——首次和中间各次拉深半成品的外径的标称尺寸，mm；

　　　Δ——拉深件的尺寸公差，mm；

　　　δ_d、δ_p——凹模和凸模的尺寸公差，mm，见表4-15；

　　　Z——拉深模具间隙，mm。

表4-15　拉深凸模和凹模的尺寸公差　　　　　　　　　单位：mm

材料厚度 t	拉深件直径 d					
	$d \leqslant 20$		$20 < d \leqslant 100$		$d > 100$	
	δ_d	δ_p	δ_d	δ_p	δ_d	δ_p
$t \leqslant 0.5$	0.02	0.01	0.03	0.02		
$0.5 < t \leqslant 1.5$	0.04	0.02	0.05	0.03	0.08	0.05
$t > 1.5$	0.06	0.04	0.08	0.05	0.10	0.06

拉深凹模的工作表面的表面粗糙度应达到 $Ra\,0.8\ \mu m$，口部圆角处的表面粗糙度一般要求为 $Ra\,0.4\ \mu m$；凸模工作部分的表面粗糙度一般要求为 $Ra\,0.8 \sim Ra\,1.6\ \mu m$。

 任务实施

由于圆角半径大于 $2t$（t 为材料厚度），满足拉深工艺要求，因此，末次拉深用的凸模圆角半径应与拉伸件圆角半径一致，即凸模圆角半径取 3 mm、凹模圆角半径取 3 mm。

 任务评价

评价目标	评价内容	完成情况	得分
素养目标（20分）	养成追求卓越的创造精神		
	养成乐于钻研的精神		
技能目标（40分）	能够掌握拉深模具凸模工作部分计算方法		
	能够掌握拉深模具凹模工作部分计算方法		
知识目标（40分）	理解如何确定拉深模具凸模圆角半径、凹模圆角半径		
	学会拉深模凸模、凹模之间的间隙的计算方法		
总分			

（1）拉深变形具有哪些特点？用拉深工艺可以制成哪些类型的零件？

（2）圆筒形拉深件拉深时，毛坯变形区的应力应变状态是怎样的？

（3）拉深工艺中会出现哪些失效形式？说明其产生的原因和防止措施。

（4）什么是圆筒形拉深件的拉深系数？影响极限拉深系数的因素有哪些？拉探系数对拉深工艺有何意义？

（5）有凸缘圆筒形拉深件与无凸缘圆筒形拉深件的拉深各有哪些特点？其工艺计算有何区别？

（6）非直壁旋转体拉深件的拉深有哪些特点？如何减小回弹和起皱？

（7）拉深模具压边圈有哪些结构形式？其各适用于哪些情况？

（8）确定图 4-23 所示压紧弹簧座（材料为 08Al 钢，材料厚度 $t = 2$ mm）的拉深次数和各工序尺寸，绘制各工序简图，并标注全部尺寸。

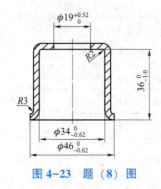

图 4-23　题（8）图

项目五　其他冲压工艺与模具设计

 项目目标

知识目标

（1）了解胀形、翻边工序的变形特点。

（2）了解胀形模具、翻边模具的结构特点。

能力目标

（1）能够掌握缩口、校形工序的变形特点。

（2）熟练掌握缩口模具、校形模具的结构特点。

（3）养成善于观察、勤于思考的工作习惯。

 项目简介

  冲压成形是指靠压力机和模具对板材、带材、管材和型材等施加外力，使其产生塑性变形或分离，从而获得所需形状和尺寸的工件的加工成形方法。冲压的坯料主要是热轧和冷轧的钢板和钢带。全世界的钢材中，有 60% ~ 70% 是板材，其中大部分经过冲压制成成品。汽车的车身、底盘、油箱、散热器片、锅炉的汽包、容器的壳体、电机、电器的铁芯硅钢片等都是经冲压加工制成的。在仪器仪表、家用电器、自行车、办公机械、生活器皿等产品中，也有大量冲压制品。在冲压成形的工序中，项目二至项目四主要介绍了冲裁、弯曲和拉深工序，但是在冲压制品中，往往需要后续的局部变形，以得到所需要的形状和尺寸。因此，本项目学习其他冲压工艺与模具设计。

任务　成形工艺与模具设计

[任务描述]

  根据图 5-1 所示的罩盖，进行胀形模具设计。生产批量为中批量，材料为 10 钢，材料厚度为 0.5 mm，罩盖零件图如图 5-1 所示。

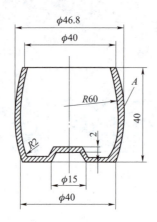

图 5-1　罩盖零件图

 知识链接

　　成形工艺是指用各种局部变形的方式来改变工件或坯料形状的各种加工工艺方法。成形工序多数是在冲裁、弯曲、拉深、冷挤压工序之后进行，主要用于使冲压后的工件经成形工序后达到所要求的形状和尺寸精度要求，从而制出合格的成品零件。成形工艺按塑性变形特点，可分为压缩类成形工艺与拉伸类成形工艺两大类。压缩类成形工艺主要有缩口、外翻边，其特点是：在变形区内的主应力为压应力，材料变厚、易起皱。此类工艺的极限变形程度不受材料塑性的限制，而受材料失稳的限制。拉伸类成形工艺主要有翻孔、内翻边、起伏、胀形等，其特点是：在变形区内的主应力为拉应力，材料变薄、易破裂。此类工艺的极限变形程度主要受材料塑性的限制。

一、起伏成形工艺与模具设计

　　起伏成形工艺是使材料的局部发生拉深变形而形成部分的凹进或凸出，借以改变工件或坯料形状的一种冲压工艺，其极限变形程度，主要受材料的塑性、凸模的几何形状和润滑等因素影响。这类成形工艺的主要目的是提高零件的刚性及使零件美观。起伏成形工艺的工件示意图如图 5-2 所示。

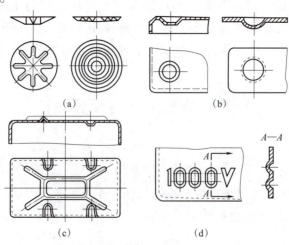

图 5-2　起伏成形工艺的工件示意图

1. 加强肋

某些大型腹板类板料零件，为了提高其本身强度，一般可在平板加一加强肋，加强肋的形状如图 5-3 所示。常用加强肋尺寸见表 5-1。

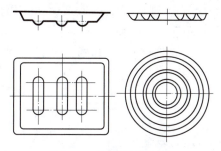

图 5-3　加强肋的形状

表 5-1　常用加强肋尺寸　　　　　　　　　　　　　　　单位：mm

h	S（参考）	R_1	R_2	R_3	t_{max}
1.5	7.4	3.0	1.5	15.0	0.8
2.0	9.6	4.0	2.0	20.0	0.8
3.0	14.3	6.0	3.0	30.0	1.0
4.0	18.8	8.0	4.0	40.0	1.5
5.0	23.2	10.0	5.0	50.0	1.5
7.5	34.9	15.0	8.0	75.0	1.5
10.0	47.3	20.0	12.0	100.0	1.5
15.0	72.2	30.0	20.0	150.0	1.5
20.0	94.7	40.0	25.0	200.0	1.5
25.0	117.0	50.0	30.0	250.0	1.5
30.0	139.4	60.0	35.0	300.0	1.5

形式	1	1	2
L	12.0	16.0	30.0
h	3.0	5.0	6.5
R_1	6.0	8.0	9.0
R_2	9.0	16.0	22.0
R_3	5.0	6.5	8.0
S（参考）	17.3	28.2	37.3
肋与肋之间的间距	65.0	75.0	85.0

平面（曲面）形零件

直角形零件　　形式1　　形式2

2. 加强窝

加强窝可以看成是带有很宽凸缘的低浅空心圆筒形拉深件。由于凸缘很宽，因此，在加强窝成形时凸缘部分不产生明显的塑性流动，主要由凸模下方及其附近的材料参与变形。

压制加强窝时，如果 $\varepsilon > 0.75\delta$，则应增加一道工序，先压成球形，再压制成加强窝，如图 5-4 所示。球形面积应比加强窝表面积多 20% 左右，多出部分的材料将在下一道成形工序中重新回到凸缘部分上。加强窝的尺寸和间距见表 5-2。

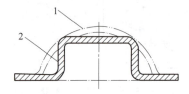

图 5-4　两道工序压制成的加强窝

表 5-2　加强窝的尺寸和间距

简图	h	α	D/mm	L/mm	e/mm
	$(2\sim2.5)t$	$15°\sim35°$	6.5	10.0	6.0
			8.5	13.0	7.5
			10.5	15.0	9.0
			13.0	18.0	11.0
			15.0	22.0	13.0
			18.0	26.0	16.0
			24.0	34.0	20.0
			31.0	44.0	26.0
			36.0	51.0	30.0
			43.0	60.0	35.0
			48.0	68.0	40.0
			55.0	78.0	45.0

3. 起伏成形工艺的压力计算

冲压加强肋的变形力 P 为

$$P = KLt\sigma_b \tag{5-1}$$

式中　P——变形力，N；

　　　K——系数，一般为 0.7~1（加强肋形状窄而深时，系数取大值；加强肋形状宽而浅时，系数取小值）；

　　　L——加强肋的周长，mm；

　　　t——材料厚度，mm；

　　　σ_b——材料的抗拉强度，MPa。

若在曲柄压力机上用薄料（$t < 1.5$ mm）对小制件（面积小于 2 000 mm² ）压肋或压肋兼校正工序，则变形力 P 为

$$P = KFt^2 \tag{5-2}$$

式中　K——系数，钢件取 $200\sim300$，铜件和铝件取 $150\sim200$；

　　　　F——成形面积，mm^2。

4. 百页窗口零件的起伏成形加工

在一些电子仪器及电机外壳中，为了保证良好的散热性，往往都设有百页窗口，如图 5-5 所示。

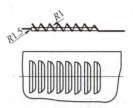

图 5-5　百页窗口零件

百页窗口零件的起伏成形方法是利用凹模的一边刃口将材料切开，而凸模其余部分则将材料拉深成形，因此，形成一面切口、一面起伏成形的外形。一般可用钢制冲压模具（见图 5-6）或铅基冲压模具（见图 5-7）进行起伏成形工艺。

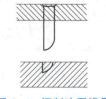

图 5-6　钢制冲压模具

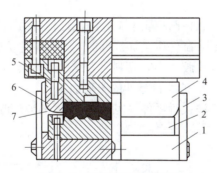

图 5-7　铅基冲压模具结构

1—底板；2—凹模；3—定位块；4—零件；5—连接块；6—挡板；7—上模座

二、圆柱形空心毛坯的胀形加工

胀形工艺是将空心件或管状毛坯沿径向往外扩张的冲压工艺。用这种方法可制造如高压气瓶、波纹管、自行车三通接头，以及火箭发动机上的一些异形空心件。

根据所用模具的不同可将圆柱形空心毛坯胀形工艺分成两类：一类是刚性凸模胀形工艺（见图 5-8）；另一类是软体凸模胀形工艺（见图 5-9）。

1. 刚性凸模胀形工艺

图 5-8 所示为刚性分瓣凸模胀形模具结构。当锥形铁芯块 2 将分瓣凸模 1 向四周胀开，使空心件或管状坯料沿径向向外扩张，胀出所需凸起曲面。分瓣凸模数目越多，所得到的工件精度就越高，但也很难得到很高精度的工件，且由于模具结构复杂、制造成本高、胀形变形不均匀、不易胀出复杂形状，因此，在实际生产中常用软体凸模胀形模具进行胀形变形。

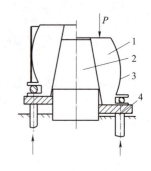

图 5-8　刚性分瓣凸模胀形模具结构

1—分瓣凸模；2—锥形铁芯块；
3—工件；4—气垫顶杆

2. 软体凸模胀形工艺

图 5-9 所示为软体凸模胀形模具结构。其中图 5-9（a）为橡胶凸模胀形模具、图 5-9（b）为倾注液体法胀形模具、图 5-9（c）为充液橡胶囊法胀形模具。在胀形时，毛坯放在凹模内，利用介质传递压力，使毛坯直径胀大，最后贴靠凹模胀形成形。

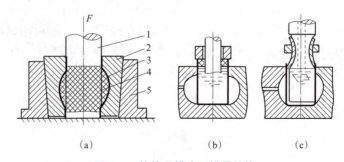

(a)　　　　　　　(b)　　　　　　(c)

图 5-9　软体凸模胀形模具结构

1—胀形凸模；2—胀形凹模；3—工件；4—橡胶块；5—凹模固定圈

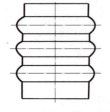

图 5-10　波纹管形零件

软体凸模胀形工艺的优点是传力均匀、工艺过程简单、生产成本低、制件质量好，可加工大型零件。软体凸模胀形工艺使用的介质有橡胶、PVC 塑料、石蜡、高压液体和压缩空气等。

3. 波纹管零件的胀形加工

波纹管零件（见图 5-10）的液压胀形加工如图 5-11 所示。

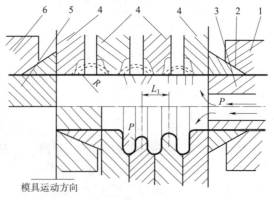

模具运动方向

图 5-11　波纹管零件的液压胀形加工

1—定模板；2—弹性夹头；3—型胎；4—梳形管；5—芯棒；6—动模板

一般情况下，波纹管零件的胀形系数 K，根据材料的可塑性，其允许值为 $1.3 \sim 1.5$；如果 $K > 1.5$，则波纹管会产生细颈。因此，必须采用中间工序退火，以消除冷作硬化现象，便于胀形成形。

三、翻孔工艺和翻边工艺

翻孔工艺是指沿内孔周围将材料翻成侧立凸缘的冲压工艺；翻边工艺是指沿外形曲线周围将材料翻成侧立短边的冲压工艺，如图 5-12 所示。

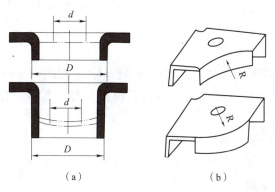

图 5-12 翻边工艺形式
（a）内孔翻边；（b）外缘翻边

1. 内孔翻边

（1）圆孔翻边的变形特点及变形系数。圆孔翻边主要的变形是坯料受切向拉伸和径向拉伸，越接近圆孔边缘变形越大，因此，圆孔翻边的失败往往是边缘拉裂，而拉裂主要取决于拉伸变形的大小。圆孔翻边的变形程度用翻边系数 K_0 表示。

$$K_0 = \frac{d_0}{D} \tag{5-3}$$

即翻边前预孔的直径 d_0 与翻边后的平均直径 D 的比值。K_0 值越小，则变形程度越大。圆孔翻边时孔边不破裂所能达到的最小翻边系数称为极限翻边系数 K_{min}。各种材料的翻边系数见表 5-3。

表 5-3 各种材料的翻边系数

经退火的毛坯材料	翻边系数	
	K_0	K_{min}
镀锌钢板（白铁皮）	0.70	0.65
软钢 $t = 0.25 \sim 2.0$ mm	0.72	0.68
$t = 3.0 \sim 6.0$ mm	0.78	0.75
黄铜 $t = 0.5 \sim 6.0$ mm	0.68	0.62
铝 $t = 0.5 \sim 5.0$ mm	0.70	0.64
硬铝合金	0.89	0.80
TA1 钛合金(冷态)	$0.64 \sim 0.68$	0.55
TA1 钛合金(加热至 $300 \sim 400$ ℃)	$0.40 \sim 0.50$	
TA5 钛合金(冷态)	$0.85 \sim 0.90$	0.75
TA5 钛合金(加热至 $500 \sim 600$ ℃)	$0.70 \sim 0.65$	0.55
不锈钢、高温合金	$0.69 \sim 0.65$	$0.61 \sim 0.57$

极限翻边系数与许多因素有关，主要有如下几种。

材料的塑性：塑性好的材料，极限翻边系数小。

圆孔的边缘状况：若翻边前圆孔边缘断面质量好、无撕裂、无毛刺，则有利于翻边成形，极限翻边系数小。

材料的相对厚度：若翻边前预孔的孔径 d_0 与材料厚度 t 的比值 d_0/t 越小，则断裂前材料的绝对伸长可大些，因此，极限翻边系数相应越小。

凸模的形状：球形、抛物面形和锥形的凸模较平底凸模有利，因此，极限翻边系数相应较小。

（2）非圆孔翻边

非圆孔翻边的变形性质比较复杂，它包括圆孔翻边、弯曲、拉深等变形性质。对于非圆孔翻边的预孔，可以分别按圆孔翻边、弯曲、拉深展开，然后用作图法把各展开线光滑连接。

在非圆孔翻边中，由于变形性质不同（应力应变状态不同）的各部分相互连接，对翻边和拉深均有利，因此，翻边系数可取圆孔翻边系数的 $85\% \sim 90\%$。

2. 螺纹底孔的变薄翻边

材料的竖边变薄，是由拉应力作用使材料自然变薄，是翻边的自然现象。当工件很高时，也可采用减小凸模、凹模之间的间隙，强迫材料变薄的方法，以提高生产效率和节约材料。

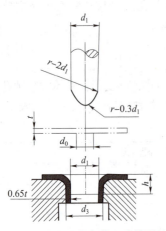

图 5-13 螺纹底孔的变薄翻边模具结构

螺纹底孔的变薄翻边属于体积成形，其模具结构如图 5-13 所示。凸模的端头做成锥形（或抛物线形），凸模、凹模之间的间隙小于材料厚度，翻边时孔壁材料变薄，而翻边高度增加。

对于低碳钢、黄铜、紫铜及铝，翻边前预孔直径为

$$d_0 = (0.45 \sim 0.50)d_1 \tag{5-4}$$

翻边孔的外径为

$$d_3 = d_1 + 1.3t \tag{5-5}$$

翻边高度为

$$h = \frac{t(d_3^2 - d_0^2)}{d_3^2 - d_1^2} + (0.1 \sim 0.3 \text{ mm}) \tag{5-6}$$

凹模圆角半径一般取 $r = (0.2 \sim 0.5)t$，但不小于 0.2 mm。

3. 外缘翻边

外凸的外缘翻边，其变形性质、变形区应力状态与不用压边圈的浅拉深一样，如图 5-14（a）所示，变形区主要为切向压应力，变形过程中材料易起皱。内凹的外缘翻边，其特点近似于内孔翻边，如图 5-14（b）所示，变形区主要为切向拉伸变形，变形过程中材料易于边缘开裂。从变形性质来看，复杂形状零件的外缘翻边是弯曲、拉深、内孔翻边等的组合。

 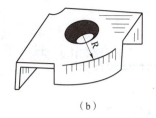

（a）　　　　　　　　　　　　　（b）

图 5-14　外缘翻边

外凸的外缘翻边变形程度 $E_{凸}$ 的计算式为

$$E_{凸} = \frac{b}{R+b} \times 100\% \tag{5-7}$$

式中，R 为外凸圆半径；b 为外缘翻边厚度。

内凹的外缘翻边变形程度 $E_{凹}$ 的计算式为

$$E_{凹} = \frac{b}{R-b} \times 100\% \tag{5-8}$$

式中，R 为外凹圆半径；b 为外缘翻边厚度。

外缘翻边的极限变形程度见表 5-4。

表 5-4　外缘翻边的极限变形程度

材料名称及牌号	$E_{凸}/\%$		$E_{凹}/\%$	
	橡胶成形	模具成形	橡胶成形	模具成形
1035 铝合金（软）（<L4M）	25.0	30.0	6.0	40.0
1035 铝合金（硬）（L4Y1）	5.0	8.0	3.0	12.0
3A21 铝合金（软）（LF21M）	23.0	30.0	6.0	40.0
3A21 铝合金（硬）（LF21Y1）	5.0	8.0	3.0	12.0
5A02 铝合金（软）（LF2M）	20.0	25.0	6.0	35.0
5A03 铝合金（硬）（LF3Y1）	5.0	8.0	3.0	12.0
2A12 铝合金（软）（LY12M）	14.0	20.0	6.0	30.0
2Al2 铝合金（硬）（LY12Y）	6.0	8.0	0.5	9.0
2A11 铝合金（软）（LY11M）	14.0	20.0	4.0	
2A11 铝合金（硬）（LY11Y）	5.0	6.0	30.0	
H62 黄铜（软）	30.0	40.0	8.0	45.0
H62 黄铜（半硬）	10.0	14.0	4.0	16.0
H68 黄铜（软）	35.0	45.0	8.0	55.0
H68 黄铜（半硬）	10.0	14.0	4.0	16.0
10 钢		38.0		10.0
120 钢		22.0		10.0
12Cr18Mn9Ni5N 不锈钢（软）（12Cr18Ni9）		15.0		10.0
12Cr18Mn9Ni5N 不锈钢（硬）（12Cr18Ni9）		40.0		10.0

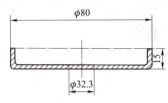

图 5-15 翻边前工件简图

（1）工件工艺性分析。由工件简图可知，$\phi 40$ mm 处由内孔翻边成形，$\phi 80$ mm 是圆筒形拉深件，可一次拉深成形。工序安排为落料、拉深、冲预孔、翻边等。翻边前为 $\phi 80$ mm、高 15 mm 的无凸缘圆筒形拉深件，如图 5-15 所示。

（2）固定套翻边件工艺计算。

1）平板毛坯内孔翻边时预孔直径及翻边高度。在内孔翻边工艺计算中有两方面内容：一是根据翻边件的尺寸，计算毛坯预孔的尺寸 d_0；二是根据极限翻边系数，校核一次翻边可能达到的翻边高度 H，如图 5-16 所示。

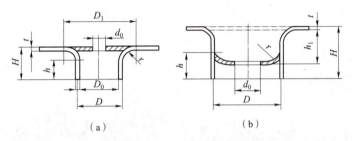

（a）　　　　　　　（b）

图 5-16　内孔翻边尺寸计算

（a）平板毛坯内孔翻边；（b）在拉深件底部冲孔翻边

内孔翻边前预孔直径 d_0 可以近似地按弯曲展开计算：

$$d_0 = D_1 - \left[\pi \left(r + \frac{t}{2} \right) + 2h \right] \tag{5-9}$$

本例可认为是平板毛坯内孔翻边，已知：$D = 39$ mm，$H = 4.5$ mm，则

$$D_1 = D + 2r + t = (39 + 2 \times 1 + 1)\ \text{mm} = 42\ \text{mm}$$

$$h = H - r - t = (4.5 - 1 - 1)\ \text{mm} = 2.5\ \text{mm}$$

得

$$\begin{aligned}
d_0 &= D_1 - \left[\pi \left(r + \frac{t}{2} \right) + 2h \right] \\
&= 42\ \text{mm} - \left[\pi \times \left(1 + \frac{1}{2} \right) + 2 \times 2.5 \right]\ \text{mm} \\
&= 32.3\ \text{mm}
\end{aligned}$$

内孔的翻边极限高度为

$$H_{\max} = \frac{D}{2}\ (1 - K_{\min})\ + 0.43r + 0.72t \tag{5-10}$$

在拉深件底部冲孔翻边，其工艺计算过程是，先计算允许的翻边高度 h，然后按翻边件的要求高度 H 及翻边高度 h 确定拉深高度 h_1 及预孔直径 d_0。允许的翻边高度为

$$h = \frac{D}{2}(1 - K_0) + 0.57 \left(r + \frac{t}{2} \right) \tag{5-11}$$

预孔直径 d_0

$$d_0 = K_0 D \ \text{或} \ d_0 = D + 1.14 \left(r + \frac{t}{2} \right) - 2h \tag{5-12}$$

拉深高度为

$$h_1 = H - h + r \tag{5-13}$$

2）计算翻边系数

$$K_0 = \frac{d_0}{D} = \frac{32.3 \text{ mm}}{39 \text{ mm}} = 0.828$$

由表 5-3 可查得低碳钢的极限翻边系数为 0.65，小于所需的翻边系数，所以该翻边件可一次翻边成形。

3）计算翻边力。可查得 $\sigma_s = 200$ MPa

$$P = 1.1\pi \times (D - d_0) t \sigma_s = 1.1 \times \pi \times (39 - 32.3) \times 1 \times 200 \text{ N} = 4.631 \text{ kN}$$

（3）翻边模具结构设计。内孔翻边模具的结构与一般拉深模具相似，所不同的是翻边凸模圆角半径一般较大，经常做成球形或抛物面形，以利于翻边变形。图 5-17 所示为几种常见内孔翻边凸模结构。其中图 5-17（a）可用于小孔翻边（竖边内径 $d < 4$ mm）；图 5-17（b）可用于竖边内径 $d < 10$ mm 的内孔的翻边；图 5-17（c）可适用于竖边内径 $d \geq 10$ 的内孔的翻边；图 5-17（d）可对不用定位销的任意孔翻边。对于平底凸模一般取 $r_{凸} \geq 4t$。

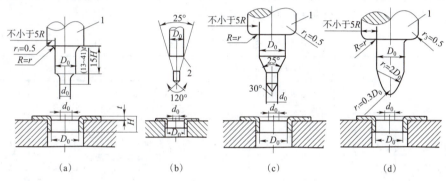

（a）　　　　（b）　　　　（c）　　　　（d）

图 5-17　常见内孔翻边凸模结构

本例中为便于毛坯定位，翻边模具采用倒装结构，使用大圆角圆柱形翻边凸模，毛坯孔套在定位销上定位，靠标准弹顶器压边，采用打料杆打下翻边件，选用后侧滑动导柱、导套模架。翻边模具结构如图 5-18 所示。

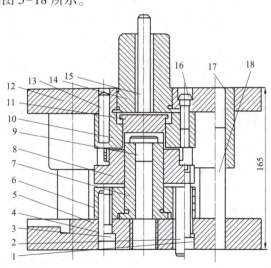

图 5-18　翻边模具结构

1—卸料螺钉；2—顶杆；3，16—螺栓；4，13—销钉；5—下模座；6—翻边凸模固定板；7—翻边凸模；8—托料板；9—定位钉；10—翻边凹模；11—打件器；12—上模座；14—模柄；15—打料杆；17—导套；18—导柱

根据模架尺寸和闭合高度选用 250 kN 双柱可倾式压力机。

四、缩口工艺

缩口工艺是将空心件或管料的敞口处加压缩小的冲压工艺。例如，炮弹和子弹壳等成形时均需采用缩口工艺。

1. 缩口变形程度

缩口的极限变形程度主要受材料失稳条件的限制，缩口变形程度用缩口系数 m 表示。

$$m = \frac{d}{D} \tag{5-14}$$

式中　d——缩口后直径，mm；

　　　D——缩口前直径，mm。

缩口系数的大小与材料的力学性能、材料厚度、模具形式与表面质量、缩口件缩口端边缘情况及润滑条件等有关。各种材料的缩口系数 m 见表 5-5。

表 5-5　各种材料的缩口系数 m

材　料	平均缩口系数 $m_{均}$			支承形式		
	材料厚度 t			无支承	外支承	内外支承
	$t<0.5$	$0.5<t\leqslant1$	$t>1$			
铝	—	—	—	0.68~0.72	0.53~0.57	0.27~0.32
硬铝（退火）	—	—	—	0.73~0.80	0.60~0.63	0.35~0.40
硬铝（淬火）	—	—	—	0.75~0.80	0.63~0.72	0.40~0.43
软钢	0.85	0.75	0.65~0.70	0.70~0.75	0.55~0.60	0.30~0.35
H62 黄铜、H68 黄铜	0.85	0.70~0.80	0.65~0.70	0.65~0.70	0.50~0.55	0.27~0.32

当工件需要进行多次缩口时，其各次缩口系数的计算如下。

首次缩口系数　　　　　　　　$m_1 = 0.9 m_{均}$ $\tag{5-15}$

以后各次缩口系数　　　　　$m_n = (1.05~1.10) m_{均}$ $\tag{5-16}$

式中　$m_{均}$——平均缩口系数。

2. 缩口工艺计算

（1）缩口坯料尺寸。缩口后，工件高度发生变化。对于不同形状的缩口件，其计算方法也有所不同。各种形状零件缩口前毛坯高度计算公式见表 5-6。

表 5-6　各种形状零件缩口前毛坯高度计算公式

简图	计算公式
	$$H = 1.05\left[h_1 + \frac{D^2 - d^2}{8D\sin\alpha}\left(1 + \sqrt{\frac{D}{d}}\right)\right]$$

简图	计算公式
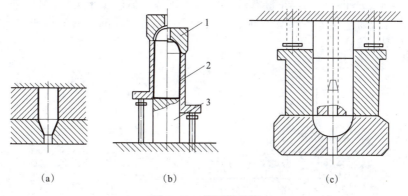	$H=1.05\left[h_1+\sqrt{\dfrac{d}{D}}+\dfrac{D^2-d^2}{8D\sin\alpha}\left(1+\sqrt{\dfrac{D}{d}}\right)\right]$
	$H=h_1+\dfrac{1}{4}\left(1+\sqrt{\dfrac{D}{d}}\right)\sqrt{D^2-d^2}$

（2）缩口力。如图 5-19 所示，缩口成形时坯料所处的状态，分为无支承状态和有支承状态两类。

图 5-19　缩口模结构

（a）无支承缩口成形；（b）外支承缩口成形；（c）内外支承缩口成形

1—凹模；2—外支承；3—下支承

在无支承状态下进行缩口时（见图 5-20（a）），缩口力 P 为

$$P=k\left[1.1\pi Dt_0\sigma_{\mathrm{b}}\left(1-\dfrac{d}{D}\right)(1+\mu\cot\alpha)\dfrac{1}{\cos\alpha}\right] \tag{5-17}$$

在有支承状态下进行缩口时（见图 5-20（b）、图 5-20（c）），缩口力 P 为

$$P=k\left\{1.1\pi Dt_0\sigma_{\mathrm{b}}\left(1-\dfrac{d}{D}\right)(1+\mu\cot\alpha)\dfrac{1}{\cos\alpha}+1.82\sigma_{\mathrm{b}}t_1^2\left[d+R_{凹}(1-\cos\alpha)\right]\right\}\dfrac{1}{r_{凹}} \tag{5-18}$$

式中　t_0——缩口前材料厚度，mm；

t_1——缩口后材料厚度，mm；

D——缩口前直径，mm；

d——工件缩口部分直径，mm；

μ——工件与凹模间的摩擦因数；

σ_{b}——材料抗拉强度，MPa；

α——凹模圆锥半角，（°）；

k——速度系数，用普通冲床时，$k = 1.15$；

$R_{凹}$——凹模圆角半径，mm。

五、校平与整形工艺

校平与整形工艺是指利用模具使工件局部或整体产生不大的塑性变形，以消除平面度误差，提高工件形状及尺寸精度的冲压工艺。

1. 校平与整形工艺的特点

校平与整形工艺允许的变形量很小，因此，必须使工件的形状和尺寸与制件非常接近。校平和整形加工后制件精度较高，因此，对模具成形部分的精度要求也相应提高。

在校平与整形加工时，应使工件内的应力应变状态有利于减少从模具卸载后由于材料的弹性变形而引起制件形状和尺寸的弹性恢复。

由于校平与整形工艺需要在曲柄压力机上进行，因此，对设备的精度、刚度要求高，通常需要在专用的精压机上进行。若采用普通压力机，则必须设有过载保护装置，以防止设备损坏。

2. 校平工艺

校平工艺多用于冲裁件，以消除在冲裁过程中拱弯造成的不平。对薄料、表面不允许有压痕的冲裁件，一般采用平面校整模具（见图5-20）；对较厚的普通冲裁件，一般采用齿形校平模具（见图5-21）。

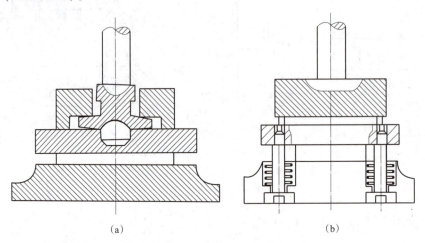

(a)　　　　　　　　　　　　　(b)

图5-20　平面校整模具结构

（a）上模浮动式；（b）下模浮动式

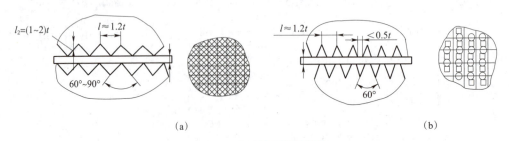

(a)　　　　　　　　　　　　　(b)

图5-21　齿形校平模具结构

（a）细齿校平；（b）粗齿校平

3. 整形工艺

整形工艺一般用于弯曲、拉深成形工序之后。整形模具与一般成形模具相似，只是工作部分的定形尺寸精度高、表面粗糙度值要求更低、圆角半径和间隙值都较小。在整形加工时，必须根据制件形状的特点和精度要求，正确地选定产生塑性变形的部位、变形的大小和恰当的应力应变状态。

弯曲件的墩校（见图5-22）所得到的制件尺寸精度高，是目前经常采用的一种校正方法。但是，对于带有孔的弯曲件或宽度不等的弯曲件，不宜采用，因为在墩校时易使孔产生变形。

拉深件的整形采用负间隙拉深整形法（见图5-23），其间隙可取（0.9~0.95）t（t为材料厚度）。可把整形工序与最后一道拉深工序结合成一道工序完成。

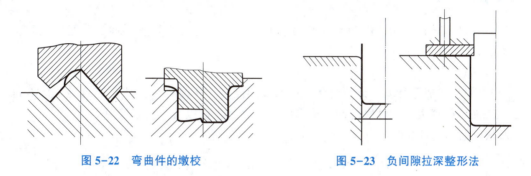

图5-22 弯曲件的墩校　　　　　　　图5-23 负间隙拉深整形法

4. 校平力、整形力的计算

影响校平与整形加工时压力的主要因素是材料的力学性能、材料厚度等，其校平力、整形力 P 为

$$P = Fp \tag{5-19}$$

式中　F——校平、整形面积，mm^2

　　　p——单位压力，MPa，见表5-7。

表5-7　校平与整形加工时的单位压力　　　　　　　　　　　单位：MPa

校平（整形）材料	平面校整	整形、齿形校平	校平（整形）材料	平面校整	整形、齿形校平
软钢	8~10	25~40	软黄铜	5~8	10~15
软铝	2~4	2~5	硬黄铜	8~10	50~60
硬铝	5~8	30~40			

六、压印工艺

压印工艺是将工件放在上模、下模之间，在压力作用下使其材料厚度发生变化，并将挤压处的材料充满在有起伏细纹的模具型腔的凸、凹处，从而在工件表面得到形状起伏鼓凸的字样或花纹的一种冲压工艺，如目前使用的硬币、纪念章等。

压印加工大多数在封闭的型腔内进行，以免金属受压后被挤出模具外，如图5-24所示。而对于较大的压印件，可利用敞开的模具型腔压制，如图5-25所示。

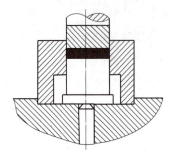

图 5-24 闭式压印模具结构

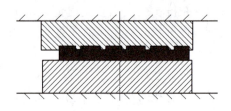

图 5-25 开式压印模具结构

（1）工件工艺性分析。由图 5-1 可知，其侧壁是由空心毛坯胀形而成，底部经起伏成形加工而成。

（2）工艺计算。

1）底部起伏成形计算：计算起伏成形的许用高度，可查得许用成形高度 $H = 0.15$ mm，$d = 2.25$ mm。此值大于工件底部起伏成形的实际高度，所以可一次起伏成形。

起伏成形力的计算为

$$P_{起} = KFt^2 = 250 \times \frac{\pi}{4} \times 15^2 \times 0.5^2 \text{ N} = 11 \ 045 \text{ N}$$

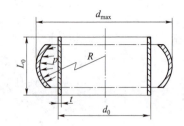

图 5-26 胀形后制件的最大直径

2）侧壁胀形计算：胀形的变形程度用胀形系数 K 表示。胀形系数的计算为

$$K = \frac{d_{max}}{d_0} \tag{5-20}$$

式中　d_0——毛坯原始直径，mm；

　　　d_{max}——胀形后制件的最大直径，mm，如图 5-26 所示。

因此，得　　$K = \dfrac{d_{max}}{d_0} = \dfrac{46.8 \text{ mm}}{39 \text{ mm}} = 1.2$

由表 5-8 查得极限胀形系数为 1.24。因此，该工件可一次胀形成形。

表 5-8　各种材料的极限胀形系数和切向许用伸长率

材料		厚度/mm	极限胀形系数 K_p	切向许用伸长率 $\delta_\theta \times 100$
3A21-M 铝合金		0.5	1.25	25
纯铝	1070A 铝、1060A 铝（L_1、L_2）	1.0	1.28	25
	1050A 铝、1035 铝（L_3、L_4）	1.5	1.32	32
	1200 铝、8A06 铝（L_5、L_6）	2.0	1.32	32
黄铜	H62 黄铜	0.5~1.0	1.35	35
	H68 黄铜	1.5~2.0	1.40	40

材料		厚度/mm	极限胀形系数 K_p	切向许用伸长率 $\delta_\theta \times 100$
低碳钢	08F 钢	0.5	1.20	20
	10 钢、20 钢	1.0	1.24	24
不锈钢		0.5	1.26	26
1Cr18Ni9Ti 不锈钢		1.0	1.28	28

3）胀形毛坯尺寸的计算：胀形时为了增加材料在圆周方向的变形程度，减小材料的变薄，毛坯两端一般不固定，使其自由收缩，因此，毛坯长度 L_0 应比零件件长度增加一定的收缩量。可按式（5-21）近似计算。

$$L_0 = L[1 + (0.3 \sim 0.4)\delta_\theta] + \Delta h \tag{5-21}$$

式中　L——零件母线长度，mm；

δ_θ——制件切向作用伸长率，$\delta_\theta = \dfrac{d_{max} - d_0}{d_0}$；

Δh——修边余量，mm，取 10～20 mm。

计算胀形前工件的原始长度 L_0，其中 L 为 $R60$ 一段圆弧的长，则 $L = 40.8$ mm；

$$\delta_\theta = \frac{d_{max} - d_0}{d_0} = \frac{46.8 \text{ mm} - 39 \text{ mm}}{39 \text{ mm}} = 0.2$$

Δh 取 3 mm，则得 $L_0 = L(1 + 0.35\delta_\theta) + \Delta h = 40.8 \times (1 + 0.35 \times 0.2)$ mm $+ 3$ mm $= 46.66$ mm。L_0 取整为 47 mm。

4）侧壁胀形力计算：软模胀形圆柱形空心件时，所需的单位压力 p 分下面两种情况计算。

当两端不固定，允许毛坯轴向自由收缩时

$$p = \frac{2t}{d_{max}}\sigma_b \tag{5-22}$$

当两端固定，毛坯不能收缩时

$$p = 2\sigma_b\left(\frac{1}{d_{max}} + \frac{t}{2R}\right) \tag{5-23}$$

可查得：$\sigma_b = 430$ MPa，采用两端不固定，则

$$p = \frac{2t}{d_{max}}\sigma_b = \frac{2 \times 0.5}{46.8} \times 430 \text{ MPa} = 9.2 \text{ MPa}$$

胀形力：$P_{胀} = Fp = \pi \times 46.8 \times 40 \times 9.2$ N $= 54\ 106$ N

总成形力：$P = P_{起} + P_{胀} = 11\ 045$ N $+ 54\ 106$ N $= 65.151$ kN

（3）模具结构设计。

胀形模具采用聚氨酯橡胶进行软体凸模胀形，为便于零件成形后取出，将凹模分为上、下两部分，上、下模用止口定位，单边间隙取 0.05 mm。侧壁靠橡胶的胀开成形，底部靠压包凸模、凹模成形，凹模上、下两部分在模具闭合时靠弹簧压紧。

模具闭合高度为 202 mm，所需压力约为 67 kN，因此，选用设备时以模具尺寸为依据，选用标称压力为 250 kN 的开式可倾压力机。

评价目标	评价内容	完成情况	得分
素养目标 （20分）	养成坚持不懈的大国工匠精神		
	养成精益求精的精神		
技能目标 （40分）	能够掌握起伏成形工艺与其压力计算		
	能够掌握圆柱形空心毛坯的胀形加工		
知识目标 （40分）	理解翻孔、翻边、缩口、校平和压印等工艺		
	学会冷挤压工艺方案的确定方法		
总分			

自主练习

（1）什么是翻边、翻孔、胀形、缩口工艺？在这些冲压工艺中，由于变形过度而出现的材料损坏形式分别是什么？

（2）简述缩口与拉深工艺在变形特点上的相同点和不同点。

（3）试分析确定图 5-27 所示各零件的冲压工艺方案，并设计图 5-28（a）所示零件的 $\phi45$ mm 圆孔翻孔模具结构。

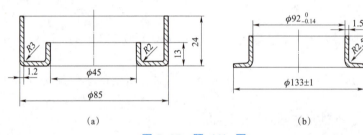

(a)   (b)

图 5-27　题（3）图

项目六 塑料注射模具设计

项目目标

知识目标

（1）了解塑料注射模具的结构组成。

（2）了解塑料注射模具按结构特征进行分类的几种结构组成及其工作原理。

（3）了解塑料注射模具的分类方法。

能力目标

（1）掌握塑料注射模具分型面的选择。

（2）掌握成形部分的设计和塑料注射模具材料的选用。

（3）掌握结构零件的设计及排气系统的设计。

（4）掌握型腔的确定。

（5）培养善于观察、勤于思考、勇于创新、团队协作的思维及工作习惯。

（6）培养认真负责、一丝不苟、兢兢业业、对工作和团队高度负责的工匠精神。

项目简介

　　塑料注射成形加工是塑料制品的高效率生产方法之一，其应用范围广泛。塑料注射成形加工所获得的塑料制品在各种塑料制品中所占比例很大。塑料注射成形模具是实现塑料注射成形加工的重要工艺装备，是塑料模具中用量最大、类型最多的模具。图 6-1 所示为一套塑料注射模具。本项目将学习塑料注射模具设计。

图 6-1　塑料注射模具

任务6.1 塑料注射模具的基本结构与类型

[任务描述]

在日常生活和工业生产中使用的各种用途的塑料制品可谓琳琅满目。为了满足各种场景的使用需求，需要对塑料制品的形状、尺寸进行设计和规定，那么各种形制的塑料制品是如何制作的？其经历了哪些成形工艺？其塑料注射模具的基本结构与类型，以及各部分的功能是什么？上述工艺参数及模具形制对于最终塑件的性能有何影响？为了说明上述问题，本任务将着重介绍塑料注射模具的基本结构与类型。

知识链接

塑件的尺寸、形状和使用场合千差万别，塑料注射模具的大小、结构和复杂程度也有很大不同。一副塑料注射模具所包含的零件可有几十个甚至上百个。图6-2所示为一副典型塑料注射模具的3D示意图。一套塑料注射模具主要包括以下几个部分。

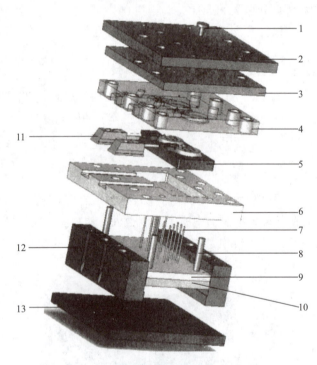

图6-2 典型塑料注射模具的3D示意图

1—浇口衬套；2—定模座板；3—定模垫板；4—定模型腔；5—动模型芯；6—动模固定板；7—顶杆；
8—复位杆；9—推板固定板；10—推板；11—侧向抽芯滑块；12—垫块；13—动模座板

1. 成形部分

成形部分是直接成形塑件的零件，包括型腔和型芯，分别为成形塑件的外形和内形。型腔和型芯可能设置在定模，也可能设置在动模，或定模、动模各有一部分。定模、动模闭合后组成封闭的腔体用于成形塑件。由于塑件特殊形状的需要,因此,型腔和型芯上可能镶有各种镶块、小型芯等。

2. 浇注系统

浇注系统是注射机喷嘴通向模具型腔的流动通道,一般情况下包括主流道、分流道、浇口和冷料穴4个部分。有的情况下可能没有分流道,视模具的具体结构而定。除主流道单独设置在一个专用零件(主流道衬套)上外,分流道、浇口、冷料穴都设置在含有型腔的相应模具零件上。

3. 导向零件

导向零件在动模、定模闭合时,由导柱起导向对准作用。导柱可安装在动模上,也可安装在定模上。安装在模具另一侧的导套的作用是与导柱配合承受磨损作用,若导柱磨损影响到导向精度,则可方便更换导柱。此外,要求比较高的模具的顶出机构上也带有导柱,保证顶出元件在顶出时运动轨迹的准确性。

4. 推出机构

塑件在型腔中冷却凝固后,会收缩包紧在型芯上,或黏附在型腔内,此时,必须借助模具内的顶出机构推动其脱模。推出脱模机构一般设置在动模一侧,是在模具打开时动模后退至一定距离后,由注射机顶出元件推动模具的顶出机构使塑件脱模。

5. 侧向分型抽芯机构

对于带有侧孔、侧凹塑件的成形,模具内通常设有抽出侧型芯或侧向分型的机构。侧向分型抽芯机构也是依靠模具打开时的开模运动进行工作的,也称机动抽芯机构。应用最广泛的有斜导柱、斜滑块等机构。此外,对于大距离抽芯,也可采用液压抽芯或气动抽芯,但注射机上必须带有抽芯液压缸或气缸。

6. 加热与冷却系统

不同塑料成形时对模温的要求相差很大,大批量成形的通用塑件和对模温要求不高的工程塑料塑件,一般都采用模具冷却系统来缩短成形周期、提高生产率。冷却系统是设置在模具相应零件(主要是型腔板和主型芯)上的冷却流动槽道,可按塑件形状和温度分布合理布置。某些高黏度塑料和热变形温度高的塑料,为了利于塑料熔体充模流动,需要较高的模温,特别是在加工成形薄壁、形状复杂的塑件时,模具必须带有加热元件。此外,少数用于试验研究的模具,需要在较大范围内改变模温,它们既带有加热元件,又设有冷却系统。

7. 排气系统

在塑料熔体注射充模的过程中,必须使型腔内的原有空气迅速、顺利地排出腔外,否则不能使型腔完全充满塑料溶体,或由于空气的快速压缩升温而使塑件边角处烧黑,因此,在塑料熔体最后充满处都设置有排气槽,排气槽的准确位置可在试模后确定。在许多情况下,分型面、推出元件(推杆、推管)的配合间隙足以起到排气作用,无须再专门设置排气槽。

8. 其他结构零件

塑料注射模具除上述7个部分外,还包括模具安装固定用的动模、定模固定板,使模具由分散的零件连接成为整体的螺钉、销钉(定位用),形成动模固定板与动模成形部分之间顶出空间的支承块,固定型芯用的固定板等。

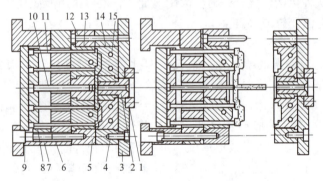

任务分析：在充分掌握塑料注射模具的八大组成系统与零件，即成形部分、浇注系统、导向零件、推出机构、侧向分型抽芯机构、加热与冷却系统、排气系统，以及其他结构零件的工作原理后，可对特定的塑料注射模具进行分类。

实施步骤：掌握塑料注射模具的分类方法，对下述典型结构的塑料注射模具的各分系统功能、构成及工作流程进行详细描述，并可针对相应材料特性选取相应的塑料注射模具。

塑料注射模具的分类方法很多，按塑料类型可分为热塑性塑料注射模具和热固性塑料注射模具；按注射机的类型可分为卧式塑料注射模具、立式塑料注射模具和角式塑料注射模具；按其在注射机的安装方式可分为移动式（主要用于立式注射机）和固定式塑料注射模具；按型腔数目可分为单型腔塑料注射模具和多型腔；按型腔的容量可分为大型塑料注射模具（模具型腔容积在 3 000 cm³ 以上、模具质量大于 2 t、所需锁模力在 6 000 kN 以上）、小型塑料注射模具（模具型腔容积在 100 cm³ 以下）及中型塑料注射模具。

通常，按塑料注射模具总体结构上的某一特征进行分类，可分为以下几种主要类型。

1. 单分型面塑料注射模具

单分型面塑料注射模具又称两板式塑料注射模具，如图 6-3 所示。它是塑料注射模具中最简单的一种结构形式，其型腔由动模和定模构成。单分型面塑料注射模具的型腔一部分设置在动模上，一部分设置在定模上。其主流道设置在定模一侧，分流道设置在分型面上，开模后塑件连同流道凝料一起留在动模上。动模一侧设置有推出机构，用以推出塑件及流道凝料。

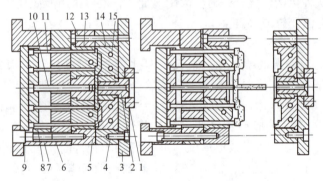

图 6-3　单分型面塑料注射模具

1—定位环；2—浇口衬套；3—定模座板；4—定模板；5—动模板；6—动模固定板；7—支架；8—推杆固定板；9—推板；10—拉料杆；11—顶杆；12—导柱；13—凸模型芯；14—凹模型芯；15—冷却水通道

2. 多分型面塑料注射模具

多分型面塑料注射模具是指具有两个及以上分型面的塑料注射模具，适用于塑件的外表面、内侧壁不允许有较大浇口痕迹的场合。这种模具的浇口采用点浇口，且塑件由定距分型机构实现顺序分型，然后由推出机构推出。图 6-4 所示为定距拉板式双分型面塑料注射模具，它与单分型面塑料注射模具相比，在动模和定模之间增加了一个动模板 5（又称流道板），其浇注系统的凝料和塑件由不同分型面取出。在开模时由于弹簧 2 的作用，使动模板与定模板 14 首先沿 A—A 分型面定距分型，其分型距离由定距拉板 1 控制，以便取出这两块模板之间的主流道凝料。继续开模后，由于限位钉 3 的作用，通过定距拉板使动模板停止移动，从而使模具沿 B—B 分型面分型，然后在注射机固定顶出杆的作用下，推动推板固定板 9 和推板 10，通过顶杆 11 推动脱模板，使塑件脱离型芯。

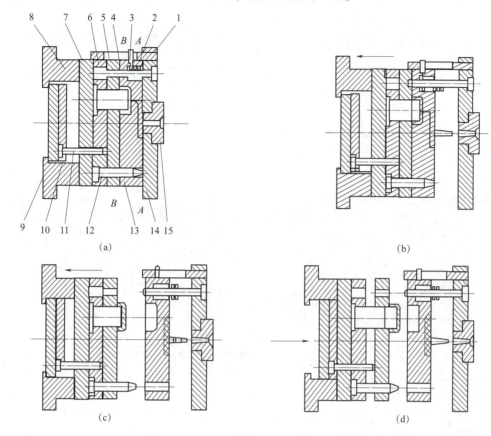

图 6-4　定距拉板式双分型面塑料注射模具结构及工作原理

（a）合模状态；（b）第一次开模分型，拉出主流道凝料；（c）第二次开模分型，拉断点浇口；（d）顶出塑件
1—定距拉板；2—弹簧；3—限位钉；4—导柱；5—动模板；6—型芯固定板；7—动模垫板；8—模脚；
9—推板固定板；10—推板；11—顶杆；12—导柱；13—中间板；14—定模板；15—主流道衬套

双分型面塑料注射模具的结构形式除了上述定距拉板式外，还有许多其他形式，如定距导柱式（见图 6-5）、定距拉杆式（见图 6-6）和拉钩式（见图 6-7）等。

这种塑料注射模具结构较复杂、质量大、成本高，主要用于点浇口的单型腔或多型腔塑料注射模具，较少用于加工大型塑件或流动性差的塑料成形加工。

3. 带有活动镶件的塑料注射模具

有些塑件侧向设计有通孔、凹穴或凸台，为简化模具设计和成形方便，不采用侧向抽芯，常常在模具中设置活动镶件，这些活动镶件在加工后成为塑件的某一部分，在开模后，连同塑件一起从模具中顶出，再在模具外用手或专用工具分开。对于需要局部抽芯或需要加工出螺纹的塑件，由于生产批量小，若采用模内机动抽芯或机动脱螺纹，则会使模具复杂、生产成本高，这时采用活动镶件抽芯和人工脱螺纹就比较适宜。带活动镶件的塑料注射模具结构及工作原理如图 6-8 所示，塑件内侧带有凸台，采用活动镶块 3 成形。开模时塑件和流道凝料同时留在活动镶块上，随着动模一起运动，当动模与定模开到一定距离后，推板 11 碰到注射机的固定顶出杆 9，随后固定顶出杆将推板与活动镶块随同塑件一起推出模具，然后用手或其他装置使塑件与活动镶块分离。型芯 4 上的锥孔可保证活动镶块定位准确、可靠。

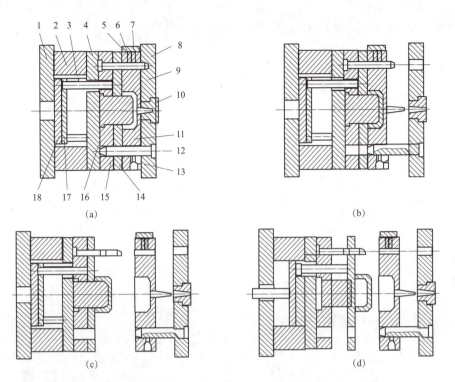

(a)   (b)

(c)   (d)

图6-5　定距导柱式双分型面塑料注射模具结构及工作原理

（a）合模状态；（b）第一次开模分型，拉出主流道凝料；（c）第二次开模分型，拉断点浇口；（d）顶出塑件

1—动模座板；2—支承块；3—顶杆；4—支承板；5—顶销；6—弹簧；7—压块；8，12—导柱；9—定模板；10—浇口；11—中间板；13—定距钉；14—推件板；15—动模板；16—凸模；17—顶杆固定板；18—顶板

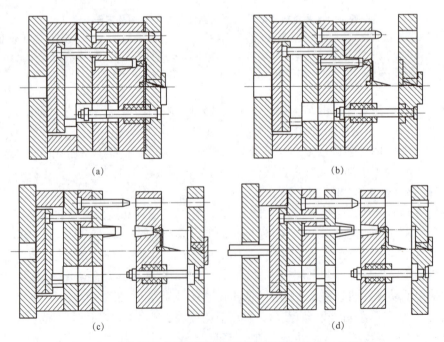

(a)   (b)

(c)   (d)

图6-6　定距拉杆式双分型面塑料注射模具结构及工作原理

（a）合模状态；（b）第一次开模分型，拉出主流道凝料；（c）第二次开模分型，拉断点浇口；（d）顶出塑件

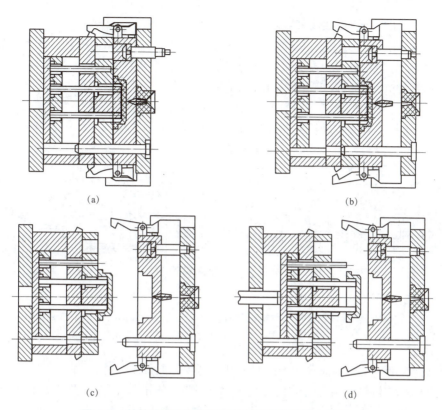

图 6-7　拉钩式双分型面塑料注射模具结构及工作原理

（a）合模状态；（b）第一次分型；（c）第二次分型；（d）顶出塑件

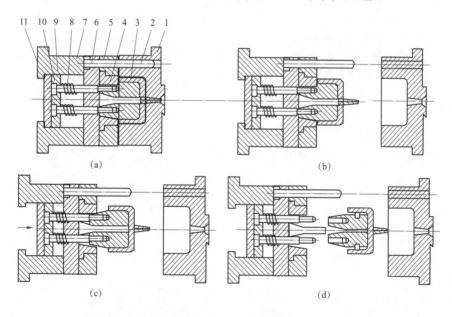

图 6-8　带有活动镶件的塑料注射模具结构及工作原理

（a）合模注射状态；（b）开模状态；（c）顶出状态；（d）手工取出

1—定模板；2—导柱；3—活动镶件；4—型芯；5—动模板；6—垫板；7—模脚；8—弹簧；

9—顶杆；10—顶杆固定板；11—推板

4. 侧向分型抽芯塑料注射模具

当塑件带有侧孔或侧凹时，在机动抽芯机构模具里设有斜导柱或斜滑块等侧向分型抽芯机构。

侧向分型抽芯机构种类很多，最常见的有斜导柱侧向分型抽芯机构。斜导柱侧向分型抽芯塑料注射模具包括斜导柱在动模、滑块在定模，滑块在动模、斜导柱在定模，斜导柱和滑块同在定模，斜导柱和滑块同在动模这4种结构形式。

斜导柱在定模、滑块在动模的斜导柱侧向分型抽芯机构工作原理如图6-9所示。

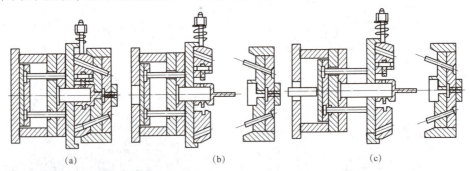

(a)　　　　　　　　　(b)　　　　　　　　　(c)

图6-9　斜导柱在定模、滑块在动模的斜导柱侧向分型抽芯机构工作原理
（a）合模状态；（b）开模分型并侧向抽芯；（c）顶出塑件

开模时，在沿模具分型面分型的同时，利用开模力通过斜导柱带动侧型芯滑块做侧向移动（侧型芯滑块与斜导柱相对运动），使侧型芯与塑件先分离（称为抽芯动作），然后再由推出机构将塑件从型芯上推出模具。闭模时，由斜导柱插入侧型芯滑块，使侧型芯滑块复位，并借助楔紧块将侧型芯滑块压紧。

斜导柱在动模、滑块在定模的斜导柱侧向分型抽芯机构工作原理如图6-10所示。

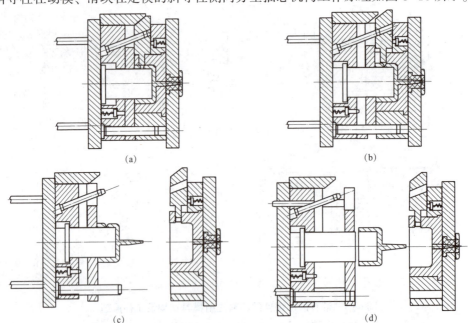

(a)　　　　　　　　　　　　　　　　　(b)

(c)　　　　　　　　　　　　　　　　　(d)

图6-10　斜导柱在动模、滑块在定模的斜导柱侧向分型抽芯机构工作原理
（a）合模状态；（b）第一次分型，完成侧抽芯动作；（c）动模在注射机的带动下继续开模，拉出主流道凝料；
（d）注射机推出机构推动模具的顶杆，从而推动模具的顶板，将塑件推出

斜导柱和滑块同在定模的斜导柱侧向分型抽芯机构工作原理如图6-11所示。

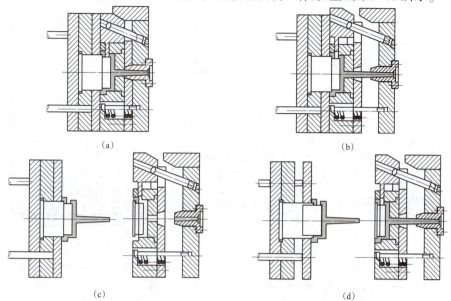

(a)　　　　　　　　　　　　　　　　　　(b)

(c)　　　　　　　　　　　　　　　　　　(d)

图6-11　斜导柱和滑块同在定模的斜导柱侧向分型抽芯机构工作原理

（a）合模状态；（b）第一次开模，完成侧抽芯及拉出主流道的凝料；（c）继续开模，动模、定模分开，
塑件随凸模脱离凹模；（d）注射机顶杆推动模具顶出机构，从而顶出塑件

斜导柱和滑块同在动模的斜导柱侧向分型抽芯机构工作原理如图6-12所示。

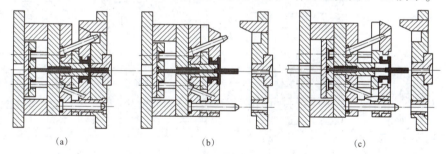

(a)　　　　　　　　　　　　(b)　　　　　　　　　　　　(c)

图6-12　斜导柱和滑块同在动模的斜导柱侧向分型抽芯机构工作原理

（a）合模状态；（b）开模拉出主流道凝料；（c）顶出塑件，并侧抽芯

斜导柱内抽芯的斜导柱侧向分型抽芯机构工作原理如图6-13所示。

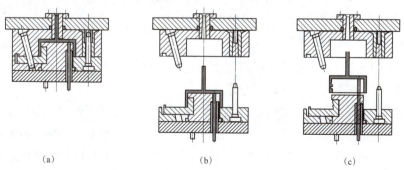

(a)　　　　　　　　　　　　(b)　　　　　　　　　　　　(c)

图6-13　斜导柱内抽芯的斜导柱侧向分型抽芯机构工作原理

（a）合模状态；（b）开模分型，并完成侧抽芯；（c）顶出塑件

5. 齿轮齿条侧向分型抽芯塑料注射模具

斜导柱等侧向分型抽芯机构，一般适用于抽芯距较短的塑件。当塑件侧向抽芯距大于80 mm时，往往采用齿轮齿条抽芯或液压抽芯等。图6-14所示为齿轮齿条侧向分型抽芯、传动齿条固定在定换一侧的塑料注射模具结构及工作原理。

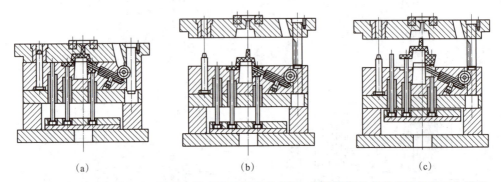

(a)　　　　　　　　　　　(b)　　　　　　　　　　　(c)

图6-14　齿轮齿条侧向分型抽芯、传动齿条固定在定模一侧的塑料注射模具结构及工作原理
（a）合模状态；（b）第一次开模，传动齿条通过齿轮带动齿条型芯完成侧抽芯动作；（c）顶出塑件

图6-15所示为另一种结构形式的齿轮齿条侧向分型抽芯、传动齿条固定在动模一侧的塑料注射模具结构及工作原理。

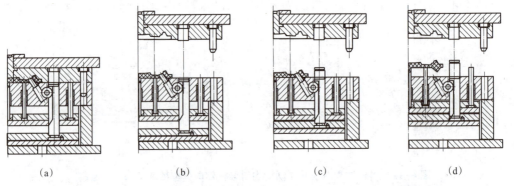

(a)　　　　　　　(b)　　　　　　　(c)　　　　　　　(d)

图6-15　齿轮齿条侧向分型抽芯、传动齿条固定在动模一侧的塑料注射模具结构及工作原理
（a）合模状态；（b）开模将塑件拉出凹模；（c）推出机构动作完成齿条侧抽芯；
（d）推出机构进一步推进，从而顶出塑件

6. 带有嵌件的塑料注射模具

当塑件上带有嵌件时，为了保证嵌件在注射成形过程中不发生位移，避免在合模时损伤模具，在设计这类模具时，应认真考虑嵌件的可靠、准确定位问题。图6-16所示为立式注射机上使用的带嵌件的移动式塑料注射模具结构。嵌件在嵌件座8上定位，侧型芯3防止嵌件的转动和轴向移动，使嵌件在模具内占有确定的位置。在推出塑件之前应先手动抽出侧型芯。该模具在嵌件处设置有推出机构，这样在塑件上不留下任何影响外观的顶出痕迹。

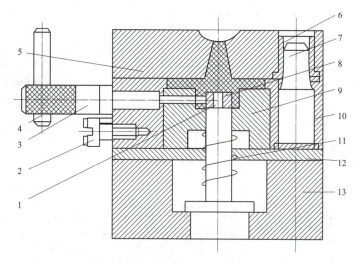

图 6-16　立式注射机上使用的带嵌件的移动式塑料注射模具结构

1—嵌件；2—螺钉；3—侧型芯；4—销钉；5—定模座板；6—导套；7—导柱；8—嵌件座；
9—凹模镶件；10—动模板；11—弹簧；12—支承板；13—支架

7. 自动卸螺纹塑料注射模具

对带有内外螺纹的塑件，当采用自动卸螺纹时，在模具结构设计时，应设置可转动的螺纹型芯和螺纹型环，利用注射机的往复运动或旋转运动，或设置专门的原动机件（如电动机、液压电动机等）和传动装置与模具连接，在开模后带动螺纹型芯或螺纹型环转动，使塑件脱出。图 6-17 所示为直角式注射机上使用的自动卸螺纹塑料注射模具结构。螺纹型芯7 的旋转由注射机开合模丝杆 8 带动，使其与塑件分离。为了防止螺纹型芯与塑件一起旋转，一般要求塑件外形具有防转结构。图 6-17 所示结构是利用塑件顶面的凸出图案来防止塑件随螺纹型芯转动，以便塑件与螺纹型芯分开。开模时，在分型面 A—A 分开的同时，螺纹型芯由注射机开合模丝杠带动而旋转，从而开始拧出塑件，此时塑件暂时还留在型腔内不动。当螺纹型芯在塑件内尚有一个螺距时，定距螺钉 4 使分型面 B—B 分开，塑件即被带出型腔，继续开模（注射机开合模丝杠继续旋转），直到塑件全部脱离螺纹型芯和型腔。

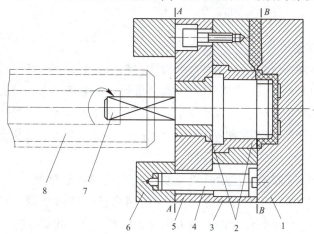

图 6-17　直角式注射机上使用的自动卸螺纹塑料注射模具结构

1—定模座板；2—衬套；3—动模板；4—定距螺钉；5—支承板；6—支架；7—螺纹型芯；8—注射机开合模丝杠

8. 定模设置推出机构的塑料注射模具

由于推出机构宜设置在动模一侧，所以塑料注射模具开模后，塑件应留在动模一侧。但有时由于塑件的特殊要求或受塑件形状的限制，开模后塑件将留在定模上（或有可能留在定模上），因此，应在定模一侧设置推出机构。在开模时，由动模通过拉板或链条带动推出机构将塑件推出。图 6-18 所示为塑料衣刷塑料注射模具结构，由于塑件的特殊形状，开模后塑件留在定模上，因此，在定模一侧设置推件板 7，开模时由设在动模一侧的拉板 8 带动，将塑件从型芯 11 上强制脱下。

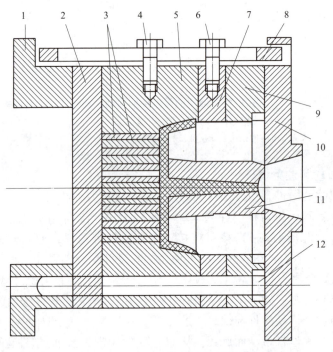

图 6-18　塑料衣刷塑料注射模具结构

1—支架；2—支承板；3—成形镶块；4，6—螺钉；5—动模板；7—推件板；8—拉板；
9—定模板；10—定模座板；11—型芯；12—导柱

9. 热流道塑料注射模具

上述几种模具在成形过程中，每个成形周期内都会有塑料熔体在流道冷却凝固，并从模具中脱出。这些流道凝料如果要再次利用，则必须粉碎并重新熔融，挤出并造粒，耗费大量能量和时间，并使其性能降低，同时增加了污染。热流道塑料注射模具在正常工作中，通过加热或绝热的办法，使从注射机喷嘴到浇口之间的塑料熔体保持熔融状态，这样每次注射成形后流道内均没有凝料，只需脱出塑件即可。

图 6-19 所示为热流道塑料注射模具结构。正因为热流道塑料注射模具所具有上述优点，目前，在国外这项技术已得到广泛应用，使用率已达塑料注射模具总量的 40% 以上，对于盖罩和薄壁塑件，80% 的模具都采用了热流道技术，但在我国仅有 10% 左右塑料注射模具使用该技术。

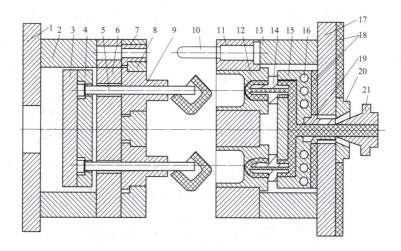

图 6-19　热流道塑料注射模具结构

1—动模座板；2—支架；3—推板；4—推杆固定板；5—推杆；6—支承板；7—导套；8—动模板；9—凸模；
10—导柱；11—定模板；12—凹模；13—支架；14—喷嘴；15—热流道板；16—加热器孔道；
17—定模座板；18—绝热层；19—主流道衬套；20—定位环；21—注射机喷嘴

任务评价

评价目标	评价内容	完成情况	得分
素养目标 （20分）	养成勤于思考的习惯		
	养成团队协作的意识		
技能目标 （40分）	能够区分塑料注射模具不同系统与零件的功能		
	能够根据材料特性选取相应的塑料注射模具		
知识目标 （40分）	理解塑料注射模具各大系统与零件的工作原理		
	学会根据结构差异对塑料注射模具进行分类		
总分			

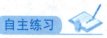

自主练习

（1）塑料注射模具的结构一般由哪几部分组成？各组成部分的主要作用是什么？

（2）按塑料注射模具的结构特征来分，塑料注射模具主要有哪几种类型？

（3）塑料注射成形工艺条件的选择主要包括哪些内容？如何合理选用塑料注射成形工艺？

任务 6.2　塑料注射模具与注射机的关系

［任务描述］

塑料注射模具必须安装在与其相适应的注射机上才能进行生产。注射机即为注射成形设备，主要用来成形塑料制品，如图6-20所示。在设计模具时，必须熟悉所选用注射机的技术参数，如注射机的最大注射量、最大注射压力、最大锁模力、最大成形面积、模具最大厚度和最小厚度、最大开模行程、拉杆间距、安装模板的螺孔（或 T 形槽）位置和尺寸、定位孔尺寸、喷嘴球面半径等，以便设计的模具与所选注射机相适应。本任务将从注射机的设计参数对塑件成形的影响出发，着重介绍塑料注射模具与注射机的关系。

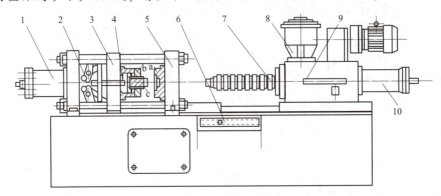

图 6-20　注射机的结构

1—锁模液压缸；2—锁模机构；3—移动模板；4—顶出杆；5—固定模板；6、7—料筒及加热器；8—料斗；
9—定量供料装置；10—注射液压缸；a—模具的定模部分；b—模具的动模部分；c—塑件

知识链接

国产注射机的基本参数如下。

1. 注射机技术参数

（1）螺杆直径——螺杆的外径尺寸，mm，以 D 表示。

（2）螺杆有效长度——螺杆上有螺纹部分的长度，mm，以 L 表示。

（3）螺杆长径比——螺杆有效长度与螺杆直径的比，即 L/D。

（4）螺杆压缩比——螺杆加料段第一个螺槽容积 V_2 与计量段最末一个螺槽容积 V_1 的比，即 V_2/V_1。

（5）注射行程——螺杆注射移动的最大距离，即螺杆计量时后退的最大距离，cm。

（6）理论注射容积——螺杆（或柱塞）头部截面积与最大注射行程的乘积，cm^3。

（7）最大注射量——螺杆（或柱塞）一次注射的最大容积，cm^3；或一次注射 PS（聚苯乙烯）的最大质量，g。

（8）注射压力——注射时螺杆（或柱塞）头部施于预塑材料的最大压力，MPa。

（9）注射速度——注射时螺杆（或柱塞）移动的最大速度，mm/s。

（10）注射时间——注射时螺杆（或柱塞）完成注射行程的最短时间，s。

（11）注射速率——单位时间内注射的理论容积，即螺杆头部（或柱塞）截面积乘以螺杆（或柱塞）的最大速度，cm^3/s。

（12）螺杆转速——材料塑化时螺杆的最低与最高转速，r/min。

（13）塑化能力——单位时间内可塑化 PS 材料的最大质量，g/s。

（14）螺杆转矩——材料塑化时驱动螺杆的最大转矩，N·m。

（15）螺杆驱动功率——材料塑化时驱动螺杆的最大功率，kW。

（16）喷嘴接触力——喷嘴与塑料注射模具的最大接触力，即喷嘴座推力，kN。

（17）喷嘴伸出量——喷嘴伸出塑料注射模具安装面的长度，mm。

（18）料筒加热功率——料筒和喷嘴的加热总功率，kW。

此外，还有料筒和喷嘴的加热方式和加热分段方式、螺杆驱动方式、螺杆头部和喷嘴结构、孔径和球面半径等技术参数。

2. 注射机合模部分的基本参数

（1）锁模力——为克服塑料熔体胀开塑料注射模具而施于塑料注射模具的最大锁模力，kN。

（2）成形面积——在分型面上最大的型腔和浇注系统的投影面积，cm^2。

（3）开模力——塑料注射模具具有的开启力，kN。

（4）开模行程——塑料注射模具的动模可移动的最大距离，mm。

（5）开模（合模）速度——开模（合模）时动模板移动的最高速度，m/s。

（6）模板尺寸——定模板和动模板安装平面的外形尺寸，mm。

（7）塑料注射模具最大尺寸——注射机上能安装塑料注射模具的最大外形尺寸，mm。

（8）塑料注射模具最大（最小）厚度——注射机上能安装闭合塑料注射模具的最大（最小）厚度，mm。

（9）模板最大（最小）开距——定模板与动模板之间的最大（最小）间距，mm。

（10）拉杆间距——注射机拉杆水平方向和垂直方向内侧的间距，mm。

（11）推出行程——推出机构推出塑件时的最大位移，mm。

（12）推出力——推出机构推出塑件时的最大推力，kN。

此外，还有合模方式、推出方式和调模方式等。

图 6-21 和图 6-22 所示为两种国产注射机合模部分结构基本参数，供模具设计时参考。

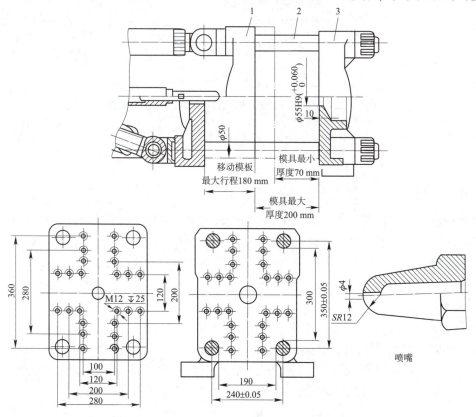

图 6-21 XS-Z-60 注射机合模部分结构基本参数

1—移动模板；2—拉杆；3—固定模板

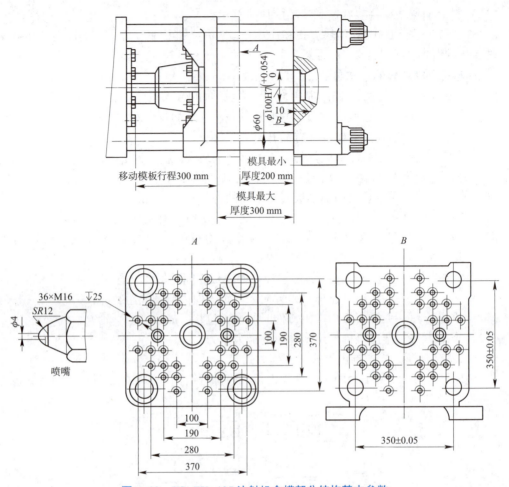

图 6-22　XS-ZY-125 注射机合模部分结构基本参数

其他类型注射机可查阅相关产品手册。

 任务实施

任务分析：在了解国产注射机的基本参数及其典型设计图纸后，需在不影响塑料注射模具成形性的前提下，对注射机关键工艺参数进行相应计算。

实施步骤：首先必须了解注射机的主要工艺参数，使塑料注射模具在注射机工艺参数的许可范围内，并根据相应设计需求对主要工艺参数进行计算，主要包括如下几项。

1. 最大注射量

最大注射量是指注射机螺杆或柱塞以最大注射行程注射时，一次所能达到的塑料注射量。对于不同类型注射机，最大注射量有不同的标定方法。螺杆式注射机的最大注射量是以一次所能注射的塑料熔体体积（以 cm³ 计）表示，这种方法的优点是对任一种塑料最大注射量的值都是相同的。因此，对于任一种塑料一次所能注射的最大熔体质量为

$$M_{\max} = VD \tag{6-1}$$

式中　$M_{\max}$——注射任一种塑料时的一次所能注射的最大熔体质量，g；

V——注射机的最大注射量，cm^3；

D——所注射塑料熔体的密度，g/cm^3。

对于柱塞式注射机，习惯上用质量（g）表示最大注射量。但由于柱塞作最大注射行程时，注射出的塑料熔体容积一定，并且不同塑料的密度不同，在注射不同塑料时，注射机的最大注射量会不同，因此，规定用密度接近 1 g/cm^3 的聚苯乙烯的最大注射量作为注射机的最大注射量。对于其他塑料，注射机实际的最大注射量可按式（6-2）换算。

$$M_{max} = M_B \frac{D_i}{D_B} \tag{6-2}$$

式中　M_{max}——注射任一种塑料时的一次能注射的最大熔体质量，g；

　　　M_B——注射机标定的最大注射量，g；

　　　D_i——所注射塑料的密度，g/cm^3；

　　　D_B——聚苯乙烯的密度，g/cm^3。

在设计塑料注射模具时，应注意塑件和浇注系统凝料所用的总塑料量，不应超过最大注射量。对于正常的批量生产，应满足：

$$M_r \leqslant 0.8 M_{max} \tag{6-3}$$

式中　M_r——成形塑件所要求的注射量（塑件和浇注系统凝料所用的总塑料量），g。

2. 最大注射压力

每种塑料都有适于成形的压力范围，具体塑件所需成形压力范围不仅与塑料品种有关，也与塑件形状、壁厚及浇注系统截面积和长度有关。在设计塑料注射模具时，所要求的成形压力应当在注射机所允许的最大注射压力范围内。

3. 锁模力

塑料熔体在注射压力下充入模腔，经过注射机喷嘴和塑料注射模具浇注系统时，虽有压力损失，但在进入型腔时仍具有较高压力，模腔沿分型面处会产生很大的使塑料注射模具胀开的力。注射机的锁模机构应该提供足够的锁模力，使动模、定模两部分在注射过程中保持紧密闭合。每台注射机都有一个额定的锁模力，所设计的模具在注射充模时，分型面胀开的总力不能超过这一额定锁模力，即

$$Fq \leqslant P \tag{6-4}$$

式中　F——型腔和浇注系统在分型面上的投影面积，cm^2；

　　　q——型腔内塑料熔体的单位面积压力，MPa；

　　　P——注射机额定锁模力，kN。

$$q = p_i K \tag{6-5}$$

式中　p_i——注射压力；

　　　K——塑料熔体流经喷嘴和浇注系统时的压力损耗系数，一般在 0.3~0.7 之间。

由式（6-4）和式（6-5）可得

$$F = \frac{P}{p_i K} \tag{6-6}$$

式（6-6）说明，设计塑料注射模具时对锁模力的校核实质上是使所设计塑料注射模具的型腔和浇注系统在分型面上的投影面积应在锁模力所允许的范围内。

常用塑料注射时型腔内单位面积压力的估计值，见表6-1。

表6-1 常用塑料注射时型腔内单位面积压力的估计值

塑料名称	型腔内单位面积压力/MPa	塑料名称	型腔内单位面积压力/MPa
HOPE	200~350	AS	300
LOPE	100~150	ABS	300
PP	150	PMMA	300
PS	150~200	CA	350

4. 塑料注射模具与注射机合模部分相关尺寸的校核

在设计塑料注射模具时应加以校核的主要参数有喷嘴尺寸、定位圈尺寸、塑料注射模具的最大厚度和最小厚度、模板上的安装螺孔尺寸等。

(1) 注射机喷嘴与塑料注射模具主流道衬套的关系。如图6-23 (a) 所示，注射机喷嘴前端孔径 d 和球面半径 r 与塑料注射模具主流道衬套的小端直径 D 和球面半径 R 一般应满足

$$R = r + (1 \sim 2 \text{ mm})$$
$$D = d + (0.5 \sim 1 \text{ mm})$$

这可保证注射成形时在主流道衬套处不形成死角，无塑料熔体积存，并便于主流道凝料的脱模。图6-23 (b) 所示配合是不正确的。

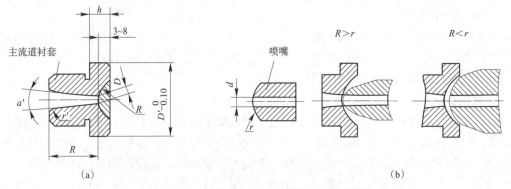

图 6-23 注射机喷嘴与塑料注射模具主流道衬套的关系

(2) 注射机固定模板定位孔与塑料注射模具定位圈（或主流道衬套凸缘）的关系。两者按 H9/f9 配合，以保证塑料注射模具主流道的轴线与注射机喷嘴轴线重合，否则将产生溢料，并造成流道凝料脱模困难。定位圈的高度 h，小型塑料注射模具为 8~10 mm，大型塑料注射模具为 10~15 mm。

(3) 塑料注射模具轮廓尺寸与注射机装模空间的关系。各种规格的注射机，可安装塑料注射模具的最大厚度和最小厚度一般都有限制，所设计的闭合塑料注射模具厚度必须在塑料注射模具最大厚度与最小厚度之间，如图6-24 所示，即

$$H_{max} = H_{min} + l \tag{6-7}$$
$$H_{min} \leq H \leq H_{max} \tag{6-8}$$

式中　H——模具闭合厚度，mm；

　　　H_{min}——注射机允许的塑料注射模具最小厚度，mm；

　　　H_{max}——注射机允许的塑料注射模具最大厚度，mm；

　　　l——注射机在塑料注射模具厚度方向长度的调节量，mm。

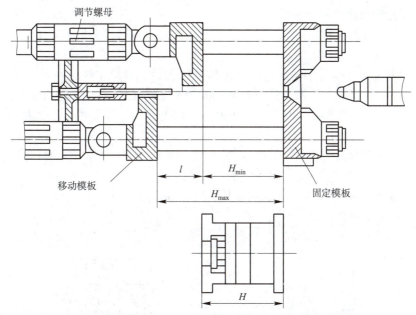

图 6-24　塑料注射模具闭合厚度与注射机装模空间的关系

当 $H < H_{min}$ 时，可采用垫板来调整，以使塑料注射模具闭合；当 $H > H_{max}$ 时，塑料注射模具无法锁紧或影响开模行程，尤其是以液压轴杆式机构合模的注射机，其轴杆无法撑直，这是不允许的。同时，塑料注射模具外形尺寸不应超过注射机的模板尺寸，并应小于注射机拉杆的间距，以便塑料注射模具的安装与调整。

（4）塑料注射模具的安装固定。塑料注射模具的定模部分安装在注射机的固定模板上，动模部分安装在注射机的移动模板上。如图 6-25 所示，塑料注射模具的安装固定形式有两种，图 6-25（a）所示为用压板固定，这种固定形式安装方便灵活，应用最广泛；图 6-25（b）所示为用螺钉直接固定，这时模具座板上孔的位置和尺寸应与注射机模板上的安装螺孔完全吻合，否则将无法固定。螺钉和压板的数目，动模、定模各用 2~4 个。

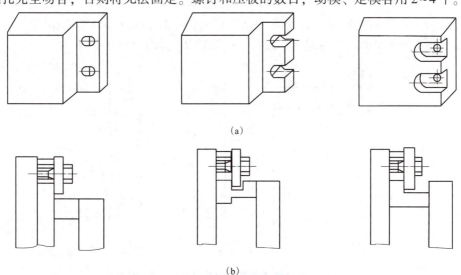

图 6-25　塑料注射模具的安装固定形式

5. 开模行程和顶出装置的校核

各种注射机的开模行程是有限的，取出塑件所需的开模行程必须小于注射机的最大开模行程。开模行程的校核分为下面几种情况。

（1）注射机最大开模行程与塑料注射模具厚度无关。这里主要是指液压机械联合作用的合模机构的注射机，如 XS-Z-30、XS-Z-60、XS-ZY-125、XS-ZY-500、XS-ZY-1000 和 G54-S200 等，其最大开模行程与塑料注射模具厚度无关，而是由连杆机构（或移模缸）的最大冲程决定的。

对于单分型面塑料注射模具，如图 6-26 所示，开模行程可按式（6-9）校核。

$$s \geqslant H_1 + H_2 + (5 \sim 10 \text{ mm}) \tag{6-9}$$

式中　s——注射机最大开模行程（移动模板行程），mm；

H_1——塑件的推出距离，mm；

H_2——塑件的总高度，mm。

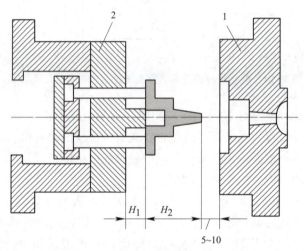

图 6-26　单分型面塑料注射模具开模行程的校核
1—定模；2—动模

对于双分型面塑料注射模具，如图 6-27 所示，开模行程需要增加取出浇注系统凝料时，定模座板与中间板的分离距离 a。此时，可按式（6-10）校核。

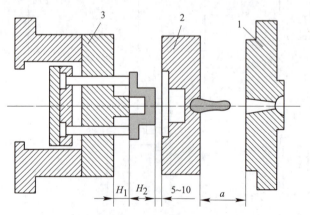

图 6-27　双分型面塑料注射模具开模行程的校核
1—定模座板；2—中间板；3—动模

$$s \geqslant H_1 + H_2 + a + (5 \sim 10 \text{ mm}) \tag{6-10}$$

式中　a——取出浇注系统凝料所需的定模座板与中间板的分离距离，mm。

塑件的推出距离 H_1 一般等于型芯高度。但对于内表面为阶梯形的塑件，推出距离可以不必等于型芯的高度，如图 6-28 所示。

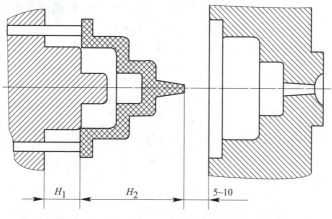

图 6-28　内表面为阶梯形的塑件的推出距离

（2）注射机最大开模行程与塑料注射模具厚度有关。这里主要是指全液压合模机构的注射机，如XS-ZY-250 和机械合模的 SYS-20、SYS-45 等角式注射机，其最大开模行程 s 等于注射机移动模板和固定模板之间的最大开距 s_K 减去塑料注射模具闭合厚度 H_M。

对于单分型面塑料注射模具，如图 6-29 所示，开模行程可按式（6-11）校核。

$$s_K \geqslant H_M + H_1 + H_2 + (5 \sim 10 \text{ mm}) \tag{6-11}$$

式中　s_K——注射机模板间的最大开距，mm；

　　　H_M——塑料注射模具闭合厚度，mm。

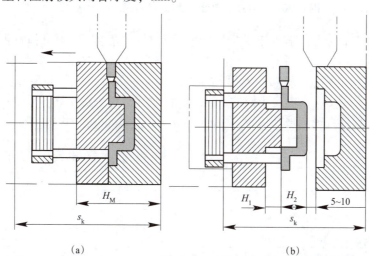

（a）　　　　　　　　　　　　　　（b）

图 6-29　注射机最大开模行程与塑料注射模具厚度有关时单分型面口开模行程的校核
（a）开模前；（b）开模后

对于双分型面塑料注射模具，开模行程可按式（6-12）校核。

$$s_K \geqslant H_M + H_1 + H_2 + a + (5 \sim 10 \text{ mm}) \tag{6-12}$$

（3）有侧向分型抽芯机构时开模行程的校核。有的塑料注射模具侧向分型或侧向分型抽芯是利用注射机的开模动作，通过斜导柱（或齿轮、齿条等）分型抽芯机构来完成的。这时所需开模行程必须根据侧向分型抽芯机构抽拔距离的需要和塑件高度、推出距离、塑料注射模具厚度等因素来确定。如图 6-30 所示的斜导柱侧向分型抽芯机构，为了完成侧向分型抽芯，抽芯距 $s_{抽}$ 所需的开模行程为 H_4，当 H_4 大于 H_1 与 H_2 的和时，开模行程按式（6-13）校核。

$$s_{抽} \geqslant H_4 + (5 \sim 10 \text{ mm}) \tag{6-13}$$

当 H_4 小于 H_1 与 H_2 的和时，则按式（6-14）校核。

$$s_{抽} \geqslant H_1 + H_2 + (5 \sim 10 \text{ mm}) \tag{6-14}$$

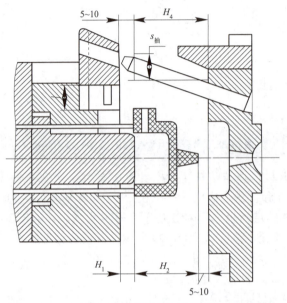

图 6-30　斜导柱侧向分型抽芯机构开模行程的校核

应当注意，当抽芯方向不与开模方向垂直，而成一定角度时，其开模行程计算公式则与式（6-13）、式（6-14）有所不同，应根据抽芯机构的具体结构及几何参数进行计算。

（4）注射机顶出装置与塑料注射模具推出机构关系的校核。各种型号注射机顶出装置的结构形式、最大顶出距离等是不同的，因此，在设计塑料注射模具时，必须了解注射机的顶出装置类型、顶杆直径和顶杆位置。

任务评价

评价目标	评价内容	完成情况	得分
素养目标 （20分）	养成勤于思考的习惯		
	养成团队协作的意识		
技能目标 （40分）	能够掌握典型国产注射机系统构成及其设计图纸		
	能够根据塑料注射模具设计要求计算注射机主要工艺参数		
知识目标 （40分）	理解注射机对于塑料注射模具成形的作用		
	学会根据不同材料的特性进行注射机结构的设计和参数的计算		
总分			

自主练习

（1）塑料注射模具与注射机合模部分相关尺寸的校核主要包括哪几方面的内容？

（2）塑料注射模具开模行程与顶出装置的校核主要包括哪几方面的内容？

任务6.3　浇注系统的设计

[任务描述]

在各类塑件的成形加工过程中，塑料熔体均要通过浇注系统进入型腔内部，并最终凝固形成各种形制。类似于金属材料浇注系统，塑料的浇注同样经历了如下过程：塑料熔体通过浇注系统流入塑料注射模具的型腔时，首先进入主流道，然后进入分流道，最后通过浇口进入型腔。

浇注系统的作用是让高温塑料熔体在高压下高速进入塑料注射模具型腔，实现型腔填充。塑料注射模具的进料方式、浇口的形式和数量，往往决定了模架的规格型号。浇注系统的设计是否合理，将直接影响塑件的外观、内部质量、尺寸精度和成形周期，因此，其重要性不言而喻。为了厘清其重要性，本任务将重点介绍浇注系统设计方面的原理及注意事项。

知识链接

一、浇注系统的作用

塑料注射模具的浇注系统是指塑料熔体从注射机的喷嘴开始到型腔为止流动的通道。其作用包括将塑料熔体平稳地引入型腔，使其按要求填充型腔的每个角落；使型腔内的气体顺利地排除；在塑料熔体填充型腔和凝固的过程中，能充分地把压力传到型腔各部位，以获得组织致密、外形清晰、尺寸稳定的塑件。浇注系统设计的是否正确是注射成形加工能否顺利进行，能否得到高质量塑件的关键。浇注系统分为普通浇注系统和热流道浇注系统两类。

二、普通浇注系统的组成

在塑料注射模具中，浇注系统一般由主流道、分流道、浇口及冷料穴4个部分组成。但浇注系统不一定全部具有上述各组成部分，在特殊情况下可不设分流道或冷料穴。图6-31所示为卧式注射机用塑料注射模具的典型浇注系统。图6-32所示为浇注系统实物图。

（1）主流道。主流道是指从注射机的喷嘴与塑料注射模具接触的部位起到分流道位置的这一段流道。它与注射机喷嘴在同一轴线上，塑料熔体在主流道中不改变流动方向。主流道是塑料熔体最先经过的流道，所以它的大小直接影响塑料熔体的流动速度和充模时间。

（2）分流道。分流道是介于主流道和浇口之间的一段流道，它是塑料熔体由主流道流入型腔的过渡通道，一般采用多型腔塑料注射模具时都设有分流道。

（3）浇口。浇口是分流道与型腔之间最狭窄的部分，也是浇注系统中断面面积最小的部分。这一狭窄短小的浇口既能使由分流道流进的塑料熔体产生加速，形成理想的流动状态而充满型腔，又便于注射成形后的塑件与浇口分离。

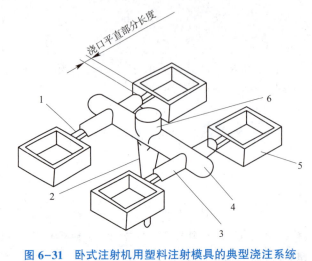

图 6-31 卧式注射机用塑料注射模具的典型浇注系统

1—浇口；2—主流道；3—次级分流道；4—分流道；5—塑件；6—冷料穴

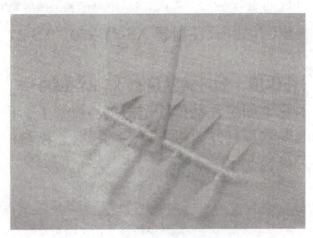

图 6-32 浇注系统实物图

（4）冷料穴（井）。注射成形加工是周期性的。在间歇时间内，注射机喷嘴处有冷料产生，为了防止在下一次注射成形加工时，把冷料带进型腔而影响塑件质量，一般在主流道或分流道的末端设置冷料穴，以存储冷料，并使塑料熔体顺利地充满型腔。冷料穴实物图如图 6-33 所示。

图 6-33 冷料穴实物图

三、浇注系统设计的基本原则

浇注系统的设计是塑料注射模具设计的一个重要环节，它对成形周期和塑件质量（如外观、物理性能、尺寸精度等）都有直接影响，在设计时须遵循如下原则。

（1）型腔布置和浇口设置部位力求与塑料注射模具的轴线对称，防止塑料注射模具承受偏载而产生溢料现象。

（2）对于多型腔塑料注射模具应尽可能使塑料熔体在同一时间内进入各个型腔的深处及角落，即分流道尽可能采用平衡式布置，使型腔内的气体顺利排除。

（3）当对塑件外表有美观要求时，浇口不应设置在对外观有严重影响的表面上，而应设置在次要隐蔽处，并方便浇口的去除和修整。

（4）浇注系统在分型面上的投影面积应尽量小。浇注系统与型腔的布置应尽量减少塑料注射模具的尺寸，以节约塑料注射模具材料。

（5）浇注系统流道应尽可能短，断面尺寸适当（若断面尺寸太小，则压力及热量损失大；若断面尺寸太大，则材料耗费大）；尽量减小弯折，表面粗糙度要低，从而使压力及热量损失尽可能小。

（6）塑料熔体流动方向应避免冲击细小型芯和嵌件，以防细小型芯和嵌件的变形和位移。

（7）当大型塑件需要采用多浇口进料时，应考虑由于浇口收缩等原因而引起塑件变形问题，须采取必要措施以防止或消除这些问题。

（8）在保证型腔良好排气和塑件质量的前提下，尽量减小塑料熔体流程和拐弯，以减少塑料熔体压力及热量损失，保证必要的充填型腔的压力和速度，缩短充填型腔的时间。

任务实施

任务分析：在了解常见浇注系统的结构及设计基本原则后，需基于塑料注射模具制作原材料的特性进行相应浇注系统的设计。

实施步骤：按照主流道、冷料穴和拉料杆、分流道、浇口的顺序，根据浇注系统设计的基本原则及塑料注射模具成形材料特性，对上述结构的造型、参数进行设计及计算。主要包括下述几项。

1. 主流道的设计

主流道是塑料熔体进入塑料注射模具型腔时最先经过的部位，它将注射机喷嘴射出的塑料熔体导入分流道或型腔。其形状为圆锥形，便于塑料熔体顺利地向前流动，且在开模时主流道凝料又能顺利地拉出来。主流道的尺寸直接影响到塑料熔体的流动速度和充模时间。

主流道一般位于塑料注射模具中心线上，它与注射机喷嘴的轴线重合，以利于浇注系统的对称布置。主流道一般设计得比较粗大，以利于塑料熔体顺利地向分流道流动；但主流道不能太大，否则会造成材料消耗增多；反之，主流道也不宜太小，否则塑料熔体流动阻力增大，压力损失大，对充模不利。主流道的结构及尺寸参数如图 6-23（a）所示。主流道的断面形状通常采用比表面积（表面积与体积的比）最小的圆形断面。在卧式或立式注射机用塑料注射模具中，为了便于流道凝料的脱出，主流道设计成锥形，其锥角 α 为 2°~6°，内壁表面粗糙度 Ra 小于 0.4 μm，小端直径 D 应大于机床喷嘴直径 d 的 0.5~1 mm，通常小端直

径 D 为 3~6 mm（见表 6-2）。主流道长度 L 由定模厚度确定，一般不超过 60 mm。

表 6-2　主流道小端直径 D 的推荐值　　　　　　　　　　单位：mm

塑料品种	注射机最大注射量/g						
	10	30	60	125	250	500	1 000
聚乙烯 PE 聚苯乙烯 PS	3.0	3.5	4.0	4.5	4.5	5.0	5.0
ABS 有机玻璃 PMMA	3.0	3.5	4.0	4.5	4.5	5.0	5.0
聚碳酸酯 PC 聚砜 PSU	3.5	4.0	4.5	5.0	5.0	5.5	5.5

　　由于主流道要与高温塑料和注射机喷嘴反复接触和碰撞，通常不直接设置在定模上，而是将它单独设计成主流道衬套镶入定模内。尤其当主流道需要穿过几块模板时更应设置主流道衬套，否则在模板接触面可能发生溢料现象，致使主流道凝料难以取出。

　　主流道衬套通常由高碳工具钢制造并热处理淬硬。主流道衬套又称浇口衬套，结构如图 6-34 所示，现在有标准件可供选购。

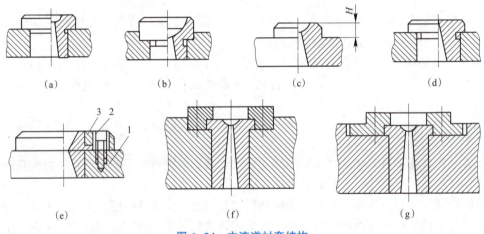

(a)　　　　　(b)　　　　　(c)　　　　　(d)

(e)　　　　　　　　(f)　　　　　　　　(g)

图 6-34　主流道衬套结构
1—定模；2—主流道衬套；3—定位圈

　　图 6-34 中除图 6-34（d）适用于注射机喷嘴头部为平头的结构形式外，其余均适用于喷嘴头部为球形的结构形式。在图 6-34（a）、图 6-34（b）、图 6-34（d）中主流道衬套的凸缘部分即为定位圈。

　　应该注意的是，主流道衬套常因受到型腔或分流道塑料熔体的反压力而脱出，因此，其与定模座板的连接必须可靠。当反压力很大时，可以设计成图 6-34（e）~图 6-34（g）的结构。

2. 冷料穴和拉料杆的设计

　　冷料穴一般位于主流道正对面的动模板上，或处于分流道末端。其作用是用来存储注射成形加工周期间歇期间注射机喷嘴产生的冷料和最先射入塑料注射模具浇注系统的温度较低的部分塑料熔体，防止这些冷料进入型腔而影响塑件质量，并使塑料熔体顺利充满型腔，在开模时又能将主流道的凝料拉出。

冷料穴的直径宜大于主流道大端直径，长度约为主流道大端直径。常用的冷料穴结构有下面几种。

（1）底部带有推杆的冷料穴。这类冷料穴的底部由一根推杆构成，推杆装于推杆固定板上，因此，它常与推杆或推出机构连用。这类冷料穴的结构如图 6-35（b）、图 6-35（c）所示。

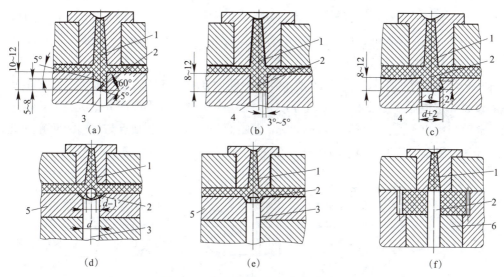

图 6-35　常用冷料穴与拉料杆的形式

1—主流道；2—冷料穴；3—拉料杆；4—推杆；5—脱模板；6—推块

图 6-35（b）所示为倒锥孔冷料穴，图 6-35（c）所示为圆环槽冷料穴，它们由冷料穴倒锥或侧凹将主流道凝料拉出，但仅适合于韧性塑料。当其被推出时，塑件和主流道能自动坠落，易实现自动化操作。

（2）底部带有拉料杆的冷料穴。这类冷料穴的底部由一根拉料杆构成，拉料杆装于型芯固定板上，因此，它不随推出机构运动，其结构如图 6-35（a）及图 6-35（d）~图6-35(f)所示。其中图 6-35（a）所示为 Z 形推料杆的冷料穴，拉料杆头部的钩形可将主流道凝料钩住，开模时将凝料从主流道中拔出。因为拉料杆的尾部固定在推杆固定板，所以在塑件推出的同时，凝料也被推出。取出塑件时，手工朝着拉料钩的侧向稍微移动一下，就可将带钩形拉料杆和底部带推杆的冷料穴塑件连同浇注系统凝料一起取下。这种拉料杆常与模具中的推杆或推管等推出零件同时使用。图 6-35（d）~图6-35(f) 这种球头拉料杆用于塑件以推件板脱模的塑料注射模具，塑料熔体进入冷料穴后，紧包在拉料杆的球头上，这样在开模时就可以将主流道凝料从主流道衬套中拉出。球头拉料杆的底部固定在动模一边的型芯固定板上，并不随推出机构移动，所以在推板推动塑件时，就将主流道凝料从球头拉料杆上强制脱出去。图 6-35（d）所示为球头形拉料杆冷料穴，图 6-35（e）所示为菌头形拉料杆冷料穴，图 6-35（f）所示为圆锥头形拉料杆冷料穴。圆锥头形拉料杆冷料穴无存储冷料的作用，仅靠塑料熔体收缩的抱紧力拉出主流道凝料，可靠性欠佳，但制作简单。

3. 分流道的设计

分流道是指主流道与浇口之间的这一段，它是塑料熔体由主流道流入型腔的过渡段，也是浇注系统中断面面积变化和塑料熔体转向的过渡段，能使塑料熔体得到平稳的过渡。

小型塑件的单型腔塑料注射模具通常不设分流道；若为大尺寸塑件或多型腔塑料注射模具，则需设分流道。分流道一般应使塑料熔体较快地充满整个型腔，流动阻力小，塑料熔体降温少，并且能将塑料熔体均衡地分配到各个型腔。为此，必须合理设置分流道，并确定其断面形状和尺寸。

（1）分流道的断面设计。从增大传热面积考虑，分流道的断面最好采用正方形；从减小散热面积考虑，分流道的断面宜采用圆形；从压力损失考虑，由于在同等断面面积下圆形的周边比正方形的周边短，因此，料流阻力小，压力损失也小；从便于加工的角度出发，常用 U 形断面、梯形断面和正六边形断面。

常见分流道的断面形状如图 6-36 所示，圆形断面分流道的比表面积最小，但它需要同时设置在动模和定模上，要保证两半圆完全吻合，制造较困难；梯形断面分流道加工容易，热量散失和料流阻力也不大，是最常用的形式；U 形断面分流道的优、缺点与梯形断面分流道基本相同；半圆形断面分流道和矩形断面分流道应用较少。

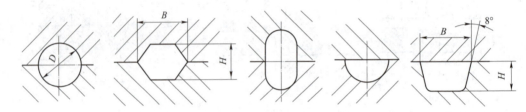

图 6-36　常见分流道的断面形状

分流道的断面形状及尺寸大小，应根据塑件的成形体积、壁厚和形状，所用材料工艺特性、注射速率、分流道长度等因素来确定。

圆形断面分流道的直径 D 一般为 2~12 mm，对流动性很好的聚丙烯、尼龙等，当分流道很短时，其直径可小到 2 mm；对流动性很差的聚碳酸酯、聚砜等，其直径可达 12 mm。试验证明，对多数塑料来说，分流道直径在 5~6 mm 时，对流动性影响较大，但当其直径在 8 mm 以上时，再增大其直径，对流动性的影响则不大。

梯形断面分流道的断面高度 $H=2B/3$，梯形斜角常取 5°~10°，底部圆角 r 为 1~3 mm，分流道宽度 B 为 4~12 mm。

正六边形断面分流道，$H=0.433B$。

U 形断面分流道深度 $H=2r$（r 为圆的半径），斜角 a 为 5°~10°。

（2）分流道的布置设计。单型腔塑料注射模具通常不设置分流道，只有当塑件尺寸大且采用多浇口进料时，以及多型腔塑料注射模具才设置分流道。

分流道的布置取决于型腔的布局。型腔和分流道的排列有平衡式和非平衡式两种。型腔和分流道的布局以平衡式为佳。这种布置能做到各分流道的长度、断面形状和尺寸都相同，各个型腔同时均衡地进料，同时充满型腔，如图 6-37 所示。图 6-37（b）、图 6-37（d）也是平衡式布置，也能使塑料熔体同时到达各型腔，但其流道有拐弯，塑料熔体流程比图 6-37（a）、图 6-37（c）流程的长，因而流道质量与塑件质量比率增大，同时，注射成形周期也会变长。

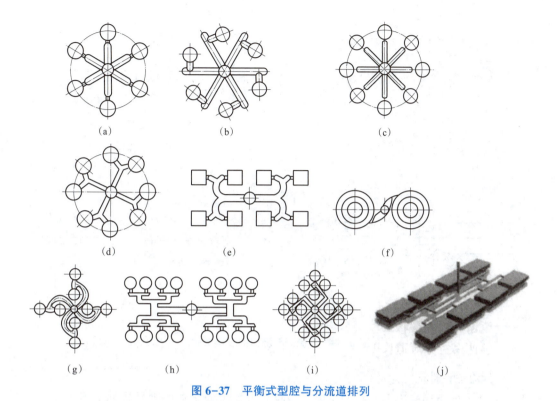

图 6-37　平衡式型腔与分流道排列

平衡式型腔与分流道排列的立体图如 6-37（j）所示。

非平衡式型腔与分流道排列的立体图如 6-38（g）所示。

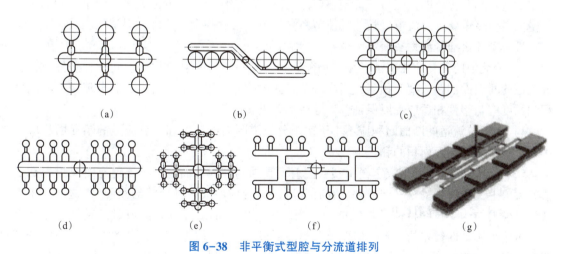

图 6-38　非平衡式型腔与分流道排列

（3）分流道与浇口的连接设计。图 6-39（a）所示为梯形分流道与梯形浇口的连接形式；图 6-39（b）所示为 U 形分流道与 U 形浇口的连接形式；图 6-39（c）所示为圆形分流道与圆形浇口的连接形式；图 6-39（d）为 U 形分流道与矩形浇口的连接形式。

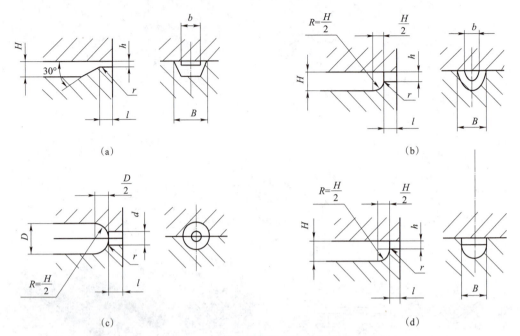

图 6-39 分流道与浇口的连接形式

（4）分流道设计应注意的问题。

1）分流道的布局取决于型腔的布局，型腔与分流道的布置原则是排列紧凑，缩小塑料注射模具尺寸，分流道的长度尽量短，使塑料熔体到达浇口时，温度和压力降低最小。

2）分流道对塑料熔体流动阻力要最小，分流道凝料要最少。但减小流动阻力和减少分流道凝料是相互矛盾的，应在保证塑料熔体充满型腔的情况下，分流道尽量短小，特别对小型塑件显得更重要。分流道过长，既使塑料注射模具尺寸加大，增加材料消耗，又使塑料熔体在进入型腔之前降温太多。

3）分流道的设计应能保证各型腔均衡进料。同一塑料注射模具成形同一种塑件时，各分流道的断面面积和长度应相等；当同一塑料注射模具成形不同塑件时，各分流道的断面面积和长度应与塑件相适应，以保证各型腔成形条件相同。

4）前级分流道的断面面积应不小于次级分流道断面面积的和。分流道的断面面积应不小于其上各浇口断面面积的和。

5）分流道设置在动模或定模由塑料注射模具结构等因素而定。分流道有时只设置在定模或动模上，有时则动模、定模都设置有分流道（合模后成各种形状的断面），这取决于塑料注射模具结构、材料特性及加工能力。当动模、定模都设置有分流道时，对料流流动有利，多用于流动性较差的塑料，但要求塑料注射模具加工精度较高、对中性强。一般的分流道多设置在塑料注射模具的一边。有时要加设分流道拉料杆或顶出杆，以便流道凝料的脱模。

6）分流道布置要有利于受力均匀。在考虑型腔与分流道布置时，最好使塑件和分流道在分型面上总投影面积的几何中心和锁模力的中心相重合。这有利于合模的可靠性和合模机构受力的均匀性，使锁模力趋于平衡。

7）分流道表面不宜修得很光滑。表面粗糙度 Ra 一般为 $1.6\ \mu m$ 即可，这样分流道内料流的外层流速较低，容易冷却而形成固定的表皮层，有利于流道保温。

8）当分流道较长时，在分流道的末端应开设冷料穴。分流道与浇口连接处应加工成斜面，并用圆弧过渡。

4. 浇口的设计

浇口又称进料口，是连接分流道与型腔之间的细短流道（除直接浇口外），它是浇注系统的关键部分。其主要作用如下。

（1）浇口可使从分流道流过来的塑料熔体产生加速，使其快速充满型腔。

（2）型腔充满后，由与模壁接触部分开始渐渐向中心层冷却固化，浇口的尺寸比型腔要小，会首先凝固，凝固封闭后的浇口能防止塑料熔体倒流，而且也便于浇口凝料与塑件分离。

（3）易于在浇口切除浇注系统的凝料。

浇口断面面积为分流道断面面积的 0.03~0.09 倍，浇口长度为 0.5~2 mm。浇口的具体尺寸一般根据经验确定，取其下限值，然后在试模时逐步纠正。

当塑料熔体通过浇口时，剪切速率增高，同时塑料熔体的内摩擦加剧，使料流的温度升高，黏度降低，提高其流动性能，有利于充填型腔、获得外形清晰的塑件。若浇口尺寸过小，则会使压力损失增大，凝料速度加快，补缩困难，甚至形成喷射现象，影响塑件质量；相反，若浇口尺寸过大，则会使注射速度降低，温度下降，塑件可能产生明显的熔接痕和表面云层现象。所以浇口形式、大小和位置的选择及数量的多少，在很大程度上决定了塑件质量的好坏，也影响着塑件成形周期的长短。

常见浇口的形式有以下几种。

（1）直接浇口。直接浇口又称主流道型浇口，如图 6-40 所示。这种浇口的特点是塑料熔体通过主流道直接进入型腔，流动阻力小，进料速度快，传递压力好。

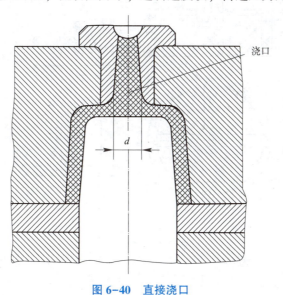

图 6-40　直接浇口

直接浇口有利于排气和消除熔接痕，同时浇注系统耗料少、模具结构简单而紧凑、制造方便，因此，其应用广泛。

采用直接浇口的塑料注射模具为单型腔塑料注射模具，适用于成形深腔的壳形或箱形塑件，不宜用于成形平薄或容易变形的塑件。它适合于各种塑料的注射成形加工，特别是黏度高、流动性差的塑料，尤其对热敏性塑料及流动性差的塑料成形有利，如 PC（聚碳酸酯）、PSF（聚苯乙烯–氟）等。但对结晶型塑料或易产生内应力和变形的塑料成形不利。

（2）中心浇口。中心浇口具有与直接浇口相同的优点，但其去除浇口较直接浇口方便。在注射时，塑料熔体直接从中心浇口流向型腔，当塑件内部有通孔时，可利用该孔设分流锥，将中心浇口设置于塑件的顶端。这类浇口一般用于单型腔塑料注射模具，适用于圆筒形、圆环形或中心带孔的塑件成形加工。根据塑件形状大小，它有多种变异形式，如图 6-41 所示。

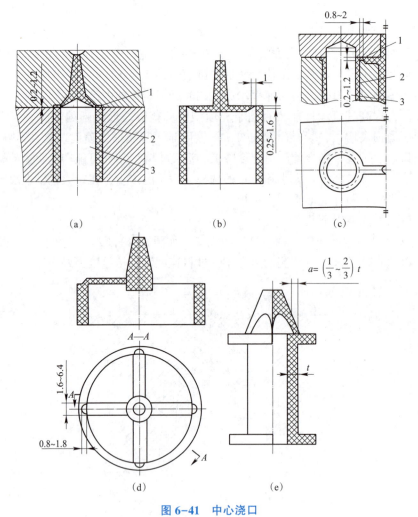

图 6-41　中心浇口

（a）、（b）盘形浇口；（c）环形浇口；（d）轮辐形浇口；（e）爪形浇口

1—浇口；2—塑件；3—型芯

图 6-41（a）、图 6-41（b）所示为盘形浇口。它具有进料均匀、不容易产生熔接痕、排气条件好等优点。这种浇口适用于管状、筒形或带较大中心孔的塑件。常用在单型腔塑料注射模具中，盘形浇口进料部位设置在塑件内孔一端的内侧圆周，分流道呈圆盘形，浇口呈

圆环形，是一种全面进料形式，不会产生熔接痕。只要浇口各处厚度保持一致，就可保证均衡充模，保证塑件壁厚的均匀性。在采用图 6-41（a）所示浇口时，型芯还能起分流作用，充模条件较理想，但料耗较多。

盘形浇口设置在孔的内表面，去除浇口后会在内表面留有痕迹。若内径尺寸要求严格，则需将浇口设置在塑件端面孔的周围。盘形浇口长度一般为 0.7~2.0 mm，浇口典型厚度为 0.25~1.6 mm。

盘形浇口的缺点是成形孔的型芯只能一端支承，成为悬臂梁，若圆环形浇口各处厚度有差异，则会使塑料熔体进入型腔不均衡，引起型芯偏斜。盘状浇口切除也较困难，需用专用工具冲切。

图 6-41（c）所示为旁侧进料的环形浇口。它可使塑料熔体环绕型芯均匀进料，避免了单侧进料可能产生的熔接痕。当塑料注射模具中有细长型芯时，其两端可以固定，提高了型芯刚度，保证塑件壁厚均匀。

环形浇口适用于孔径较小的管状、筒形塑件，浇口也呈圆环形。但与盘形浇口的区别是：浇口设置在塑件外表面一端的侧周，分流道也呈圆环形。

图 6-41（d）为轮辐形浇口。它是将盘形浇口的环形进料改为从孔端内侧数点或端面孔周数点进料，分流道也由圆盘变形为几个分开的分支，去除浇口方便，且浇注系统的凝料较少。但塑件容易产生熔接痕，从而影响塑件的强度与外观。

图 6-41（e）为爪形浇口。它类似于轮辐形浇口，适用于管状、筒形塑件，也可从塑件一端圆周几处进料。它与轮辐形浇口的区别是：分流道与浇口不在同一平面，而成一定夹角，形同鸟爪，因此，称为爪形浇口。采用爪形浇口，成形孔的型芯上部可以得到支承定位，增加其稳定性，有利于保证塑件壁厚均匀和同轴度。爪形浇口厚度和宽度的确定与轮辐形浇口相同。爪形浇口也容易形成熔接痕。

（3）侧浇口。侧浇口又称边缘浇口，如图 6-42 所示，是常用的小断面浇口的一种形式。它是从塑件一侧边缘进料，设置在主分型面上，断面可以为半圆形，但更多的是采用矩形，不仅容易加工，也容易调整尺寸，以达到合理要求。侧浇口能方便地调整充模时的剪切速率和浇口封闭时间，是被广泛采用的一种浇口形式。采用侧浇口可以使模具结构简单，只需采用二板式结构即可。侧浇口的另一优点是浇口痕迹在分型面处，切除后对塑件外观影响小。热塑性塑料注射模具侧浇口尺寸见表 6-3。

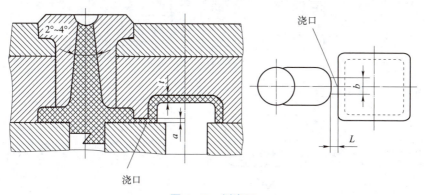

图 6-42 侧浇口

表6-3　热塑性塑料注射模具侧浇口尺寸　　　　　　　　　单位：mm

热塑性塑料	塑件壁厚 t	塑件复杂性		厚度 a	浇口宽度 b	浇口长度 L
聚乙烯	<1.5	简单		0.5~0.7	中小型制件 (3~10)a	0.7~2
		复杂		0.5~0.6		
聚丙烯	1.5~3	简单		0.6~0.9		
		复杂		0.6~0.8		
聚苯乙烯	>3	简单		0.8~1.0		
		复杂		0.8~1.0		
有机玻璃	<1.5	简单		0.6~0.8		
		复杂		0.5~0.8		
ABC	1.5~3	简单		1.2~1.4		
		复杂		0.8~1.2		
聚甲醛	>3	简单		1.2~1.5	大型制件>10a	
		复杂		1.0~1.4		
聚碳酸酯	<1.5	简单		0.8~1.2		
		复杂		0.6~1.0		
聚苯醚	1.5~3	简单		1.3~1.6		
		复杂		1.2~1.5		
聚砜	>3	简单		1.0~1.6		
		复杂		1.4~1.6		

（4）扇形浇口。扇形浇口为侧浇口的一种变异形式，如图6-43所示。它也是从塑件侧面边缘进料，断面形状也是矩形，但与侧浇口的区别是：沿浇口长度方向，宽度递增，厚度递减，断面面积可保持不变或有所增大。

$$a=\left(\frac{1}{3}\sim\frac{2}{3}\right)t$$

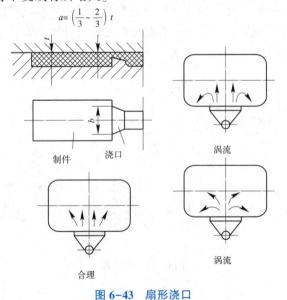

图6-43　扇形浇口

扇形浇口常用来成形宽度（横向尺寸）较大的薄片状塑件，如托盘、标尺、盖板等。其流程较短、效果较好。扇形浇口沿进料方向逐渐变宽减薄，与塑件连接处减至最薄，塑料熔体均匀地通过长约1mm的台阶进入型腔。这些塑件在采用一般侧浇口时，因浇口宽度小，塑料熔体进入型腔后沿塑件宽度方向的流动不均衡，塑件中心与两侧远离中心线部的塑料熔体有较大流程差，远离中心线的两侧部分塑料熔体内、外层温差大，产生较大的速度梯度，取向程度大于中心线部分，因此，这些部分材料的收缩率和内应力也大于中心线部分，这将导致整个塑件翘曲变形，不能保证塑件所要求的平直度。若改用扇形浇口，由于扇形浇口宽度逐渐扩大，形状呈扇形，则塑料熔体进入型腔后在塑件整个宽度上分布比较均衡，克服了上述弊病。

（5）薄片式浇口。薄片式浇口又称平缝式浇口或宽薄浇口，为侧浇口的另一种变异形式，如图6-44所示。对于表面积更大的扁平状塑件，由于塑件侧边很长，即使采用扇形浇口，因浇口宽度有限，也难以改善塑料熔体沿塑件宽度的均衡分布，这时只有采用薄片式浇口，使浇口的宽度接近或等于塑件的侧边长度，塑料熔体通过特别设置的平行流道，以较低的线速度呈平行流态均匀地进入型腔。因此，塑件的内应力小，尤其能减少翘曲变形，同时减少了气泡和缺料等缺陷。由于浇口深度很小，因此，塑料熔体通过薄浇口颈部时，可进一步塑化，保证获得平直塑件。但该种浇口形式去除浇口工作量大，且浇口残痕明显。

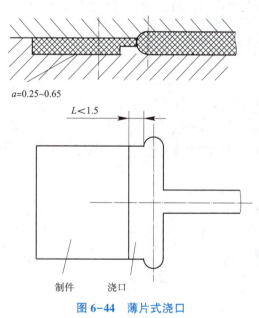

图6-44　薄片式浇口

薄片式浇口的厚度 a 很小，一般取 $0.25 \sim 0.65$ mm；其宽度取浇口处型腔宽的 $75\% \sim 100\%$，甚至可以更宽；浇口台阶长 $L \leqslant 1.5$ mm，一般为 0.65 mm。

（6）点浇口。点浇口又称针浇口，是一种尺寸很小的浇口，如图6-45所示。塑料熔体通过点浇口时有很高的剪切速度，同时由于摩擦作用提高了塑料熔体温度。对于表观黏度随剪切速率变化很敏感的塑料和黏度较低的塑料（如聚甲酸、聚乙烯、聚丙烯、聚苯乙烯、尼龙类塑料、聚苯乙烯、ABS）来说，采用点浇口能获得外形清晰、表面光泽的塑件。

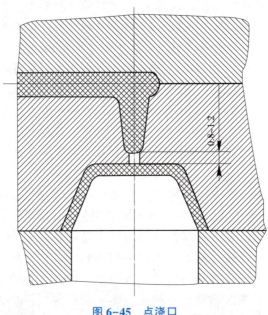

图 6-45　点浇口

对于某些流动性差和热敏性塑料（如碳酸酯、聚砜和有机玻璃等）及平薄易变形和形状复杂的塑件成形，采用点浇口则是不利的。

点浇口的进料直径为 0.3~2 mm（常见为 0.5~1.8 mm），视塑料性能和塑件质量而定。浇口长度为 0.5~2 mm（常见为 0.8~1.2 mm）。其主流道尺寸和侧浇口的主流道尺寸一样。图 6-46 所示为点浇口的典型结构。图 6-46（a）所示为常用结构；图 6-46（b）所示为与点浇口相接的流道下部具有圆弧 R，使其断面面积增加，减少塑料熔体冷却速度，有利于补料，效果较好，但这种点浇口制造困难，一般 R 为 1.5~3 mm。为了使点浇口拉断时不致损坏塑件表面，并减小流动阻力，减小浇口的磨损，浇口与塑件相接处采用圆弧或倒角过渡，如图 6-46（c）、图 6-46（d）所示。

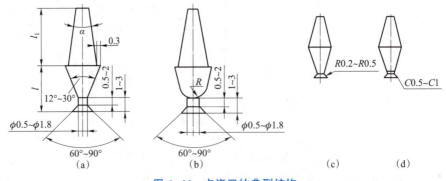

图 6-46　点浇口的典型结构

对于薄壁塑件，由于在点浇口附近的剪切速率过高，因此，会造成分子高度定向，增加局部应力，甚至发生开裂现象。在不影响塑件使用的条件下，可增加浇口对面的塑件壁厚，并呈圆弧形过渡。

（7）潜伏式浇口。潜伏式浇口又称隧道式浇口或剪切浇口。它是由点浇口演变而来的，具有点浇口的优点。采用潜伏式浇口可以避免模具采用三板式结构，因为浇口设置在主分型面一侧的型腔板内，且在塑件侧面不影响外观的较隐蔽部位，并与流道成一定角度，潜入分型面下面，斜向进入型腔，形成能切断浇口的刀口。开模时，流道凝料由推出机构推出，并与塑件自动切断，省掉了切除浇口的工序。其模具结构与侧浇口的模具结构相似，但比点浇口的模具结构简单。图 6-47 所示为采用外侧潜伏式浇口零件成形模具，图 6-48 所示为采用内侧潜伏式浇口模具结构。

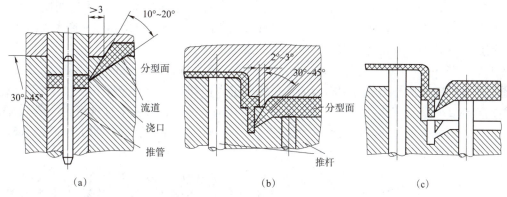

图 6-47　采用外侧潜伏式浇口零件成形模具

（a）轴套类零件成形模具；（b）盒类零件成形模具；（c）推出塑件，切断浇口

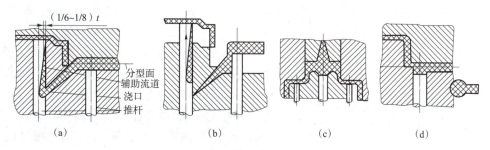

图 6-48　采用内侧潜伏式浇口模具结构

（a）潜伏式浇口设置在推杆头部；（b）推出塑件，切断浇口；（c）型芯上设置辅助流道；
（d）利用塑冲边缘推杆设置潜伏式浇口

图 6-47（a）所示为采用外侧潜伏式浇口的轴套类零件成形模具，浇口直径为 0.8～1.2 mm，斜角为 30°～45°，开模推出塑件的同时切断浇口；图 6-47（b）所示为采用外侧潜伏式浇口的盒类零件成形模具；图 6- 47（c）所示为推出塑件，切断浇口的情况。

当塑件上、下部分和外表面不能直接设置浇口时，只能在塑件内部不影响外观的部位设置浇口，如图 6-48 所示。图 6-48（a）所示为潜伏式浇口设置在推杆头部，即推杆头部切去一部分作为辅助流道，塑料熔体流经这种浇口时的压力损失比外侧潜伏式浇口的大，因此，当出现缩孔时，必须加大注射压力；图 6-48（b）所示为推出塑件，切断浇口的情况；图 6-48（c）所示为型芯上设置辅助流道的机构；图 6-48（d）所示为利用塑件边缘推杆设置潜伏式浇口的结构。由于潜伏式浇口在推出塑件和浇注塑料熔体时，必须有较强的推力，因此，这种浇口适用于软性塑料，如聚丙烯、聚氯乙烯和 ABS 等的塑件成形。对于强韧的塑料，如聚苯乙烯，不宜采用。

在设计潜伏式浇口时，除参照图6-47、图6-48所示尺寸外，应掌握好两个角度，一个是浇口与主分型面的倾斜角度α，另一个是浇口本身的锥角β。α一般为25°~45°，在少数情况下可增大到60°。由于增大α有利于浇口凝料的拔出，因此，对于韧性好、带弹性的塑料，α可取较小值；硬而脆的塑料，α宜选取较大值。β角一般应不小于15°。同样，对于韧性好、带弹性的塑料可取较小值；硬而脆的塑料，β宜选取较大值。对于同一塑件，若α较大，则β可适当取小；反之，β则应加大。

（8）护耳浇口。护耳浇口又称调整片式浇口或分接式浇口。它专用于透明度高和要求较小内应力的塑件。这种塑件如采用点浇口等小尺寸的浇口，塑料熔体容易产生喷射，在塑件上造成各种缺陷，或在浇口附近产生较大的内应力而引起塑件翘曲。采用护耳浇口可克服上述缺陷。图6-49所示为护耳浇口，该浇口不是直接设置在模具型腔上，而是设置在与型腔紧密相连的腔外护耳槽上。塑料熔体经过浇口进入护耳时，由于摩擦作用，温度升高，可改善其流动性。塑料熔体再经过与浇口成直角的耳槽，冲击在耳槽对面的壁上，降低流速，改变流向，形成平稳的料流均匀地进入型腔，保证了塑件的外观质量。同时由于浇口离塑件较远，使浇口的残余应力不可能直接影响塑件。

护耳浇口对ABS、AS等塑料，在防止喷射状流动方面特别有效。对于流动性较差的塑料，如聚碳酸酯、丙烯酸塑料、硬聚氯乙烯等，在防止补料应力方面也十分有效。这是因为补料应力主要集中在护耳上，在成形后可从塑件上切除掉。

护耳的宽度b通常等于分流道的直径，长度L为宽度的1.5倍，厚度约为进口处塑件厚度的90%。浇口厚度与护耳厚度相等，宽为1.6~3.2 mm，浇口的长度在1.5 mm以下（一般为1 mm）。当塑件宽度大于300 mm时，可采用多个浇口和多个护耳。

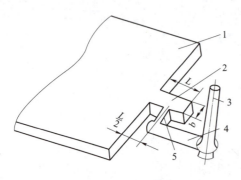

图6-49　护耳浇口
1—塑件；2—护耳；3—主流道；
4—分流道；5—浇口

5. 浇口类型和浇口位置的选择原则

除了上面介绍的浇口类型及其适用范围外，对于一个具体塑件选取何种浇口，还需要从以下几方面考虑。

（1）浇口类型的选择。

1）按塑料品种选择浇口。不同塑料熔体的黏度对温度剪切速率的敏感程度不同，这就对浇口的选择带来一定限制。一般来说，低黏度塑料宜选用断面面积较小的浇口，黏度对剪切速率变化敏感的塑料也宜选用小浇口。典型的小断面浇口是侧浇口、点浇口和潜伏式浇口。高黏度塑料一般不宜采用小浇口，因为高黏度塑料需要较高的注射压力，小浇口的压力损失大，不利于充满型腔。如果调节浇口尺寸范围，则使得塑料熔体在充模时出现较明显的剪切速率效应（即引起黏度明显降低），小浇口仍可用于某些黏度较高的塑料。

高黏度塑料采用大断面浇口（如直接浇口）对成形有利，但有时由于大浇口因补料时间过长造成浇口附近应力较大，为避免应力，不得不采用护耳浇口、多级浇口等。当选用同种塑料成形尺寸、形状、壁厚、外观和内在质量要求不同的塑件时，常选用不同的浇口。部分塑料可以选用的浇口形式，见表6-4。

表6-4 部分塑料可以选用的浇口形式

浇口 塑料	直接浇口	侧浇口	护耳浇口	薄片式浇口	环形浇口	盘形浇口	点浇口	潜伏式浇口
硬聚氯乙烯	○	○	○					
聚乙烯	○	○					○	
聚丙烯	○	○					○	
聚碳酸酯	○	○					○	
聚苯乙烯	○	○				○	○	○
橡胶改性苯乙烯								○
聚酰胺	○	○				○		
聚甲醛	○	○	○	○				
丙烯腈–苯乙烯	○	○	○					
ABS	○	○	○	○	○	○	○	○
丙烯酸酯	○	○	○					

注：○表示塑料与浇口适应。

2）按塑件尺寸形状选择浇口。普通盒形、罩形、壳形塑件，外形不大的各式容器，都可以采用侧浇口、点浇口和潜伏式浇口。对于外形尺寸大、塑料熔体流程长或流向不同部分流程差过大的塑件，会增大塑料熔体内、外层的温差和流速差，产生较大取向，使流动方向和垂直于流动方向的收缩率差别增大，或不同部分收缩率差别增大，引起塑件的翘曲变形，对于这种塑件，如果采用点浇口，则应采用多处进料的点浇口，以减小塑料熔体流程；如果是从侧面进料，则宜采用扇形浇口或薄片式浇口，以减少流程差。

大尺寸的深腔塑件应采用直接浇口，有利于型腔填充，特别是厚壁大型塑件，收缩大，需要补充较多塑料熔体。尺寸和形位公差要求严的塑件，如果是扁平塑件，则采用扇形浇口或薄片式浇口；如果是管状塑件，则最好采用爪形浇口，若要采用环形浇口或盘形浇口，则圆环形浇口的各处厚度必须加工得很均匀。

3）按塑件表面质量要求选择浇口。当塑件的表面质量要求高时，应采用点浇口、侧浇口、潜伏式浇口、轮辐形浇口等小断面浇口，它们与塑件分离后基本上不留痕迹。直接浇口、扇形浇口、薄片式浇口、护耳浇口、环形浇口、盘形浇口都会在塑件上留下明显痕迹。

对于不允许产生熔接痕的塑件，如果是容器一类的塑件，则不宜选用侧浇口，只能用端面进料的点浇口或直接浇口；如果是管形塑件，则不宜用轮辐形浇口、爪形浇口，只宜用盘形浇口或环形浇口。

4）按型腔数量选择浇口。有些浇口，如直接浇口、盘形浇口、轮辐形浇口、爪形浇口，只能用于单型腔塑料注射模具。侧浇口、重叠浇口、潜伏式浇口、薄片式浇口、扇形浇口、护耳浇口、环形浇口等，只适合用于多型腔塑料注射模具，如果用到单型腔塑料注射模具中，则会造成分型面处塑料熔体压力重新不平衡。点浇口既适用于单型腔塑料注射模具，也适用于多型腔塑料注射模具。

5）按生产要求选择浇口。为提高塑件的生产效率，应尽量选用小断面浇口，浇口的冷却凝固时间不能比塑件的冷却凝固时间长。小断面浇口不仅成形周期短，也容易切除。浇口最小断面应以不引起塑件内部缩孔和表面凹陷为原则。

（2）浇口位置的选择。

合理选择浇口位置是提高塑件质量的重要环节。浇口位置设置是否正确，对塑件质量影响很大。在确定浇口位置时，应针对塑件的几何形状特征及技术要求，来分析塑件的流动状态、填充条件及排气条件等因素。一般说来，选择浇口位置时应遵循下述原则。

1）浇口的尺寸及位置选择应避免产生喷射和蠕动（蛇形流）。浇口的断面尺寸如果较小，同时正对着一个宽度及厚度都较大的型腔，则高速的料流流过浇口时，由于受到很高的剪切应力作用，将会产生喷射和蠕动等塑料熔体断裂现象。有时喷射现象还会使塑件形成波纹状流痕，或在高剪切速率下喷出高度定向的料流细丝或断裂状的材料，它们很快冷却变硬，与后来的塑料熔体不能很好地熔合，导致塑件出现明显的熔接痕。此外，喷射现象还会使型腔中的空气难以顺利排出，形成气泡和焦点。为了克服上述缺陷，可以加大浇口的断面尺寸，或采用冲击型浇口，即浇口设置方位正对着型腔或粗大的型芯。这样，当高速料流进入型腔时，将会直接冲击到型腔壁或型芯上，从而改变流向，降低流速，可均匀地填充型腔，使塑料熔体断裂现象消失。

图 6-50 所示为非冲击型浇口与冲击型浇口对比图。冲击型浇口对提高塑件质量、克服表面缺陷能起到一定的作用，但塑料熔体流动能量损失较大。采用护耳浇口也是避免喷射现象的有效办法。

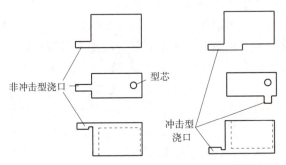

图 6-50　非冲击型浇口与冲击型浇口对比图

2）浇口应设置在塑件断面最厚处。当塑件壁厚相差较大时，在避免喷射现象的前提下，为保证最终压力有效地传递到塑件较厚部位以减少缩孔，一般浇口的位置应设置在塑件断面的最厚处，这样有利于塑料熔体填充及补料。如果塑件上设有加强肋，则可利用加强肋作为流动通道，以改善流动条件。

图 6-51 所示的塑件，选用图 6-51（a）的浇口位置，塑件会产生因严重的收缩而出现的凹痕；图 6-51（b）的浇口位置设置在塑件壁厚较厚处，可以克服收缩凹痕的缺陷；选用图 6-51（c）所示的直接浇口，可以大大改善填充条件、提高塑件质量，但去除浇口比较困难。

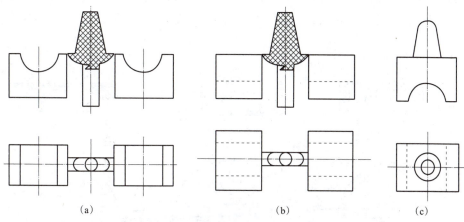

图 6-51　浇口位置对收缩凹痕的影响

　　3）浇口位置的选择应使塑料熔体的流程最短，料流变向最少。在保证塑料熔体填充良好的前提下，应使塑料熔体流程最短，料流变向最少，以减少塑料熔体流动能量的损失。如选用图 6-52（a）所示的浇口位置，则塑料熔体的流程很长，曲折很多，流动能量损失大，因此，塑料熔体填充条件差；如选用图 6-52（b）、图 6-52（c）所示的浇口形式与位置，则能很好地弥补上述缺陷。

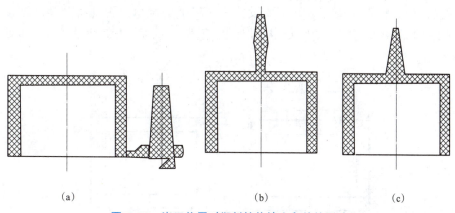

图 6-52　浇口位置对塑料熔体填充条件的影响

　　4）浇口位置的选择应有利于型腔内气体的排出。如果进入型腔的塑料熔体立即封闭排气系统，则型腔内的气体就不能顺利排出，将会在塑件上造成气泡、疏松、充不满模、熔接不牢等缺陷；或在注射时，由于气体被压缩所产生的高温而导致塑件局部炭化烧焦。图 6-52（a）所示的浇口位置，塑料熔体进入型腔后立即封闭分型面，使型腔内的气体无法排出，结果在塑件顶部造成气泡；如改用图 6-52（b）、图 6-52（c）所示的浇口形式与位置，则可克服上述缺陷。

　　图 6-53 所示的盒形塑件成形模具，由于塑件圆周壁上有螺纹，或者圆周壁比其顶部的壁厚，从塑件侧壁进料时（见图 6-53（a）），圆周壁塑料熔体流速比顶部快，从而在顶部形成封闭的气囊，所以在塑件的顶部常出现明显的气泡、熔接痕或烧焦痕迹。从排气的角度

出发，最好改用图6-53（b）所示的中心浇口形式。如不允许中心进料，则在采用侧浇口时增加顶部的壁厚，使此处最先充满，最后再充满浇口对边的分型面处，使熔接痕移位，以利于排气，如图6-53（c）所示。

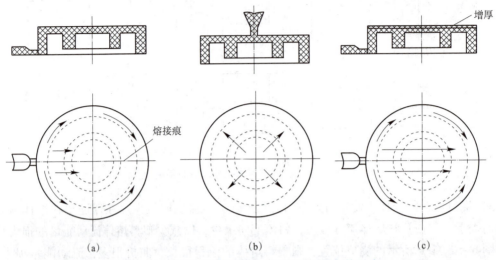

（a）   （b）   （c）

图 6-53 盒形塑件成形模具浇口位置对排气的影响

5）浇口位置的选择应减少或避免塑件的熔接痕，增加熔接牢度。在塑料熔体流程不太长的时候，如无特殊需要，最好不要设置一个以上的浇口，否则将会增加熔接痕的数量，如图6-54所示。但对大型板状塑件也应兼顾内应力和翘曲变形的问题，如图6-55所示。

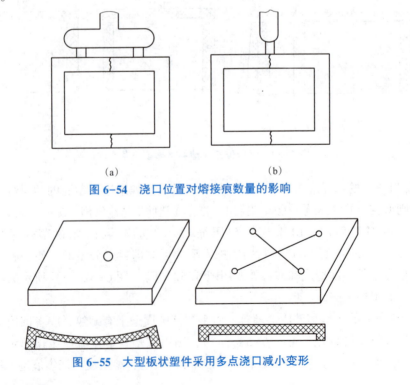

（a）   （b）

图 6-54 浇口位置对熔接痕数量的影响

图 6-55 大型板状塑件采用多点浇口减小变形

同理，环形浇口无熔接痕，而轮辐形浇口则有熔接痕，如图6-56所示。为了增加熔接牢度，可在熔接处外侧开一溢料槽，使前锋冷料溢出，如图6-57所示。

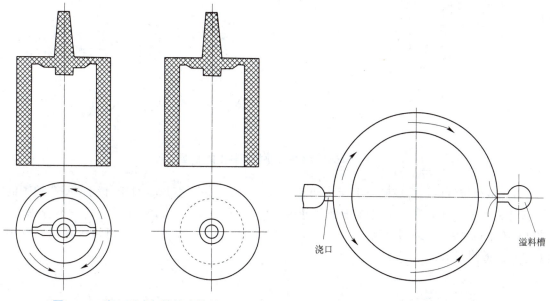

图 6-56 浇口形式与熔接痕的关系   图 6-57 设置溢料槽增加熔接牢度

图6-58（a）所示的大型框形塑件成形模具，由于塑料熔体流程过长，易造成熔接处料温过低、熔接不牢，形成明显的熔接痕。此时可增加过渡浇口（图6-58（b）中A部），或用多点浇口（见图6-59）。这时虽然增加了熔接痕的数量，但缩短了流程，增加了熔接牢度，型腔也更容易充满。

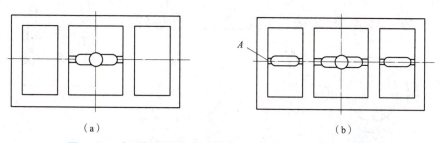

（a）   （b）

图 6-58 大型框形塑件成形模具开设过渡浇口增加熔接牢度

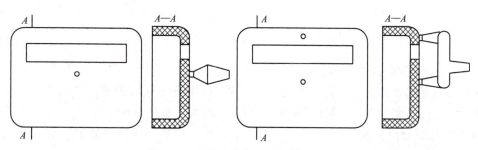

图 6-59 采用多点浇口增加熔接牢度

熔接痕的方位也应加以注意，图 6-60 所示为带有两个圆孔的平板塑件，其中图 6-60（a）所示的形式较为合理，熔接痕短，且在边上；图 6-60（b）所示的形式，熔接痕与小孔连成一线，使塑件强度大为削弱。

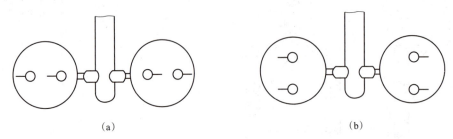

（a）   （b）

图 6-60　熔接痕在平板塑件上的方位

6）浇口位置的选择应防止料流将型腔、型芯、嵌件挤压变形。对于有细长型芯的圆筒形塑件，应避免偏心进料，以防止型芯弯曲。图 6-61（a）所示的进料位置是不合理的；图 6-61（b）所示为采用两侧进料，可以防止型芯弯曲；图 6-61（c）所示为采用底部中心进料，效果最好。

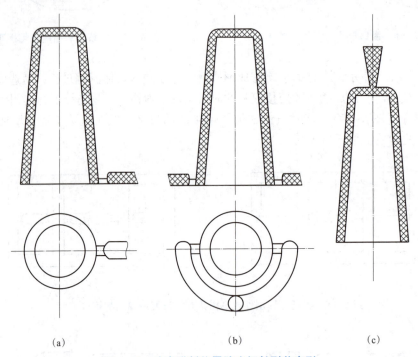

（a）   （b）   （c）

图 6-61　改变进料位置防止细长型芯变形

图 6-62 所示的壳体塑件成形模具，由顶部进料。当浇口较小时，如图 6-62（a）所示，m 处的流速比 H 处大，m 处首先充满，这样就产生侧向力 P_1 和 P_2，加上型芯很长，以致产生弹性变形，使塑件难以脱模而碎裂；将浇口加宽，如图 6-62（b）所示，采用正对型芯的两个冲击型浇口，或如图 6-62（c）所示，使三路均匀地同时进料，即可避免上述问题。

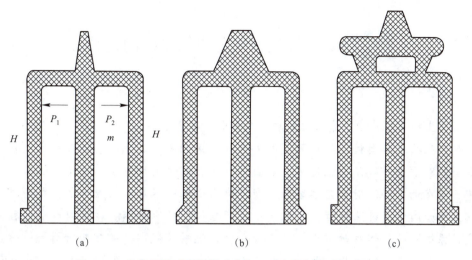

图 6-62 壳体塑件成形模具改变浇口形式或位置防止型芯变形

 **任务评价**

评价目标	评价内容	完成情况	得分
素养目标 （20分）	养成勤于思考的习惯		
	养成团队协作的意识		
技能目标 （40分）	能够根据塑件布局设计主流道、分流道		
	能够根据塑件布局合理设计浇口		
知识目标 （40分）	能够进行主流道、分流道的设计		
	能够进行浇口的设计		
总分			

 自主练习

（1）什么是浇注系统？浇注系统有什么作用？

（2）塑料注射模具的普通浇注系统由哪几部分组成？其中各部分的作用是什么？

（3）浇注系统设计的基本原则是什么？

（4）如何设计普通浇注系统的主流道？为什么主流道部分要单独设计主流道衬套？

（5）冷料穴的作用是什么？常用的冷料穴拉料杆有哪些结构形式？

（6）分流道的断面形状有哪些？常用的是哪几种？

（7）设计分流道时应注意哪些问题？

（8）什么是浇口？其主要作用是什么？

（9）浇口有哪些基本类型和特点？其各自的应用场合是什么？

（10）侧浇口和点浇口各有什么优缺点？什么情况下选用点浇口？

（11）浇口类型的选择原则是什么？

（12）浇口位置的选择原则是什么？

任务6.4 排气系统与引气系统的设计

[任务描述]

在日常生活及生产中，常常可以观察到塑料制品表层存在凹凸不平、气泡等缺陷，此类缺陷的产生往往与塑料注射模具型腔内部的气体相关。具体而言，塑料注射模具型腔内部的气体对于塑料熔体的流动性、表面特性等具有决定性影响。在塑料注射模具试模过程中，若在调整好注射工艺参数后，塑件仍出现填充不足、内应力高、表面流线等现象，则主要归因于塑料注射模具的排气系统问题。塑料注射模具在注射成形过程中将型腔和浇注系统内的气体及时排出，在开模和塑件脱模过程中将气体及时引入，防止塑件和型腔之间产生真空的结构。因此，本任务将重点讨论塑料注射模具排气系统与引气系统的设计原理及要求。

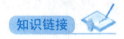

一、排气系统的设计

1. 排气系统中气体的来源

塑料注射模具在注射成形加工时，型腔在充模过程中会伴随着型腔内空气（加上塑料放出的少量气体和低分子挥发气体）的压缩和温升，由于充模时间很短，型腔在缺乏排气或排气不良时，气体迅速压缩，温度急剧上升，常常可达 $600 \sim 700$ K，超过了某些塑料的燃烧温度。

排气不良会引起许多弊病，对于薄壁塑件，多表现为型腔填充不满；对于厚壁塑件，多表现为塑件边角缺料和烧伤（边角因炭化烧焦而发黑），烧伤处又常伴随着熔接不良等现象。

塑料注射模具内积聚的气体有以下 4 个来源。

（1）进料系统和型腔中存有的空气。

（2）塑料含有的水分在注射温度下蒸发而成的水蒸气。

（3）由于注射温度过高，塑料分解所产生的气体。

（4）塑料中某些配料挥发或化学反应所生成的气体（在热固性塑料成形时，常常存在由化学反应生成的气体）。

在充模速度大、温度高、材料黏度低、注射压力大和塑件过厚的情况下，气体在一定的压缩程度下能渗入塑料内部，造成气孔、组织疏松、空洞等缺陷。塑料注射模具内部积存的空气所产生的气泡常分布在与浇口相对的部位上；分解气体产生的气泡沿着塑件的厚度分布；水蒸气产生的气泡不规则地分布在整个塑件上。从塑件上气泡分布的状况，不仅可以判断气泡的性质，而且可以判断塑料注射模具的排气部位是否正确可靠。

2. 排气系统的作用

排气系统可使型腔和浇注系统中原有的空气，以及塑料受热或凝固而产生的低分子挥发气体顺利地排出模具之外，以保证塑料熔体顺利地充满型腔。否则，被压缩的气体所产生的高温将引起塑件局部炭化烧焦或产生气泡，还可能因料流熔接不良而引起强度下降等。为了保证一定的生产效率和塑件的质量，在设计塑料注射模具时必须设置排气系统，尤其是高速塑料注射成形模具和热固性塑料注射成形模具。有时排气系统还能溢出少量料流前锋的冷料，有利于提高塑件熔接的强度。

3. 常见的排气系统

排气槽的设置位置通常通过试模才能正确确定。排气槽应设置在型腔最后被充满的地方。塑料在型腔内填充的情况与浇口的设置有关，因此，在确定浇口的位置时，同时要考虑排气槽的设置是否方便。在大多数情况下，可利用模具分型面或模具零件之间的配合间隙排气，这时可不另开排气槽，如图6-63所示。

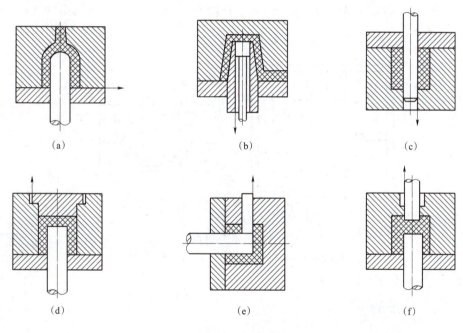

(a) (b) (c)

(d) (e) (f)

图6-63 常见的排气系统

（a）从分型面排气；（b）利用推杆配合间隙排气；（c）利用型芯和定位孔之间的间隙排气；
（d）从成形镶块配合间隙排气；（e）从侧型芯运动排气；（f）利用活动型芯运动间隙排气

排气的另外一种方法就是在注射成形过程中，让塑料注射模具"呼气"，也就是说，在注射成形过程中，让塑料注射模具轻微打开，然后合紧压缩。

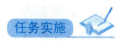

任务分析：在了解常见排气系统的结构、作用及分类后，需基于塑料注射模具塑料凝固特性进行相应排气系统与引气系统的设计。

实施步骤：首先，应掌握排气槽的设计要求；其次，经过排气系统的选型后，需对采用热固性塑料注射成形模具的方案进行引起系统结构设计。

如果利用间隙排气不能满足要求，则需另外设置特殊的排气系统，如排气槽、排气孔等。

（1）排气要保证迅速、完全，排气速度要与充模速度相适应。

（2）排气槽（孔）尽量设在塑件较厚的成形部位。

（3）排气槽应尽量设置在分型面上，但排气槽溢料产生的毛边应不妨碍塑件脱模。

（4）排气槽应尽量设置在料流的终点，如流道、冷料穴的末端。

（5）为了模具制造和清模的方便，排气槽应尽量设在凹模一侧。

（6）排气槽排气方向不应朝向操作面，以防止注射时漏料烫伤人。

（7）排气槽（孔）不应有死角，以防止积存冷料。

（8）根据经验，常用塑料的排气槽的断面形状为矩形或梯形，如图 6-64 所示。排气槽宽度 b 为 3~5 mm，深度 h 为 0.03~0.05 mm，长度为 5~10 mm，此后可加深 0.8~1.5 mm。

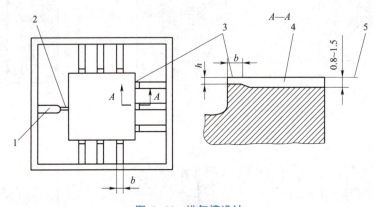

图 6-64　排气槽设计

1—分流道；2—浇口；3—排气槽；4—导向沟；5—分型面

二、引气系统的设计

排气是塑件成形的需要，而引气则是塑件脱模的需要。对于大型深壳塑件，在注射成形加工后，型腔内的气体被排除，塑件表面与型芯表面之间在脱模过程中形成真空，难以脱模。若强制脱模，则塑件会变形或损坏，所以必须增加引气系统。

由于热固性塑件在型腔内收缩小，特别是不采用镶拼结构的深腔件，在开模时空气无法进入型腔和塑件之间，使塑件黏附在型腔的情况比热塑性塑件更为严重，因此，必须引入气体，使塑件顺利脱模。常用的引气系统有下面两种。

（1）镶拼式侧隙引气系统。这种引气系统适用于利用成形零件分型面配合间隙排气的场合，其排气间隙即为引气间隙。但当镶块或型芯与其他零件为过盈配合时，空气无法引入型腔，若成形零件分型面配合间隙过大，则镶块的位置精度低，所以考虑在镶块侧面的局部开设引气槽，并延续到模具外。图 6-65 所示为镶拼式侧隙引气系统结构，与塑件接触部分槽深应不大于 0.05 mm，以免溢料堵塞，而延长部分深度为 0.2～0.8 mm。此种结构较为简单，但引气槽容易堵塞。

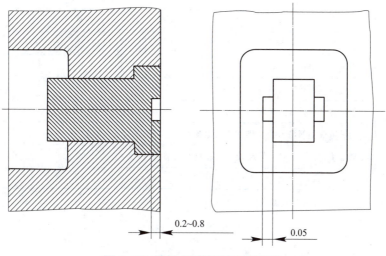

图 6-65　镶拼式侧隙引气系统结构

（2）气阀式引气系统。这种引气系统主要依靠阀门的开启与关闭，如图 6-66 所示。在图 6-66（a）中，开模时推件板 3 将塑件推出，塑件与型芯之间形成真空，将止回阀 2 吸开，空气便能引入，而当塑料熔体注射入塑料注射模具时，靠塑料熔体压力和弹簧 1 的作用力将止回阀关闭。由于接触面为锥形，所以不产生缝隙。这种引气系统比较理想，但阀门的锥面加工要求较高。引气阀不仅可装在型腔上，还可装在型芯上，或在型腔、型芯上同时安装，这要根据塑件的脱模需要和塑料注射模具具体结构而定，如图 6-66（b）所示。

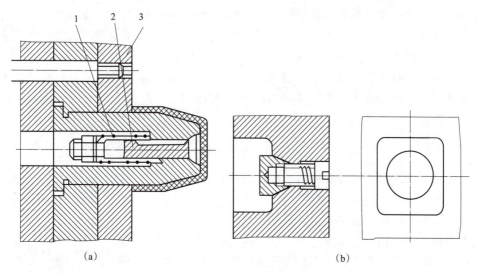

（a）　　　　　　　　　　　　　　（b）

图 6-66　气阀式引气系统结构

1—弹簧；2—止回阀；3—推件板

评价目标	评价内容	完成情况	得分
素养目标 （20分）	养成勤于思考的习惯		
	养成团队协作的意识		
技能目标 （40分）	掌握排气系统的设计		
	学会排气的常用方法和引气的常用方法		
知识目标 （40分）	能够掌握塑料注射模具排气系统的概念		
	能够了解排气不良的后果及其改进及预防措施		
总分			

自主练习

（1）为什么塑料注射模具要考虑排气？塑料注射模具型腔内的气体来源于何处？常用的排气方法有哪些？

（2）为什么塑料注射模具要设置引气系统？常用的引气系统结构有哪几种？

任务 6.5　热流道塑料注射模具的设计

[任务描述]

为了使注射机喷嘴送往浇口的塑料熔体始终保持熔融状态，每次开模时不需固化取出，滞留在浇注系统中的塑料熔体可在下一次注射时被注入模腔，需采用热流道技术。热流道技术的优势在于压力损失小，可低压注射，同时有利于压力传递、提高塑件质量；且有利于实现自动化生产，提高生产效率、降低成本。该技术基本上实现了无废料加工、节约塑料原材料。但其缺点在于模具结构复杂、制造成本高，适用于质量要求高、生产批量大的塑件成形。本任务将着重探讨热流道塑料注射模具的设计及工作原理。

知识链接

热流道塑料注射模又称无流道塑料注射模具，是利用加热或绝热的方法，使从注射机喷嘴到型腔入口这一段流道中的塑料熔体一直保持熔融状态，从而在开模时只需取出塑件，不需取出流道凝料的一种塑料注射模具。

随着快速自动化注射成形工艺的发展，以及适应特大型塑件成形工艺的要求，热流道塑料注射模具正逐渐推广使用。采用热流道塑料注射模具是塑料成形工艺向节能、低耗、高效加工方向发展的一项重大改革。近20年来，该项技术得到了迅速发展，在美国约40%的塑料注射模具采用热流道技术注射成形，特别是在盖罩、容器和外壳类制品中采用热流道技术的达到80%。日本的热流道塑料注射模具的普及率也较高。目前，西方先进工业国家已将热流道加热装置作为标准件来出售。我国的模具行业也十分重视该项技术，该项技术在我国正得到广泛的应用和普及。

热流道塑料注射模具的优缺点如下。

1. 优点

（1）节约材料、能源和劳动力。在塑件的浇注系统中，凝料占材料消耗的比例较大。对这些凝料的二次利用，主要是经过粉碎、挤出、切粒后掺入新的材料重新成形塑件。但是这种操作易带进异物造成污染，使二次成形的塑件性能降低。而且热固性塑料的流道中材料固化后将完全成为废品，不能再重新利用。

热流道塑料注射模具中没有这些流道凝料，基本上实现了无废料加工，大大节约了塑料材料。对热固性塑料而言，这部分塑料消耗较少；对热塑性塑料而言，免除了对这些凝料的回收利用，无需将这些凝料从塑件上分离、粉碎、挤出、切粒，节约了这些工序中每一工序所必需的能量消耗和劳动力。

热流道塑料注射模具的设计中可以选用较小的开模行程和较小的投影面积，对同一塑件可选用较小的注射机，不仅设备费用减少，而且注射机用电动机、泵、料筒加热功率都较小，在长期生产中，能量节约是相当大的。

（2）改善塑件质量。使用热流道系统的模具，其型腔中的温度及压力较均匀、塑件应力小、密度均匀。该模具能在较小的注射压力下、较短的成形时间内，注射出比一般的注射系统更好的产品。塑料熔体在流道里的压力损耗小，易于充满型腔及补料，可避免产生塑件凹陷、缩孔和变形缺陷。该模具型腔内的压力分布更均匀，可减小塑件熔体温差，避免或改善熔接痕，可以缩短保压时间，减小补料应力，可以使浇口痕迹减小到最小程度。该模具每个型腔可以通过控制不同注射机喷嘴的温度，准确地控制每一个型腔的填充，使每个型腔都能够在最佳的注射工艺下成形，从而得到最佳的成形质量，可改善塑件的内在质量和表面质量。对于透明塑件、薄壁塑件、大型塑件或高要求塑件更能显示其优势，而且能用较小机型生产出较大塑件。

（3）缩短成形周期。采用热流道塑料注射模具没有流道凝料，不需要使用三板式结构模具（采用点浇口），使所需的开模、闭模行程减小。省去了注射成形过程中取出浇口的工序，使操作简化，有利于实现自动化生产。流道内塑料熔体始终保持熔融状态，使保压补料容易进行。较厚的塑件可以采用比一般流道更小的浇口，使冷却时间缩短。对于大批量、长期生产，可大大缩短成形周期。

（4）使能量损耗减到最小。热流道温度与注射机喷嘴温度相等，避免材料在流道内出现表面冷凝现象，另外，由于塑料熔体无法经过主流道和分流道，因此，塑料熔体的温度和压力等注射能量损耗小。与普通流道方式相比，该模具可以在低压力及低模温下进行生产。

（5）自动化生产安全无忧。没有普通流道，可以实现全自动化生产。热射嘴采用标准化、系列化设计，配有各种可供选择的喷嘴头，互换性好。独特设计加工的电加热圈，可使加热温度均匀，使用寿命增长。热流道系统配备热流道板、温控器等，设计精巧、种类多样、使用方便，质量稳定可靠。

2. 缺点

热流道塑料注射模具在节约材料、缩短成形周期、改善成形质量、实现成形自动化等方面效果显著，但热流道塑料注射模具配件结构较复杂，温度控制要求严格，需要精密的温控系统，制造成本高，不适合小批量生产。归纳起来有以下缺点。

（1）整体模具闭合高度加大。因加装热流道板等，模具整体高度有所增加，有可能需要选用较大的注射机。

（2）热辐射难以控制。热流道最大的问题就是热射嘴和热流道板的热量损耗，这是一个需要解决的重大课题。

（3）存在热膨胀。热胀冷缩是热流道塑料注射模具设计时必须考虑的问题。

（4）模具制造成本增加。热流道系统标准配件价格较高，这种模具适用于生产附加值高或批量大的塑料制品。这是影响热流道塑料注射模具普及的主要原因。

（5）更换颜色或更换树脂需要时间。该模具不适合加工需要时常更换颜色或树脂的塑件。

（6）热流道内的塑料熔体易变质。热射嘴中滞留的塑料熔体，有降解、劣化、变色等危险。

（7）型腔排位受到限制。由于热流道板已标准化，热流道的设计没有普通流道设计那样大的自由度。

（8）技术要求高。对于多型腔塑料注射模具，采用多点式直接热流道成形时，技术难度很高。这些难点包括流道切断时拉丝、流道堵塞、流涎、热片间平衡等问题，需要对这些问题进行综合考虑来选定热流道的类型。

（9）对塑料要求较高。

（10）模具的设计和维护较难。需要有高水平的模具设计和专业维修人员，否则模具在生产中易产生各种故障。

为了使塑料注射模具中流道内的塑料熔体始终保持熔融状态，可采用如下方法。

（1）将注射机喷嘴加长，直接通向模具型腔。

（2）利用塑料本身的绝热性，将流道断面加大，使流道内的外层塑料对中心部分起绝热保温作用，以保证中心部分塑料熔体处于熔融状态。

（3）对浇注系统进行加热，使其内的塑料熔体始终保持熔融状态。

 任务实施

任务分析：在了解热流道塑料注射模具的结构，优、缺点后，需对其分类，对不同种类热流道塑料注射模具的适用场景、结构优化及特征尺寸等进行详细设计。

实施步骤：首先，根据设计规范设计不同种类热流道塑料注射模具注射机喷嘴与浇口间距；其次，根据塑料凝固特性确定塑料注射模具型腔结构及数量；最后，确定热流道塑料注射模具热流道隔热及热射嘴结构。

1. 绝热流道塑料注射模具

绝热流道塑料注射模具可分为以下几种。

（1）井式喷嘴塑料注射模具。这是最简单的热流道塑料注射模具，也称绝热主流道塑料注射模具，适用于单型腔塑料注射模具。这种模具的特点是在注射机喷嘴和模具之间设置一个主流道杯，杯内设置了容纳塑料熔体的井坑。在注射过程中，塑料熔体聚集在喷嘴头部的井坑中，其外表面很快冷凝，而其中心保持熔融状态。这部分塑料在注射过程中与来自料筒中的塑料一起通过点浇口流入型腔。当注射完毕后，井坑中充满塑料熔体，所以要求在加工过程中注射机喷嘴始终与井坑部分紧密接触。

塑件质量与井式喷嘴各部分尺寸见表6-5。主流道杯内塑料熔体容积应为塑件质量的1/2以下。

表6-5　塑件质量与井式喷嘴各部分尺寸

塑件质量/g	成形周期/s	d/mm	R/mm	a/mm
3~6	6.0~7.5	0.8~1.0	3.5	0.5
6~15	9.0~10.0	1.0~1.2	4.0	0.6
15~40	12.0~15.0	1.2~1.6	4.5	0.7
40~150	20.0~30.0	1.6~2.5	5.5	0.8

井式喷嘴因浇口与注射机喷嘴相距甚远，主流道杯内塑料熔体冷凝的可能性较大，故宜在操作周期较短（3次/min以上）的情况下使用。

为了避免主流道杯中的塑料凝固，也有在开模时或制件基本凝固后，使流道杯连同注射机喷嘴一起与塑料注射模具主体稍微分离的设计；或使注射机喷嘴前端伸入主流道杯中一段距离的设计。这些经过改进的式喷嘴，可减缓热量散失，避免主流道杯内塑料冷凝并便于清理。

（2）多型腔绝热流道塑料注射模具。多型腔绝热流道塑料注射模具的浇口常见的有主流道型浇口和点浇口两种。为了保证对内部塑料熔体起到绝热作用，其主流道直径和分流道直径都很粗大，断面呈圆柱形，常用的分流道直径为15~32 mm，成形周期越长，直径就越大，最大可达75 mm。由于塑料的导热性较差，所以尽管流道内的塑料熔体表层凝固了，但其内部仍保持熔融状态，故使材料得以顺利流过。为使分流道加工和清理方便，塑料注射模具中都设置有分距直板，在分距直板和模板之间设有一些凹槽，以减小分流道对模板的导热面积。

在采用主流道型浇口的多型腔绝热流道塑料注射模具中，浇口的始端向上凸出，并伸入分流道的中心，使部分主流道浇口处于分流道绝热表层的保温之下，能有效地避免该处固化。注射机在工作前，要将模具从定模座板和流道板之间打开，检查分流道中有无凝料并加以清理。在主流道浇口衬套周围装一加热圈，可更好地防止浇口的冻结，有时可加大分流道直径，在其中插入电加热棒加热。为减少分流道的热损失，应在模具上（流道板和定模型腔板之间）设置较多的隔热空气间隙，以减少接触传热。也可在主流道浇口衬套周围设置环形空隙以达到相同目的的。

采用点浇口的多型腔绝热流道塑料注射模具的优点是在脱模时塑件易从浇口处断开，不必再进行修整；缺点是浇口处易固化，只能用于成形周期较短和容易成形的材料，再次注射前，应打开流道闭合锁板取出流道凝料。为了克服浇口凝固的缺点，常在模腔给料的浇口处安置加热探针，但分流道仍处于绝热状态。

2. 半绝热流道塑料注射模具

采用主流道型浇口的绝热流道塑料注射模具所成形的塑件，仍带有一小段流凝料，必须将其切除，而采用点浇口的绝热流道塑料注射模具则可克服上述缺点。但是这种模具的浇口处容易凝结，因此，可采用半绝热流道塑料注射模具。

这类模具浇口衬套处设置有加热探针，使浇口部分的塑料熔体始终保持熔融状态，而分流道仍然处于绝热状态。模具流道部分的温度应高于型腔部分的温度。加热探针的结构中，加热棒的尖端探针一直伸到浇口中心，但不能与浇口边壁相碰，否则其尖端的温度将迅速降低而失去作用。加热棒上的三角形翼片可改善其对中性。对于多型腔塑料注射模具，应设置相应数量的探针和各自单独的加热控制系统。探针的尾部装有碟形弹簧，其作用是补偿热变形。

3. 加热流道塑料注射模具

加热流道塑料注射模具的主流道和分流道部分都设有加热器进行补充加热，因此，可使流道中的塑料熔体始终保持熔融状态，保证注射成形加工的正常进行。该模具不必像绝热流道塑料注射模具那样在使用前清除分流道中的凝料，只要把浇注系统加热到规定的温度，使其中的凝料熔化，然后对空注射出去即可。由于加热流道塑料注射模具分流道内的压力传递性好，因此，可以降低注射温度和注射压力，减小塑料受热降解和残余应力产生的可能性。由于模具同时需要加热、测温、控制和冷却等装置，其结构复杂、成本高，而且对温度控制要求十分严格。其中延伸式喷嘴加热流道塑料注射模具主要用于单型腔塑料注射模具，在多型腔塑料注射模具中用热流道板，或在浇注系统中设加热器来对其加热。

加热流道塑料注射模具可分以下几种。

（1）延伸式喷嘴加热流道塑料注射模具。为防止注射机喷嘴的热量过多地传向低温的型腔，使模温难以控制，必须采取有效的绝热措施。常见的绝热方法有塑料绝热和空气绝热两种。在注射保压后，注射机喷嘴应与模具脱离接触，喷嘴口实际上就是型腔的浇口。

延伸式喷嘴的通用形式结构较灵活，可固定在注射机上与不同模具配用，采用半球形头部是为了使点浇口短小，并保证浇口衬套的强度。

在延伸式喷嘴结构中，球形喷嘴结构因浇口衬套在浇口部位的壁厚较薄（1.5～1.8 mm），并呈倒锥状，采用凸肩定位可承受较大的压力，以防止该处在喷嘴撞击下而强度不够，喷嘴与浇口衬套之间设有内外气隙以达到绝热的目的。锥形喷嘴结构模具和喷嘴之间设有衬套，可形成气隙槽绝热，喷嘴由凸肩承压，并能保护有较大锥度的喷嘴，防止热膨胀咬合。在成形加工中，喷嘴前端是塑件外形的一部分，浇口和流道均在喷嘴内；为确保塑件尺寸精度，并在塑件上不留痕迹，对喷嘴应准确控制位置。绝热喷嘴以球形喷嘴头配以碗状的塑料绝热层，厚度从浇口中心处的 0.5 mm 到外侧的 1.2～1.5 mm。在喷嘴的承压凸肩上可设密封垫，既起到绝热作用，又可防止溢料。

（2）多型腔热流道塑料注射模具。根据对分流道加热方法的不同，这类模具又可分为外加热式多型腔热流道塑料注射模具和内加热式多型腔热流道塑料注射模具。

1）外加热式多型腔热流道塑料注射模具。这种模具的结构形式很多，其共同特点是在模具内设有加热流道板，主流道和分流道断面多呈圆形，其直径为 5～12 mm。流道板上钻有孔，孔内插人管式加热器，使流道内的塑料熔体始终保持熔融状态。流道板利用绝热材料（石棉、水泥板等）或利用空气间隔与模具其余部分隔热，其浇口形式也有主流道型浇口和点浇口两种，比较常用的是点浇口。为防止浇口部分塑料熔体冷凝，必须对浇口部分进行绝热。根据绝热情况不同，喷嘴可分为半绝热式喷嘴和全绝热式喷嘴两种。

在半绝热式喷嘴多型腔热流道塑料注射模具中，流道部分用加热器加热，浇口衬套用导热性好、强度高的铍铜合金制造，以利于传热。喷嘴前端有塑料隔热层，与延伸式喷嘴相似。由于喷嘴与型腔外壁有一环状接触面积，因此，称为半绝热式喷嘴。

在全绝热式喷嘴多型腔热流道塑料注射模具中，铁铜喷嘴不与型腔直接接触，两者通过滑动压环隔离，因此，称为全绝热式喷嘴。当浇口直径为 0.7 mm 时，有利于生产小型塑件。

2）内加热式多型腔热流道塑料注射模具。除了在热流道喷嘴和浇口部分设置内加热器外，其所有的流道均采用内加热方式。因加热器安在流道的中央部位，流道中的塑料熔体起绝热作用，可有效地阻止加热器直接向流道板或模板散热，所以内加热式热流道塑料注射模具能大幅度降低加热能量的损失。

3）针阀式浇口热流道塑料注射模具。在注射成形加工黏度很低的塑料熔体（如尼龙）时，为了避免流涎，可采用针阀式浇口。针阀式浇口的开启、关闭可由模具上专门设置的液压机或机械驱动机构来实现，也可用压缩弹簧来达到开启、关闭的目的。在采用弹簧阀式浇口的热流道塑料注射模具中，针形阀件靠注射时的材料压力顶上去，再靠弹簧压下来。为使塑料熔体保持良好的熔融状态，注射机喷嘴外部设有加热装置和绝热层。

任务评价

评价目标	评价内容	完成情况	得分
素养目标 （20分）	养成勤于思考的习惯		
	养成团队协作的意识		
技能目标 （40分）	根据特定情况选择塑料注射模具的热流道系统		
	学会典型塑件热流道塑料注射模具结构设计方法及参数设置		
知识目标 （40分）	掌握热流道塑料注射模具的特点		
	掌握热流道塑料注射模具的分类		
总分			

自主练习

（1）热流道与普通流道相比，有哪些优点和缺点？

（2）热流道塑料注射模具为何要进行隔热？热射嘴和热流道板各采用哪些隔热方式？

（3）热流道系统的加热方式有哪些？热流道系统常用的加热元件有哪些？

任务6.6 侧向分型抽芯机构的设计

[任务描述]

同金属铸件脱模过程一致，塑料熔体在塑料注射模具中凝固后塑件从模具中顺利脱出是保证其成形性及质量的重要工艺步骤。其大致可分为两步，即分型与脱模。分型是指在开模时，开模力使分型面打开，塑件附着在结合力较大的一侧（留模边），自动与另一侧成形塑件脱离。脱模是指在开模中或开模后，对附着在留模边的塑件施加一定的作用力（脱模力），克服塑件与留模边的结合力，使塑件脱落，完成脱模。在脱模过程中，对塑件施加脱模力的实际机构称为脱模机构。鉴于脱模过程对于塑件成形质量的重要影响，本任务将重点介绍塑料注射模具侧向分型抽芯机构的设计原理。

一、侧向分型抽芯机构概述

当塑件侧壁上带有与开模方向不同的内、外侧孔或侧凹等，如图 6-67 所示，阻碍塑件成形后直接脱模时，必须将成形侧孔或侧凹的零件做成活动的，这种零件称为侧型芯（又称活动型芯）。在塑件脱模前必须先抽出侧型芯，然后再从模具中推出塑件，完成侧型芯抽出并复位的机构称为侧向分型抽芯机构。图 6-68 所示为斜导柱侧向分型抽芯机构结构及其工作原理。

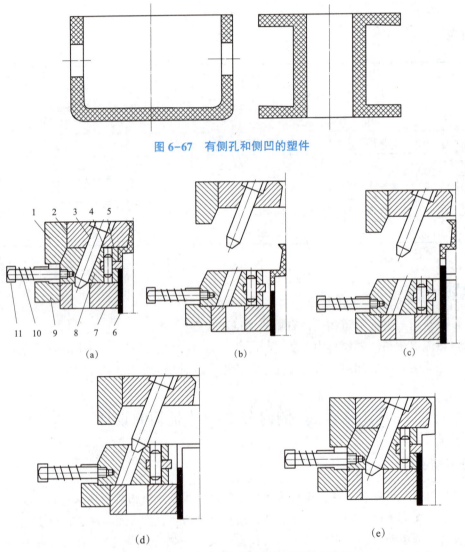

图 6-67　有侧孔和侧凹的塑件

图 6-68　斜导柱侧向分型抽芯机构结构及工作原理

（a）闭模注射状态；（b）开模后的状态；（c）推出塑件的状态；（d）闭模过程中斜导柱重新插入滑块时的状态；
（e）闭模完成时的状态

1—楔紧块；2—定模座板；3—斜导柱；4—销钉；5—侧型芯；6—推管；7—动模板；8—滑块；
9—限位挡块；10—弹簧；11—螺钉

1. 侧向分型抽芯机构的基本功能

侧向分型抽芯机构用来成形塑件侧壁的内、外侧孔和侧凹。该类机构活动零件多，动作复杂，为保证该机构能可靠、灵活和高效地工作，它们应具备以下基本功能。

（1）在保证不引起塑件变形的情况下准确地抽芯和分型。

（2）运动灵活，动作可靠。

（3）具有必要的强度和刚度。

（4）配合间隙和拼缝线处不溢料。

2. 侧向分型抽芯机构的类型

侧向分型抽芯机构类型很多，按动力来源可分为4种。

（1）机动侧向分型抽芯机构。机动侧向分型抽芯的方法是在开模时，借助注射机的开模力或顶出力进行模具的侧向分型抽芯，并完成复位动作。该机构经济性好、实用性强、效率高、动作可靠，因此，应用最广泛。机动侧向分型抽芯机构按传动方式分为下列几种。

1）斜导柱侧向分型抽芯机构。

2）斜滑块侧向分型抽芯机构。

3）齿轮齿条侧向分型抽芯机构。

4）其他形式侧向分型抽芯机构。

（2）液压（气动）侧向分型抽芯机构。该机构借助液压（气动）装置进行模具的侧向分型抽芯及其复位，其特点是传动平稳，可以根据抽芯力的大小和抽芯距的长短来调节液压（气动）系统，可以得到较大的抽芯力和较长的抽芯距。新型注射机本身就带有这种抽芯装置，使用较方便。

（3）手动侧向分型抽芯机构。手动侧向分型抽芯的方法是，在开模后，依靠人工将侧型芯或镶块连同塑件一同取出，在模外使塑件与型芯分离，或在开模前，依靠人工直接抽拔或通过传动装置抽出侧型芯。手动侧向分型抽芯机构结构简单、制造方便，但操作麻烦、生产效率低、劳动强度大，且抽拔力较小（受到人工限制）。因此，只有在小批量生产，或因塑件形状的限制无法采用机动侧向分型抽芯机构时，才采用手动侧向分型抽芯机构。

（4）弹簧驱动侧向分型抽芯机构。当塑件的侧凹较浅，所需抽拔力不大时，可采用弹簧驱动或硬橡胶实现抽芯动作。

 任务实施

任务分析：在了解侧向分型抽芯机构的工作原理及结构后，需对侧向分型抽芯机构抽芯力及抽芯距进行定量计算，并进一步了解斜导柱侧向分型抽芯机构、斜滑块侧向分型抽芯机构及斜推杆侧向分型抽芯机构的适应场景及相关特征参数的计算。

实施步骤：首先，理解抽芯力概念、影响因素及确定依据；其次，掌握通过公式计算二等分滑块合模及多瓣拼合模结构抽芯距；最后，进行特定侧向分型抽芯机构的结构设计及参数计算。

1. 抽芯力

（1）抽芯力的概念。塑件在冷凝收缩时对型芯产生包紧力，侧向分型抽芯机构所需的抽拔力，必须克服因包紧力所引起的抽拔阻力及机械滑动的摩擦力，才能把侧型芯抽拔出来。

对于不带通孔的壳体制件，抽拔时还需克服表面大气压造成的阻力。在抽拔过程中，开始抽拔的瞬间，使塑件与侧型芯脱离所需的抽拔力称为起始抽芯力，以后为了使侧型芯抽到不妨碍塑件推出的位置时，所需的抽拔力称为相继抽芯力，起始抽芯力比相继抽芯力大。因此，计算抽芯力时应以起始抽芯力为准。

（2）影响抽芯力的因素。影响抽芯力的因素主要有以下几个方面。

1）侧型芯成形部分的表面积及其几何形状。

2）塑料的收缩率。

3）塑件的壁厚。

4）塑件对型芯的摩擦因数。

5）在塑件同一侧面同时抽芯的数量。

6）成形工艺主要参数。

（3）抽芯力的大小。如上所述，影响抽芯力的因素很多，且比较复杂，甚至有些因素的机理都还不十分清楚，所以要准确地确定抽芯力是比较困难的。因此，在设计和生产实际中，侧向分型抽芯机构的主要零件都是根据经验或类比的方法来确定其尺寸。而抽芯力的大小，则是在塑料注射模具工作的过程中，靠调节注射机抽芯液压力来实现的。这样就不难看出，只要侧向分型抽芯机构的零件强度满足要求，再计算抽芯力实际上没有多大意义。

2. 抽芯距

抽芯距是指侧型芯从成形位置抽拔到不妨碍塑件取出位置时，侧型芯在抽拔方向所移动的距离。抽芯距一般应大于塑件的侧孔深度或凸台高度 2~3 mm。如塑件上带有侧孔，其孔深为 h，则此时抽芯距为

$$s_{抽} = h + (2 \sim 3 \text{ mm}) \tag{6-15}$$

当按式（6-15）计算仍会妨碍塑件脱模时，需要根据塑件的结构尺寸来确定抽芯距。生产圆形骨架塑件时，采用二等分滑块合模，滑块的抽芯距应为

$$s_{抽} = \sqrt{R^2 - r^2} + (2 \sim 3 \text{ mm})$$

式中　R——塑件最大外形半径，mm；

　　　r——阻碍塑件推出的外形最小半径，mm；

　　　$s_{抽}$——抽芯距，mm。

图 6-69（b）所示为多瓣拼合模结构，抽芯距应为

$$s_{抽} = s_1 + (2 \sim 3 \text{ mm}) \tag{6-16}$$

式中，$s_1 = R \sin \theta / \sin \beta$，即只有当侧型芯从点 A 位置抽拔到点 A' 位置时，才能不阻碍塑件的推出。而 α 按正弦定理得

$$\alpha = \arcsin(r \sin \beta / R) \tag{6-17}$$

式中　R——塑件最大外形半径，mm；

　　　r——阻碍塑件推出的外形最小半径，mm；

　　　β——夹角，（°），三等分滑块拼合 $\beta = 120°$，四等分滑块拼合 $\beta = 135°$，五等分滑块拼合 $\beta = 144°$。

当塑件外形复杂时，常用作图法确定抽芯距。

【例6-1】　图6-69所示为一绕线盘，采用四等分滑块斜导柱抽芯，安全距离取2 mm，求 $s_{抽}$。

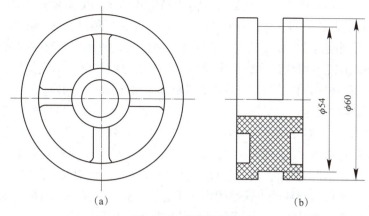

（a）   （b）

图 6-69   绕线盘塑件

解：由图 6-69 已知：$R = 30$ mm，$r = 27$ mm，$\beta = 135°$。

$$\alpha = \arcsin(r\sin\beta/R) = \arcsin(27 \text{ mm} \times \sin 135°/30 \text{ mm}) = 39.5°$$

$$\theta = 180° - \alpha - \beta = 180° - 135° - 39.5° = 5.5°$$

抽芯距为

$$s_{\text{抽}} = s_1 + (2 \sim 3 \text{ mm}) = R\sin\theta/\sin\beta + (2 \sim 3 \text{ mm})$$

$$= 30 \text{ mm} \times \sin 5.5°/\sin 135° + (2 \sim 3 \text{ mm})$$

$$= 6.07 \sim 7.07 \text{ mm}$$

实际应取 $s_{\text{抽}} = 6.5$ mm。

二、斜导柱侧向分型抽芯机构

1. 斜导柱侧向分型抽芯原理

斜导柱侧向分型抽芯机构是最常用的一种抽芯机构。它结构简单、制造方便、安全可靠。

斜导柱固定在定模座板上，滑块可以在动模板的导滑槽内滑动，侧型芯用销钉固定在滑块上。在开模时，开模力通过斜导柱作用于滑块上，迫使滑块在动模板的导滑槽内向左滑动，直至斜导柱全部脱离滑块，即完成抽芯动作。塑件由推出机构中的推管推离侧型芯。限位挡块、弹簧及螺钉组成定位装置，使滑块保持抽芯后的最终位置，以确保合模时斜导柱能准确地进入滑块的斜孔，使滑块再次回到成形位置。在成形加工时，滑块受到型腔内塑料熔体压力的作用，有产生位移的可能，因此，用模紧块来保证滑块在成形加工时的位置。

当斜导柱位于定模部分时，侧型芯滑块位于定模部分，斜导柱固定在动模部分，在开模时首先从 A 面分型，侧型芯被塑件包紧不动，固定板相对侧型芯移动，塑件仍留在定模型腔内。与此同时，侧型芯滑块在斜导柱的作用下从塑件抽出。继续开模，侧型芯台肩与固定板相碰，侧型芯带着塑件从定模脱出，模具从 B 面分型，最后由推件板推出塑件。为了在开模瞬间确保塑件留在型腔内（即确保 A 面先分型），可在推件板后面安装弹簧销。这种结构适用于抽芯力不大、抽芯距小的深罩形制件。

2. 斜导柱侧向分型抽芯机构零件设计

（1）斜导柱的设计。斜导柱是侧向分型抽芯机构的关键零件。它的作用是：在开模时将侧型芯与滑块从塑件中抽拔出来，并在合模过程中将侧型芯与滑块顺利复位到成形位置。

它决定了抽芯力与抽芯距的大小，在设计时需要确定其形状、尺寸和斜角大小。

1）斜导柱断面形状。斜导柱的材料多用 45 钢，淬火后硬度为 55 HRC；或采用 T8 钢、T10 钢等，淬火后硬度为 55 HRC 以上。斜导柱与固定板之间采用 H7/m6 配合。由于斜导柱主要起驱动滑块的作用，滑块的平稳性由导滑槽与滑块之间的配合精度保证，因此，滑块与斜导柱之间可采用较松的间隙配合 H11/h11 或留 0.5~1.0 mm 的间隙。

2）斜导柱斜角的确定。斜导柱的斜角是斜导柱侧向分型抽芯机构的一个主要参数。它的大小涉及开模力 $F_\text{开}$、斜导柱所受的弯曲力 $F_\text{弯}$、滑块实际抽芯力 $F_\text{抽}$ 及开模行程等的大小。

斜导柱所受的弯曲力 $F_\text{弯}$、抽芯力 $F_\text{抽}$ 和开模力 $F_\text{开}$ 与斜角 α 的相互关系为：当 α 值增大时，若要获得相应的抽芯力 $F_\text{抽}$，则斜导柱所受的弯曲力 $F_\text{弯}$ 要增大，同时所需的开模力 $F_\text{开}$ 也增大。因此，从希望斜导柱受力较小的角度考虑，α 值越小越好。但是当抽芯距为一定值时，α 值的减小必然导致斜导柱工作部分长度的增加及开模行程的加大。它们之间的相互关系为

$$l_4 = s_\text{抽} / \sin \alpha \tag{6-18}$$

$$H_4 = s_\text{抽} \cot \alpha \tag{6-19}$$

式中　$s_\text{抽}$——抽芯距，mm；

　　　H_4——完成抽芯距时所需的开模行程，mm；

　　　l_4——斜导柱工作部分长度，mm。

在生产中斜角一般采用 15°~20°，最大不超过 25°。

3）斜导柱的断面尺寸。斜导柱的断面尺寸取决于滑块移动过程中所承受的最大弯矩，而弯矩又与抽芯力及滑块滑动情况等有关。

4）斜导柱长度。斜导柱长度根据抽芯距、固定模板厚度、斜导柱直径及斜角大小确定。

$$L = l_1 + l_2 + l_3 + l_4 + l_5 = \frac{D}{2}\tan \alpha + \frac{\delta}{\cos \alpha} + \frac{s_\text{抽}}{\sin \alpha} + (5 \sim 10 \text{ mm}) \tag{6-20}$$

式中　l_1、l_2、l_3——斜导柱固定部分的长度，mm；

　　　l_4——斜导柱工作部分的长度，mm；

　　　l_5——斜导柱引导部分的长度，mm；

　　　L——斜导柱的总长度，mm；

　　　D——斜导柱固定部分的台肩直径，mm；

　　　α——斜导柱斜角，(°)；

　　　$s_\text{抽}$——抽芯距，mm；

　　　δ——斜导柱安装模板的厚度，mm。

计算斜导柱长度时应该注意到，圆形断面的斜导柱抽出滑块的最终点（即滑块运动的停止点）是在斜导柱的点 B 而不是在点 C，即当点 C 脱出滑块后，滑块并不终止运动，而点 B 仍在起作用。

5）斜导柱孔位置的确定。如图 6-70 所示斜导柱孔位置需要确定的尺寸有 a、a_1、a_2。确定的步骤是：在滑块顶面长度的 1/2 处取点，通过点 B 作出斜导柱斜角为 α 的线段与模具顶面处相交于一点；取该点到模具中心线距离并取整为整数即为孔距尺寸，a_1、a_2 取决于斜角和模板厚度，可直接查表 6-6。

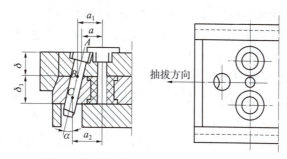

图 6-70 斜导柱孔位置确定方法示意图

表 6-6 不同斜角 α 的 a_1、a_2

α	10°	15°	18°	20°	22°	25°
a_1	$a+0.716\delta$	$a+0.268\delta$	$a+0.329\delta$	$a+0.364\delta$	$a+0.404\delta$	$a+0.466\delta$
a_2	$a_1+0.716\delta_1$	$a_1+0.268\delta_1$	$a_1+0.329\delta_1$	$a_1+0.364\delta_1$	$a_1+0.404\delta_1$	$a_1+0.466\delta_1$

　　滑块分型面上斜导柱孔的位置，除应位于滑块的中心线上外，滑块斜孔中心线的投影应与抽芯方向的轴线垂直。在加工滑块斜孔时，一般将滑块装入模具的导滑槽内，在动模、定模合紧后一起加工。

　　（2）滑块与导滑槽的设计。

　　1）侧型芯与滑块的连接形式。为了便于加工和装配；以及节省优质钢材，在生产中广泛应用组合式滑块，即将侧型芯安装在滑块上。

　　对于尺寸较小的侧型芯，为了增加其强度，往往将侧型芯嵌入滑块部分的尺寸加大，用轴销固定；如考虑滑块强度，不增大侧型芯尺寸，则可采用骑缝销固定；当侧型芯尺寸较大时，可采用螺纹连接，并加销钉防止转动；但螺纹连接位置精度较低，若侧型芯为圆形，且直径较小，则可用紧定螺钉顶紧的形式；对于较大的侧型芯可用燕尾槽连接；对于多个侧型芯，可用固定板固定；当侧型芯为薄片时，可用通槽加销钉固定或加压固定。当然，侧型芯与滑块也可做成整体式的结构。

　　2）滑块的导滑形式。为了确保侧型芯可靠地抽拔和复位，保证滑块在移动过程中平稳，无上下窜动和卡死现象，滑块与导滑槽必须很好地配合和导滑。滑块与导滑槽的配合一般采用 H7/f7 配合。其配合形式主要根据模具大小、模具结构和塑件的产量选择。

　　导滑槽与滑块还要保持一定的配合长度。滑块的滑动配合长度通常要大于滑块宽度的 1.5 倍，滑块完成抽拔动作后，保留在导滑槽内的长度不应小于导滑配合长度的 2/3。

　　滑块斜孔与斜导柱的配合一般有 0.5 mm 的间隙（斜导柱长度为 d），这样在开模的瞬间有一个很小的空行程，使侧型芯在未抽拔前强制塑件脱出定模型腔（或型芯），并使楔紧块先脱离滑块，然后进行抽芯。

　　3）滑块的定位装置。为了保证斜导柱伸出端准确可靠地进入滑块的斜孔，不致损害模具，滑块在完成抽芯后必须停留在一定的位置上。设计时可根据选用的成形设备类型、模具结构特点及其大小确定合适的定位装置。

　　（3）楔紧块的设计。

　　1）楔紧块的形式。在塑件注射成形加工中，侧型芯在抽芯方向受到塑料熔体较大的推力作用，这个力通过滑块传给斜导柱，而一般斜导柱为细长杆件，受力后容易变形。因此，必须设置楔紧块，保证在注射成形加工中滑块能闭合紧密，压紧滑块，使滑块不致产生位移，避免斜导柱承受型腔的侧向推挤压力，从而保护斜导柱精度，避免侧向分型面产生毛刺，保证塑件尺寸精度。楔紧块的楔角应大于斜导柱的斜角，其表面硬度应达到 52 ~ 56 HRC。楔紧块的形式视滑块的受力大小、磨损情况及塑件的精度要求而定。

2) 楔紧块的楔角。楔紧块的楔角 α' 应大于斜导柱的抽芯斜角 α，这样模具在开模时，楔紧块的斜面能起到让位作用，否则斜导柱就无法驱动滑块起抽拔作用。α' 的适当选取不仅能保证让位作用，避免楔紧块斜面与滑块斜面的磨损，也可防止闭模时滑块斜面上端边缘处与楔紧块斜面下端边缘处的干涉撞击。

为保证开模时的让位和闭模时避免干涉撞击，楔角 α' 也不宜取过大，因为 α' 越大，对滑块的压紧作用就越小。一般 $\alpha' = \alpha + (2° \sim 3°)$。

(4) 抽芯时的干涉现象及其解决办法。在一般塑料注射模具中，推出塑件后的推杆复位，通常是通过复位杆（此杆在合模时，先碰到定模，使推杆固定板复位）来完成的。但在斜导柱侧向分型抽芯机构中，当侧型芯的水平投影面积与推杆相重合，或推杆推出距离大于侧型芯的底面时，如果仍采用复位杆复位，则可能会产生推杆和侧型芯互相干涉的现象。在一定的条件下，推杆可先于侧型芯复位，这个条件是推杆端面到侧型芯最近距离 $h_c \tan \alpha$ 要大于侧型芯与推杆（或推块）之间在水平方向的重合距离 s_c，即 $h_c \tan \alpha > s_c$（一般大于 0.5 mm），此时不会产生干涉现象。

3. 斜导柱侧向分型抽芯机构结构形式

按斜导柱和滑块在动模、定模的设置不同有下列 4 种结构形式。

(1) 斜导柱在定模、滑块在动模的结构。在开模的同时，侧型芯被斜导柱侧向抽出，塑件留在动模，再由推出机构将塑件推出。这种结构应用十分广泛。在设计这种结构时，必须避免在复位时滑块与推出机构发生干涉现象。

(2) 斜导柱在动模、滑块在定模的结构。其特点是没有推出机构，因斜导柱和滑块导柱孔的配合间隙较大（$Z = 1.6 \sim 3.5$ mm），使得滑块在分开前，动模、定模先分开一个距离 $l(l = Z/\sin \alpha)$，固定在动模上的侧型芯也从塑件中抽出距离 l，然后靠斜导柱推动滑块，使滑块与塑件脱离，最后手工取出塑件。这种形式的模具结构简单、加工容易，但需人工取件，仅适用于小批量简单塑件的生产。

(3) 斜导柱与滑块同在定模的结构。有些塑件的结构要求斜导柱与滑块都设置在定模上。这时，如不先使滑块带着侧型芯从塑件中抽出，而是待动模、定模分开时才带动侧型芯从塑件中抽出，则会损坏塑件的成形侧孔或凸台，或者塑件留在定模上，难以取出。

常见的定距分型拉紧机构有如下几种。

1) 弹簧螺钉式定距分型拉紧机构。该机构是由弹簧和螺钉完成定模座板先分型的模内定距分型机构，在开模时，凹模板在弹簧的作用下，使分型面在斜导柱的带动下开始抽拔，当凹模板移动至起限位作用的定距螺钉的台肩时，即停止移动，同时抽芯动作也结束。这时动模继续移动，分型面分开，塑件脱出定模，留在型芯，由推件板推出塑件。定距螺钉与弹簧也可安装在模外。

2) 摆钩式定距侧向分型拉紧机构（见图 6-71）。当抽芯力较大时，可采用机械定距分型拉紧机构。在模具外装有摆钩的定距分型拉紧机构的塑料注射模具中，模具外两侧装有摆钩、弹簧、定距螺钉及压块组成的定距拉紧机构。在开模时，由于摆钩紧紧钩住动模上的挡块，迫使分型面Ⅰ首先分开，此时滑块开始做抽芯运动。在侧型芯全部从塑件抽出的同时，压块上的斜面迫使摆钩按逆时针方向转动而脱离动模上的挡块。动模继续移动到一定位置，由定距螺钉将凹模板拉住，使分型面Ⅱ打开，塑件由型芯带出定模型腔，然后由推件板推出塑件。在设计摆钩时，应注意支点 B 间的逆时针力矩应小于复位弹簧的作用力与支点 B 之间所产生的顺时针力矩，否则将会产生脱钩现象，图6-71中的虚线所示是用加长压块的办法来防止脱钩。

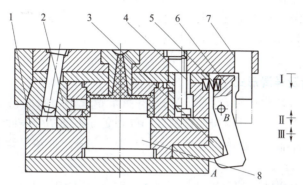

图6-71 摆钩式定距侧向分型拉紧机构结构及工作原理

1—插件板；2—侧向型芯滑块；3—挡块；4—定距螺钉；5—弹簧；6—摆钩；7—压块；8—型芯

3）滑板式定距分型拉紧机构。滑板式定距分型机构在开模时，由于拉钩钩住滑板，因此，定模板与定模座板首先分型，并同时进行抽芯。当抽芯动作完成后，压块的斜面作用在滑板上，使其向模具内滑动而脱离拉钩。在动模继续移动时，由于定距螺钉的作用，使分型面分开，最后取出塑件。在合模时，B 面首先闭合，滑板脱离压块并在弹簧作用下复位，直至恢复起始拉紧状态。

4）导柱式定距分型拉紧机构。在导柱式定距分型拉紧机构中，导柱固定在定模座板上，其圆柱面上有一长圆槽，在对应的导柱孔内装有定距螺钉。流道板与定模座板之间设有弹簧。在开模时，在弹簧的作用下，定模座板与流道板首先分型，拉出主流道凝料，直至定距螺钉与导柱长圆槽下部相碰。继续开模，主分型面分型，最后推出塑件。

（4）斜导柱与滑块同在动模的结构。这种结构可以通过推出机构或顺序分型机构来实现斜导柱与滑块的相对运动。通过推出机构使侧型芯抽出的结构中，滑块装在推件板的导滑槽内，在开模时，动模、定模分开，此时斜导柱与滑块无相对运动，因此，滑块在原位不动。当推出机构开始动作时，推杆推动推件板，使塑件脱离型芯；与此同时，滑块在斜导柱的作用下做侧向移动，使侧型芯从塑件中抽出。

三、斜滑块侧向分型抽芯机构

斜滑块侧向分型抽芯机构一般由导滑件、弹簧、限位件、斜滑块、拉钩和耐磨板等组成。在开模时，在拉钩和弹簧的作用下，斜滑块沿导滑件的 T 形槽做斜向滑动，斜向滑动分解为垂直运动和侧向运动，其中侧向运动使斜滑块完成侧向抽芯动作。

1. 斜滑块导滑的斜滑块侧向分型抽芯机构

（1）斜滑块外侧向分型抽芯机构。模套内开有 T 形槽，斜滑块可在 T 形槽中滑动。推出时，推杆推动斜滑块沿导槽移动，同时完成侧向抽芯和推出塑件。限位件的作用是对斜滑块限位，以防止斜滑块脱出模套。

（2）斜滑块内侧向分型抽芯机构。它用于成形加工带有内侧凸形的塑件。在推杆作用下，两侧活动斜滑块由动模板内的斜孔导向，在内侧抽芯的同时推出塑件。

2. 斜导杆导滑的斜滑块侧向分型抽芯机构

由于受斜导杆强度的限制，该机构常用在抽芯力不大的场合。它也分为外侧向分型抽芯和内侧向分型抽芯两种形式，共由 4 个斜滑块构成圆周成形面。斜滑块由斜导杆导滑，斜导杆可伸入定模，以确保足够的导向长度。在推出塑件时，推件板同时推动 4 个斜滑块完成抽芯动作并推出塑件。限位件用于斜滑块的限位。该结构型芯浮动距离，由限位螺钉进行限位。

3. 斜滑块的组合及导滑形式

斜滑块通常由 2~6 块组成瓣合凹模，在某些特殊情况下，斜滑块还可以分得更多。斜滑块的组合应考虑抽芯方向，并尽量保持塑件的外观美，不使塑件表面留有明显的痕迹，同时还要考虑滑块的组合部分有足够的强度。一般来说，斜滑块的镶拼线应与塑件的棱线或切线重合。

斜滑块的导滑形式按导滑部分形状可分为矩形、半圆形和燕尾形。当斜滑块宽度大于 60 mm 时，应做成矩形槽、半圆形槽和燕尾形槽；当斜滑块宽度小于 60 mm 时，应做成矩形扣、半圆形扣和燕尾形扣；当斜滑块宽度大于 120 mm 时，为增加滑动的稳定性，应设置两个导向槽。

4. 斜滑块侧向分型抽芯机构的设计要点

（1）合理选择塑件的位置。塑件在斜滑块侧向分型抽芯塑料注射模具中的位置选择是否合理，对塑件能否顺利脱模有很大影响。若成形塑件孔的型芯设置在定模，则在开模时，型芯首先从塑件中抽出，然后推杆推动斜滑块分型。这样，塑件必然会附着在结合力较大的斜滑块一边，使塑件不易脱模取出。若将塑件调头，型芯设置在动模上时，则由于有较长型芯定向，所以塑件能很顺利地从模具内脱出。

（2）在开模时斜滑块的止动。在设计塑料注射模具时，斜滑块通常设置在动模包紧力大于定模包紧力的部分。但由于塑件结构特点，定模部分的包紧力可能大于动模部分的包紧力，在这种情况下，可能在开模时斜滑块被定模带动，使塑件损坏或留在定模无法取出。因此，在模具结构上必须设置有斜滑块止动的弹簧顶销。在弹簧力的作用下压紧斜滑块，使斜滑块在开模时不动，待到塑件脱离定模型芯后，在推杆的作用，斜滑块才分型抽芯取出塑件。

（3）斜滑块的推出行程。斜滑块的推出行程一般不超过导滑槽总长度的 1/3，否则会影响斜滑块的导滑及复位的安全。

（4）斜滑块斜面倾角。一般在 15°~25° 之间，常用角度为 15°、18°、20°、22°。因斜滑块刚性好，能承受较大的脱模力，因此，斜滑块的斜面倾角在上述范围内可尽量取大些（与斜导柱相反），但最大不能大于 30°，否则复位易发生故障。

（5）斜滑块的装配要求。为了保证斜滑块在合模时其拼合面密合，斜滑块在装配后必须使其下端面与模套有 0.2~0.5 mm 的间隙，上端面高出模套 0.4~0.6 mm。这样，当斜滑块与导滑槽之间有磨损后，再通过修磨斜滑块的下端面，可继续保持其密合性。

（6）斜滑块推出时的限位。一般在斜滑块上开一长槽，模套上加一螺销定位，防止推出斜滑块。

5. 斜滑块+T形块侧向分型抽芯机构

（1）基本结构。斜滑块+T形块侧向分型抽芯机构的原理和斜导柱+斜滑块侧向分型抽芯机构的原理基本相同，只是在结构上用T形块代替斜导柱。T形块既可以抽芯，又可以压紧滑块，因此，它也不再需要另加楔紧块。T形块倾斜角度的设计同斜导柱。

（2）工作原理。T形块定模侧向分型抽芯模具中，在开模时，面板和定模板先从分型面处打开，定模滑块在T形块的带动下向右抽芯。当定模滑块完成抽芯后，模具再从另一处分型面打开，取出塑件。该模具要加定距分型拉紧机构。在合模时，T形块插入定模滑块的T形槽内，将滑块推向型腔，完成滑块复位。

（3）设计要点。侧浇口浇注系统定模侧向分型抽芯模具中，应保证锁紧面分离后，T形块带动滑块，以及在合模过程中，T形块能顺利地进入滑块内。

（4）应用实例。斜滑块+T形块侧向分型抽芯机构常用于定模抽芯、斜抽芯和复杂的侧向分型抽芯机构等场合。

1）点浇口浇注系统定模侧向分型抽芯模具中，在开模时，模具在弹簧和弹簧开闭器的作用下，先从分型面处打开，此时T形块带动滑块实现定模外侧抽芯。在合模时，T形块插入滑块的T形槽内，将滑块推回复位。

2）斜向分型抽芯模具的结构图中，在开模时，模具先从分型面处打开，在塑件推出之前再从另一处分型面处打开，此时有做槽的导滑块拉动斜抽芯做斜向运动，完成斜向抽芯。在这种结构中，导滑块和斜抽芯不能分离，否则斜抽芯不好定位。在合模时，导滑块推动斜抽芯斜向复位。

任务评价

评价目标	评价内容	完成情况	得分
素养目标 （20分）	养成勤于思考的习惯		
	养成团队协作的意识		
技能目标 （40分）	根据斜导柱侧向分型抽芯机构模具的动作原理进行模具设计		
	学会分析带有斜导柱侧向分型抽芯机构的模具结构图		
知识目标 （40分）	了解斜导柱等侧向分型抽芯机构的设计流程及原理		
总分			

自主练习

（1）什么是侧向分型抽芯机构？在塑料注射模具中是如何实现侧向分型抽芯的？

（2）侧向分型抽芯机构一般用于何种场合？是不是所有的侧向凹、凸结构都要采用侧向分型抽芯机构？哪些结构经改良后可以避免采用侧向分型抽芯机构？

（3）简述斜导柱侧向分型抽芯机构的组成部分及工作原理。

（4）什么是抽芯力？影响抽芯力的因素有哪些？

（5）绘制简图说明什么是抽芯距，如何进行计算。

（6）斜导柱的形式、斜角、断面尺寸和长度应如何确定？

（7）简要说明设计滑块时应注意哪些问题。

（8）楔紧块的形式有几种？其楔角取多大？为什么要求滑块锁紧面的倾斜角度要比斜导柱的倾斜角度大？

（9）什么是抽芯时的干涉现象？如何避免这一现象的产生？

（10）斜导柱侧向分型抽芯机构的形式有几种？应用情况如何？

（11）斜滑块侧向分型抽芯机构的特点有哪些？它有哪些形式？

（12）设计斜滑块侧向分型抽芯机构时应注意哪些问题？

（13）斜滑块+T形块侧向分型抽芯机构有何特点？简要说明其工作原理和设计要点。

（14）简述斜推杆侧向分型抽芯机构的原理及用途。

（15）如何选取斜推杆的倾斜角？设计斜推杆时要注意哪些问题？

（16）什么是塑料注射模具的脱模机构？对其有何要求？

任务6.7 推出机构与复位机构的设计

［任务描述］

实际塑件的生产过程中，在注射成形加工的每一个周期中，都必须使塑件从模具型腔中或型芯上脱出，模具中这种脱出塑件的机构称为推出机构（或称脱模机构）。一般而言，推出机构是在动模上，在极个别情况下，推出机构也可设计在定模一侧。推出机构包括脱出、取出塑件两个动作，即首先将塑件和浇注系统凝料等与模具松动分离，称为脱出，然后把其脱出塑件从模具内取出。推出机构推出塑件后，都必须准确地恢复到原来的位置，这个动作就是借助复位杆来实现的，其可使合模后的推出机构处于准确可靠的位置。本任务将主要探讨塑料注射模推出机构与复位机构的工作及设计原理。

知识链接

注射成形每一个周期中，塑件必须从模具凸模、凹模中脱出，完成脱出塑件的装置称为推出机构。复位机构的作用是使推出机构回到原来的位置。它们是塑料注射模的主要功能机构之一。

一、推出机构的设计要求

（1）尽量使塑件留在动模上。这是因为要利用注射机顶出装置来推出塑件，必须在开模过程中保证塑件留在动模上，这样，模具的推出机构才较为简单。只有因塑件结构的关系，不能使其留在动模上时，推出机构才设置在定模上推出塑件，但这种结构较复杂。

（2）保证塑件不变形、不损坏。必须正确分析塑件与型腔各部位的附着力的大小，以便选择适当的推出方式和推出部位，使脱模力合理分布。由于塑件收缩时包紧型芯，因此，脱模力的作用位置应尽可能靠近型芯。顶出力应作用在塑件刚性和强度最大的部位，如加强肋、凸缘、厚壁等处，作用面积也尽可能大一些，以防止塑件变形和损坏。

（3）保证塑件外观良好。为保证良好的塑件外观，顶出位置应尽量设在塑件内部或对塑件外观影响不大的部位。尤其在使用推杆推出时更要注意，以免损伤塑件的外观。

（4）若顶出部位需设在塑件使用或装配的基面上，则为不影响塑件的尺寸和使用，一般顶杆与塑件接触处应凹进塑件 0.1mm；否则塑件会出现凸起，影响基面的平整。

（5）推出机构应工作可靠、运动灵活，具有足够的强度和刚度。

二、推出机构的分类

推出机构可按动力来源分类，也可按模具分类。

1. 按动力来源分类

（1）手动推出机构。这种机构多设在注射机不设顶出装置的定模一方，在开模后，由人工操作推出机构来推出塑件。该机构多用于产品简单、模具要求不高，且生产批量很小的情况。

（2）机动推出机构。它是利用注射机开模动作，通过推出机构推出塑件。这是现在应用最广泛的推出机构，即通过动模、定模分开时动模的运动，借助注射机的顶出元件（机械推杆或顶出液压缸），推动模具内设置的推出机构使塑件从型腔内或型芯上脱出。机动推出机构设计是塑料注射模具设计的主要任务之一。

（3）液压推出机构。它是靠注射机上设置专用的顶出液压缸进行脱模的，是机动脱模的辅助手段。

（4）气动推出机构。它是利用压缩空气将塑件吹出的。

2. 按模具分类

（1）简单推出机构，又称一次推出机构。

（2）双推出机构。

（3）二级推出机构。

（4）顺序推出机构。

（5）带螺纹塑件的推出机构。

随塑件结构形状的不同，推出机构的类型和复杂程度也有较大差异。

任务实施

任务分析：在了解推出机构设计要求及塑料注射模具推出机构分类后，需对不同种类模具推出机构，如简单推出机构、二级推出机构、顺序推出机构、浇注系统凝料推出机构、带螺纹塑件的推出机构及其附属推出机构，以及推杆固定板先复位机构的结构及参数进行针对性设计。

实施步骤：首先，应综合考虑推杆结构形式、安装方式、顶杆复位方式及推杆设计注意事项；其次，针对特定推出结构及复位机构（例如，推管推出机构、推杆固定板先复位机构），确定其相应组成构件的结构形式、固定形式、复位方式等关键参数，并确保各机构做推出及复位运动时不发生干涉。

三、简单推出机构

简单推出机构是指塑件在推出机构的作用下，只做一次动作就可被推出的机构。

1. 推杆推出机构

用推杆尤其是圆推杆推出塑件是推出机构中最简单、最常用的一种。因为它制造简单、更换方便、滑动阻力小、脱模效果好、设置的位置自由度大，所以在生产中广泛应用。但不宜用于斜度小和脱模阻力大的管形和箱形塑件的脱模。

（1）推杆的结构形式。因塑件的几何形状及型腔、型芯结构的不同，所以设置在型腔、型芯上的推杆断面形状也不尽相同，常见的推杆形状有以下几种。

1）普通推杆。推杆的形式多种多样。圆柱头推杆是应用最广泛的形式，用在对推杆无特殊要求的场合，这种推杆已有标准 GB/T 4169.1—2006，直径为 0.6~2 mm，长度为 80~800 mm。带肩推杆的工作原理为：推杆靠近安装凸肩一端直径较大，而顶推塑件一端工作段直径较小，当模具结构所允许的推杆顶推面很有限，又必须使推杆较长时，为了增加推杆工作时的稳定性，将推杆靠近安装凸肩一端的直径增大。有时推杆靠近安装凸肩一端的直径较小，而顶推塑件一端的工作段直径较大，这种推杆用在要求增加顶推面的场合。例如，壁较薄的塑件，特别是脆性塑件，增加顶推面可减小塑件单位面积承受的顶推力，防止塑件变形或推裂。

2）锥面推杆。锥面推杆靠近顶推塑件的一端为倒锥形。这种推杆的优点是倒锥形工作部分与模板上的锥形孔可以贴合得很紧密，达到"无间隙配合"，在推出塑件时没有摩擦磨损。适用于要求配合间隙很小（如黏度很小的塑料）、精度和表面质量要求高的塑件，可以避免推件时配合部分的卡磨现象。另外，锥面推杆常与推板组合使用，对于端面无孔的壳、罩、盒形塑件，顶出时要有引气作用，消除脱模阻力中与大气压差的那部分阻力。锥面推杆的安装不能用普通推杆那样的凸肩，应在安装端留出安装螺纹孔。

3）盘状推杆。盘状推杆顶推塑件一端的断面较大，形如圆盘，且稍带锥度，适用于薄壁塑件，质软或性脆的塑料。这是由于增大了顶推面积，可以防止变形或顶裂。用盘状推杆可减少推杆的数量，对壳、罩、盒形塑件仅在中心部分用一个盘状推杆即可。盘状推杆安装一端也需采用螺纹代替凸肩。

4）异形推杆。异形推杆顶推塑件一端的断面为非圆形，这常常是由于塑件被顶推一端的表面形状要求推杆为某种特定形状，如矩形、半圆形、窄条形、弓形、三角形等。这些形状往往就是塑件被顶推一端表面某局部的特异形状的成形面，故又称成形推杆。异形推杆加工困难，特别是与其配合的异形孔，因此，除工作段不得不采用特异形状外，安装固定段最好采用圆形，这样安装孔容易加工。也可将工作段与安装段设计为一体，也可用焊接（针焊）或铆接的方法连接。

（2）推杆的固定方法。推杆在固定板上的固定方法，最常采用的是将推杆凸肩压在固定板的沉孔和推板之间，用螺钉紧固，凸肩的高度与对应沉孔的深度留出余量，在装配后将它们与固定板一起磨去余量，来保证高度一致，避免在高度方向来回窜动；还可采用与凸肩等厚的垫圈垫入固定板与垫板之间，可免去在固定板上加工沉孔，适用于非圆形推杆的安装，或用锁接的办法铆死。

（3）顶杆的复位。顶杆顶出塑件后，必须回到顶出前的初始位置，才能进行下一周期的工作。因此，还必须设计复位杆来实现这一动作。复位杆又称回程杆。目前常见的复位形式有三种。

1）复位杆复位。复位杆端面与分型面平齐，合模时，定模板推动复位杆，通过顶杆固定板、顶板使顶杆恢复到顶出前的位置。复位杆必须装在固定顶杆的同一固定板上。

2）顶杆兼复位杆复位。

3）弹簧复位。

（4）推杆设计注意事项。推杆应设置在靠近脱模阻力较大的部位，如塑件侧壁的端部、端面带凸台或凹槽的部位。在保障顺利脱模的前提下，力求减少推杆数量，以保证推件时的协调，并减少对塑件表面质量的影响。

推杆接触塑件的顶推段与模板上相应孔的配合间隙，应以不超过塑料的溢料间隙为限，一般情况下采用 H8/f7 配合或 H7/ f7 配合就可以满足这一要求，只有对塑料黏度很小和直径较大的推杆时，才采用 H7/g8 配合来保证这一要求。顶推段要求上述配合间隙的配合段一般应是推杆直径的 1.5~2 倍，但最少不应小于 15 mm，非圆形推杆则需大于 20 mm，大直径推杆的配合段应适当增长。

对于最常采用的带安装凸肩的推杆，在安装固定时，与固定板上的安装孔应留有充分间隙，一般情况下可取双边间隙为 0.5~1 mm，使推杆在推件时有一定浮动作用，对自行调整推件方向有益。特别是在推杆较长，穿过数块模板，模板上的孔垂直度有偏差时，可避免塑件卡住和过分磨损。

推杆的全长往往穿过几块模板，长度的准确尺寸受这些模板所组成的尺寸的影响，因此，在设计推杆时长度尺寸宜注出参考尺寸，其准确尺寸由最后装配时调整。使推杆端面与塑件下端面齐平，如难以达到，则允许高于塑件下端面 0.05~0.1 mm，但不能低于下端面。

推杆通过模具成形零件的位置，应避开冷却通道。

2. 推管推出机构

圆管形或带中心孔的塑件，如套管、轴套等，最适宜用推管顶出。推管可以看做是一种特殊的空心推杆，顶推塑件时的运动与推杆相同，但带有推管推出机构的模具结构却与带有推杆机构的模具结构有很大的不同。在推出时，推管沿整个圆周顶推出塑件，塑件受力均匀，无推出痕迹，型芯和型腔可同时设计在动模一侧，以便提高塑件的同轴度。

（1）推管推出机构的结构。

1）型芯固定在动模座上（长型芯型结构）。型芯穿过推板固定在动模座上，这种结构型芯较长，可作为推管推出机构运动的导柱，运动平稳可靠，多用于推出距离不大的情况。推管的全长是一个完整的圆筒，因为推管内径与型芯外径、推管外径与模板孔均采用间隙配合，小直径推管采用 H8/f8 配合，大直径推管采用 H8/f7 配合，推管与型芯配合长度为推出行程加 3~5 mm。为了减小摩擦，可将推管尾部内径扩大或减小型芯尾部直径。推管与模板的配合长度为推管外径的 0.8~2 倍。

2）型芯固定在型芯固定板上（短型芯型结构）。该结构型芯的长度可大大缩短，但推出距离仍受到很大限制，这是因为推出行程含在动模板内，使动模板厚度增加。

3）推管开槽结构（长推管结构）。将推管侧壁开通槽，用方销或键将型芯固定在动模垫板上，就可大幅度缩短型芯的长度。整个模具高度减小，结构更加紧凑，推出行程不受限制，但型芯的固定力较小。

推管开槽结构的一种改进形式为，型芯台肩做成横键形状，推管槽长度稍大于型芯长度与固定板及支承板厚度的和，因此，型芯的稳定性好。

另一种改进形式为，推管尾部长槽呈开通状，用压块固定。型芯仍然用轴键连接固定在型芯固定板上，缩短了型芯的长度，但推管强度较差，适用于管壁较厚的塑件。

（2）推管推出机构的设计要点。

1）推管的壁厚应大于1.5 mm，细小的推管可做成阶梯推管，较细部分的长度为配合长度加推出行程，再加上5~6 mm。

2）推管的内径应大于塑件的内径，推管的外径应小于塑件的外径，以保证推管内外表面都能顺利滑动。

3）推管材料、热处理、表面粗糙度等要求，均与推杆要求相同。推管多采用前段局部淬火，淬火长度要大于配合长度与推出行程的和。

4）推管推出机构同样需要复位元件复位，在必要的情况下，也需要顶出导向装置。

3. 推件板推出机构

推件板又称脱模板。对一些深腔薄壁的罩、壳、盖、盒、容器类塑件，以及不允许有推杆痕迹的塑件都可采用推件板推出机构。该类机构运动平稳，推出力在塑件整个周边上均匀分布，因此，顶推力大。若改用推杆脱模，则不是位置无法安排，就是因为只能采用小直径推杆，导致顶推力太小。

（1）结构形式。推件板推出机构的结构形式中，应用最广泛的形式为推件板借助于动模、定模的导柱导向；推件板由定距螺钉拉住，以防脱模；推件板镶入动模板内，模具结构紧凑，推件板上的斜面是为了在合模时便于推件板的复位；利用注射机两侧顶杆推动推件板，模具结构简单，但推件板要适当增大和增厚；定距螺钉安装可省去固定板后面的推板。这样的结构是推件板在弹簧力的作用下进行塑件的脱模，适用于推出距离不大的情况。

推件板推出机构不必另设复位机构，在合模过程中，推件板依靠合模力的作用回到初始位置。

推件板推出机构的特点是：在塑件的整个周边进行推出，因此，脱模力大且均匀，运动平稳，无明显的推出痕迹。但推件板推出机构在使用中要处理好两个关键问题，即推件板和型芯之间的摩擦与咬合，以及塑料熔体渗入推件板与型芯间隙中的问题。

（2）推件板与型芯的配合。推件板与型芯表面摩擦拉毛之后，既影响塑件的表面质量，又造成塑件脱模困难，所以应根据塑件的形状正确设计推件板与型芯的配合形式。常用的配合形式包括配合间隙可适当放大，两者接触面摩擦机会少，加工方便，适用于塑件高度小并具有一定脱模斜度、塑料流动性较差的情况；推件板在推出塑件时不与型芯表面接触，不可能磨损型芯表面，其配合锥度还起到辅助定位的作用；推件板与型芯采用锥面接触，其优点与锥形推杆相同，因配合对中好，成形时不会产生飞边，适用于流动性好的塑料。

（3）推件板衬套。推件板与塑件接触部位需要较高的硬度和较小的表面粗糙度，如果对整个推件板进行热处理，则在处理过程中会使孔位变形，使多型腔塑料注射模具很难达到与型芯同轴度的要求。推件板的孔位采用镶入衬套的方法，就可以达到良好的效果，这样就不必对推件板进行热处理，只需将衬套淬硬即可。

在推件板中镶入衬套，如衬套为圆形，则采用压入配合方法，需要注意的是衬套侧壁厚度不能太小，以免压入后衬套孔径尺寸缩小；如衬套为非圆形，不便采用压入配合，则可改

用铆接方法，柳接后铆钉的埋入头应与推件板表面齐平，不留凹痕。对于较厚的推件板，可将衬套与推件板用螺钉连接，便于装拆更换

4. 拉板推出机构

拉板推出机构是推件板推出机构的特殊形式，适用的塑件与一般推件板推出机构相同。但拉板推出机构不是由推杆推动，而是由定距拉杆、伸缩性定距拉杆或链条拉动。这些拉动零件的两端分别与动模、定模相连，在开模时动模后退，这些零件拉动拉板将塑件从主型芯上推出。采用链条拉动拉板则是从定模一侧推出塑件。

拉板推出机构的优点是省去了推杆及其固定板，可简化模具结构，减小模具高度。对开模行程受模具高度影响的注射机，可以增大有效开模行程，增加脱模距离。对于大型深腔的容器，特别是软质塑料成形时，若采用推件板推出机构，则须考虑附设引气装置，以防在脱模过程中塑件内腔形成真空，致使脱模困难，甚至使塑件变形损坏。

5. 推块推出机构

端面平直的无孔或仅带有小孔的塑件，为保证塑件在开模时能留在动模一侧，一般都把型腔安排在动模一侧。如果塑件表面不希望留下推杆痕迹，则必须采用推块推出机构顶推塑件。

推块是型腔的组成部分，因此，应有较高的硬度和较小的表面粗糙度，与型腔、型芯之间的配合精度要高，要求滑动灵活又不允许溢料，这就对配合面之间的加工，特别是非圆形推块的配合面提出很高要求，常常需要在装配时进行研磨。推块的复位一般依靠复位杆来实现，但推块的复位却是靠主流道中塑料熔体的压力来实现的。推动推块的推杆如用螺纹连接在推块上，则复位杆可以与推杆安装在同一块固定板上。

6. 活动镶块或凹模推出机构

有一些塑件限于结构形状和所用材料的塑件，不能采用推杆、推管、推件板等推出机构脱模时，可利用成形镶块或型腔等带出塑件。

7. 联合推出机构

上述推出机构都是采用单一推出元件的推出方式。对于复杂塑件的成形往往需要几种推出元件同时使用，在实际生产中一般是两种或三种元件联合脱模。

推杆与推件板联合使用时，塑件带有中心孔和凸台，若仅采用推杆，则顶件力将集中在塑件中心；而若采用推杆与推件板联合脱模，则顶推力分布均匀合理，可使塑件顺利脱模。塑件带中心孔，边缘又带凸台，采用中心推管与边缘推杆联合脱模最适宜；此外，也存在推管和推件板共用的方式。

推杆和推块联合推出机构脱模时，推杆与推块同时起推出作用，这样可避免塑件的变形或损坏。这种脱模方式对具有多个小孔的平板形塑件较为合适。

推杆与推管联合使用时，推杆通过圆柱销带动推管共同将塑件从动模中推出。推出工作可靠，适用于较长的管状塑件的脱模。

8. 气动推出机构

气动推出机构是通过装在模具内的气阀，把压缩空气引入塑件和模具之间，使塑件脱模的装置，特别适用于深腔薄壁塑件的脱模，可作为其他脱模形式的辅助手段，其特点是模具结构大大简化，可以在开模过程中从任意位置推出塑件。压缩空气的压力通常为 0.5 ~ 0.6 MPa。

四、推杆固定板先复位机构

1. 推杆固定板先复位机构的作用

（1）避免推出塑件和侧向分型抽芯机构发生干涉。如果这种情况发生，则将给模具带来灾难性的后果，即损坏模具或注射机的机械部件。因此，要尽量将推杆设置于侧型芯或斜滑块在分型面上的投影范围之外，若无法做到，则必须设置推杆固定板先复位机构。

（2）避免在合模过程中，因推杆固定板没有完全复位，而导致斜顶或推块等零件先于推杆和定模接触。这种情况不会造成模具的即时损坏，但久而久之，定模镶件会压出凹坑，使塑件产生飞边。在模具制造过程中，复位杆的高度常常取负公差，以保证合模后分型面的密合。因此，在有斜顶（靠塑件中间的碰穿孔来复位时）及推块的模具中，经常会发生在合模时定模先推动斜顶和推块，使斜顶和推块受到扭矩和摩擦力的作用，造成形腔磨损，并降低表面精度。

加装推杆固定板先复位机构是为了保证模具的运行100%安全可靠。

2. 推杆固定板先复位机构的使用场合

（1）侧型芯底部有推杆（或推管）。这种情况下，如果推杆（或推管）不能在侧型芯推入型腔之前复位的话，两者就会发生碰撞，导致模具严重损坏。

注意：在一定条件下，即使侧型芯底部有推杆（或推管），也可以不使用推杆固定板先复位机构，其条件是：推杆（或推管）端面至侧型芯的最小距离 H 要大于侧型芯与推杆（或推管）在水平方向的重合距离 S 和 $\cot \alpha$ 的乘积，即 $H > S \cot \alpha$，可以写成 $H \tan \alpha > S$（一般大于 0.5 mm 左右），这时就不会产生推杆（或推管）与侧型芯之间的干涉。如果 S 略大于 $H \tan \alpha$，则可以加大 α 值，使其达到 $H \tan \alpha > S$，即可满足避免干涉的条件。

（2）定模斜滑块下有推杆（或推管）。如果在推杆（或推管）不能顺利退回的情况下就合模，定模斜滑块和推杆（或推管）就可能发生碰撞，从而损坏型腔。由于定模斜滑块和推杆（或推管）在不同的排位图上表示，因此，这一点在模具设计时很容易被忽视，设计者必须注意。

（3）塑件用推块推出。由于推块上端面与凹模相碰，如果推块不能在合模之前复位，每次都要由凹模推回的话，由于推块硬度远大于凹模的硬度，则凹模很快就会被撞出凹痕。

（4）斜推杆的位置塑件有碰穿孔。在这种情况下，如果斜推杆不能随推杆固定板在合模之前复位的话，那么在合模时，凹模就会和斜推杆发生碰撞，使凹模出现凹痕，导致塑件产生飞边。

（5）用圆形推杆顶推塑件，推杆的一部分"顶空"。

在上述5种情况中，侧型芯或定模斜滑块下有推杆（或推管）是最危险的，一旦发生碰撞，后果不堪设想，必须加装推杆固定板先复位机构，以防万一。

3. 推杆固定板先复位机构的分类

常用的推杆固定板先复位机构有以下几种。

（1）利用复位杆。一般的复位杆需要靠定模推动才能将推杆推回，没有先复位功能。复位杆的长短要合适，在合模后，其上端面应比定模板面低 0.05~0.10 mm，复位杆千万不要顶前模，以免在合模时复位杆干涉分型面接触，并被碰坏。复位杆至少应有 30 mm 的直身导向。

如果要使推杆固定板先于合模之前退回，则可以在复位杆下加弹力橡胶或弹簧。开模后，在弹力的作用下，复位杆向上推出 1.5～2 mm；合模时，复位杆先于动模板接触定模板，做到推杆固定板先复位，从而保护推杆、斜推杆或推块。但这种结构只能提前 2 mm 复位，而且依靠弹簧或弹力橡胶，有时不可靠。该结构常用于以下 3 种场合。

1）动模有推块的情况。

2）斜顶的位置塑件有碰穿孔的情况。

3）用圆形推杆顶推塑件，推杆的一部分"顶空"。

在这种结构中，合模后弹簧或弹力橡胶处于压缩状态，对定模板有一个推力作用。如果模具有定距分型拉紧的要求，则定模板、动模板之间不能先打开，那么阻碍定模板、动模板打开的力必须大于受压弹簧的推力，这是必须注意的。

（2）利用复位弹簧。复位弹簧的作用是在注射机的顶棍退回后，模具的定模板、动模板在合模之前就将推杆固定板推回原位。有些塑件必须推数次才能安全推落，或在全自动注射时，为了安全起见，将程序设计为多次推出；或注射机的顶棍没有拉回功能，这两种情况都是靠弹簧来复位的。复位弹簧宜采用矩形弹簧。

（3）利用楔形滑块推杆固定板先复位机构。在合模时，固定在定模上的复位杆先碰到楔形滑块，楔形滑块与推杆固定板配合，可沿固定板导滑槽左右滑动。由于楔形滑块两面均为 45°斜面，在复位杆的 45°斜面完全脱离楔形滑块的 45°斜面时，推杆固定板的复位动作已结束。推杆固定板复位的先后时间取决于复位杆的长度，因此，复位杆的长度应足以使产生干涉的推杆先退出干涉位置。由于楔形滑块不宜过大，因此，推杆固定板先退回的行程也较小。

（4）利用摆杆推杆固定板先复位机构。该机构先复位原理与上述不同的是以摆杆代替楔形滑块的作用。摆杆的一端固定在支承板上，其固定点就是摆杆的摆动支点。这种结构形式的优点是推杆固定板复位的行程较大，摆杆越长，推杆固定板先复位距离越大，而且摆杆端部装有滚轮，滑动灵活、摩擦力小，在实际生产中常采用这种结构形式。

（5）利用杠杆推杆固定板先复位机构。该机构与利用摆杆推杆固定板先复位机构相似。复位杆固定在定模上，杠杆固定在推杆固定板上，在合模时，复位杆端部的 45°斜面推动杠杆的外端，而杠杆的内端顶在支承板上，从而迫使推杆固定板连同推杆下移；当复位杆的 45°斜面完全脱离杠杆时，推杆固定板的先复位也就结束了。

任务评价

评价目标	评价内容	完成情况	得分
素养目标 （20分）	养成勤于思考的习惯		
	养成团队协作的意识		
技能目标 （40分）	掌握常用推出及复位机构的工作原理及选用标准		
	掌握推杆、推管、推件板的设计原理及参数计算方法		
知识目标 （40分）	了解推出及复位机构的分类及应用场景		
	了解拉杆机构及复位杆机构的作用及结构		
总分			

（1）推杆的结构形式有哪些类型？简述各自的特点及适用范围。

（2）在合模前，顶杆为何必须先复位？常见的复位形式有哪几种？

（3）在推杆设计时应注意哪些问题？

（4）推管推出机构因成本高、制作复杂，因此，应尽量避免使用。但在什么情况下必须采用推管推出机构？推管推出机构有何特点？

（5）设计推管推出机构时应注意哪些问题？

（6）推件板推出机构适用于何种塑件？其有何特点？在设计推件板推出机构时应注意哪些问题？

（7）模具中为何要设计先复位机构？常见的先复位机构有哪几种？

（8）根据动力来源、模具推出机构的不同，二级推出机构可分为哪几类？

 加热系统与冷却系统的设计

[任务描述]

在生产实践中，热固性塑料需要较高的模温促使交联反应进行；某些热塑性塑料也需维持80℃以上的模温，如聚甲醛、聚苯醚。大型模具需要预热，这就对热流道塑料注射模具的广泛应用提出了需求。此外，塑件的成形周期主要取决于冷却定形时间（约占成形周期的80%），需通过降低模温来缩短冷却定形时间，这是提高生产效率的关键技术步骤。加热及冷却塑料注射模具的目的在于防止模温过低（易造成塑料熔体流动性差、塑件轮廓不清晰、表面无光泽，且热固性塑料固化不足、性能严重下降）、过高（易造成溢料黏模、塑件脱模困难、变形大，且热固性塑料会发生过热）及不均（易造成型芯、型腔温差过大，塑件收缩不均，内应力增大，塑件变形，尺寸不稳定）3种情况的发生。因此，本任务将着重介绍塑料注射模具加热系统与冷却系统的工作及设计原理。

知识链接

一、塑料注射模具温度及其调节的重要性

1. 塑料注射模具温度对塑件质量的影响

塑料注射模具温度及其波动对塑件的收缩率、变形、尺寸稳定性、机械强度、应力、开裂和表面质量等均有影响。模温过低，会造成塑料熔体流动性差、塑件轮廓不清晰，甚至充不满型腔或形成熔接痕、塑件表面不光泽、缺陷多、机械强度降低。对于热固性塑料，模温过低则会造成固化程度不足，降低塑件的物理、化学和力学性能；对于热塑性塑料在注射成形加工时，在模温过低、充模速度又不高的情况下，则会造成塑件内应力增大，导致翘曲变形或应力开裂现象，尤其是黏度大的工程塑料。模温过高，会造成成形收缩率大、脱模和脱模后塑件变形大，并且易造成溢料黏模。对于热固性塑料，则会产生过热，导致变色、发

脆、强度低等。模温不均匀，型芯和型腔温度差过大，塑件收缩不均匀，会导致塑件翘曲变形，影响塑件的形状及尺寸精度。

2. 塑料注射模具温度对成形周期的影响

缩短成形周期就是提高成形效率。对于注射成形加工，注射时间约占成形周期的 5%，冷却定形时间约占成形周期的 80%，脱模时间约占成形周期的 15%。可见，缩短成形周期的关键在于缩短冷却定形时间，而缩短冷却定形时间，可通过调节塑料熔体和模具温差实现。因此，在保证塑件质量和成形工艺顺利的前提下，降低模温有利于缩短冷却定形时间，提高生产效率。

综上所述，模温对塑料注射成形加工塑件质量及生产效率是至关重要的。塑料注射模具是塑料成形必不可少的工艺装备，同时又是一个热交换器。其输入热量的方式是加热系统的加热和塑料熔体带进的热量；输出热量的方式是自然散热和向外传导，其中 95% 的热量是靠传热介质（冷却水）带走。在成形过程中，要保持模温稳定，就应保持输入热量和输出热量平衡。

任务实施

任务分析：在了解塑料注射模具温度及其调节的重要性、塑料注射模具温度调节系统的设计要求后，需对不同加热及冷却方式的模温调节系统（如热水或过热水加热，电加热及水冷）的结构进行综合设计。

实施步骤：首先，针对不同的加热方式，设计加热系统中加热介质管路的分布及结构；其次，根据塑料传热特性设计冷却系统的冷却水道回路及相应连接件、密封圈及密封形式。

二、塑料注射模具加热系统的设计

塑料注射模具的加热方法很多，常用的有以下几种。

1. 用热水或过热水加热

该方法适用于在注射成形加工前需要预热，一段时间后又需要冷却的大型塑料注射模具。热水可以通过在模具上的热水管道输入，其结构和设计原则与冷却水道设计相似，完全可以借用冷却水道来实现对模具的加热。最好用蒸汽锅炉的热水（模温要求在 80 ℃ 以下）或过热水（模温要求在 80 ℃ 以上）。

该方法具有强制流动的过程，使整个模具温度分布均匀，有利于提高塑件质量，但模温调节的周期较长，不易实现自动控制。

2. 电加热

将电热棒插在模具的适当部位，并装上热电偶，可以方便地与模温调节器相连，对模温进行自动控制；也可以与调压变压器相连，进行人工模温调节。这类加热系统结构简单、使用方便、热损失少，适用于对模温要求较高的大型塑料注射模具。但用电热棒加热容易产生局部过热现象，在设计加热系统时应注意。

（1）电热棒插入电热板中的加热。将一定功率的电阻丝密封在不锈钢管内，做成标准的电热棒。在使用时，根据需要的加热功率选用电热棒的型号和数量，然后安装在电热板内。这种电阻加热方式的电热棒使用寿命长、更换方便。

（2）电热套或电热板加热。电热套或电热板在使用时可根据模具上安装加热器部位的形状，选用与其吻合的结构形式。矩形电热套由 4 个电热片用螺钉连接而成；圆形电热套有两种整体式结构形式，矩形电热套加热效率高，圆形电热套安装较方便。模具上不便安装电热套的部位，可采用电热板加热的方式。以上电热套或电热板均用扁状电阻丝绕在云母片上，然后装在特制的金属壳内而构成。电热套或电热板加热损失比电热棒大。

（3）直接用电阻丝作为加热元件。螺旋弹簧状的电阻丝构成的各种加热板或加热套，加热装置结构简单，但热损失大，且不够安全。

3. 对塑料注射模具电加热元件的要求

1）电加热元件功率应适当，不宜过小或过大。若功率过小，则模具不能加热至规定的温度或保持在规定的温度。若功率过大，则即使采用温度调节仍难以使模温保持稳定。这是由于电加热元件附近的温度比模具型腔内的温度高得多，因此，即使电加热元件断电，其周围积聚的大量热能仍继续传到型腔，使型腔继续保持高温。这种现象称为"加热后效"，电加热元件功率越大，"加热后效"越显著。

2）合理布置电加热元件。加热板中央和边缘部位采用不同功率的电加热元件，使模具整个表面加热均匀。

3）注意模温的调节，保持模温的均匀和稳定。加热板中央和边缘可采用两个调节器。对于大型塑料注射模具最好将电加热元件分为主要加热组和辅助加热组两组，成为双联加热器。主加热组的电功率占总电功率的 2/3 以上，它处于连续不断的加热状态，但只能维持稍低的规定模温。当辅助加热组也接通时，才能使模具达到规定的温度。调节器控制着辅助加热组的接通或断开。这种双联加热形式比单独加热优越，模温波动较小。

电加热装置简单、紧凑、投资小，便于安装、维修和使用，模温调节容易，易于实现自动控制。但其升温较慢，不能在模具中轮换地加热和冷却，并且有"加热后效"现象。但电加热毕竟优越性较高，因此，在模具加热系统中应用最广泛。

三、塑料注射模具冷却系统的设计

1. 塑料注射模具的冷却

在注射成形加工过程中，模温直接影响塑料熔体的充模和塑件的定形，也直接影响成形周期和塑件质量。因此，必须对模具进行有效冷却，使其温度保持在一定范围内。

要达到有效的模具冷却，主要是提高热传递的效率。这取决于冷却水道距塑件表面的距离，也取决于冷却水道的中心距。根据经验，要保证热流内部阻力低和达到冷却水道的恰当分布，冷却水道的中线与塑件表面的距离应为冷却水道直径的 1~2 倍，冷却水道的中心距应为冷却水道直径的 3~5 倍。冷却水道间距较大，模具表面温度就不均匀；冷却水道距塑件表面的距离太远，热流内部阻力就增大。此外，热流内部阻力也取决于模具材料的导热性能。

冷却介质的温度应根据塑料品种和模具设计的不同而变化。大多数塑料，如聚乙烯、聚苯乙烯等要求模具表面温度为 20~60 ℃，因此，冷却介质的温度在 10~18 ℃ 之间为最好。然而，某些塑料则要求保持较高的模具表面温度，以便充模，得到好的表面光泽度，如聚酰胺、聚碳酸酯等，就需用 76 ℃ 的水或温度较高的油来冷却。

2. 冷却水道的设计要点

（1）在允许的条件下，冷却水道距型腔壁不宜太远，也不宜太近，以免影响冷却效果和模具的强度，通常为 12~20 mm。注意，平衡模具中塑件不同部位的冷却。同一塑件不同部位的冷却应与塑件的厚度相匹配，当塑件壁厚均匀时，应尽可能使所有的冷却水道到各处型腔表面的距离相等；当塑件壁厚不均匀时，应在壁厚处开设距离较小的冷却水道。

（2）冷却水道不应穿过设有镶块或其接缝部位，以防漏水。

（3）冷却水道内不应有存水或产生回流的部位。冷却水道直径一般不小于 8 mm，进水管直径的选择，应使进水流速不超过冷却水道中的水流速度，避免产生过大的压降。

（4）型腔、型芯或侧型芯应分别冷却，并应保证其冷却平衡。

（5）浇口部位是模具上最热的部位，应加强冷却。一般将冷却水的入口设在浇口处，使冷却水先通过浇口处。

（6）避免将冷却水道设置在塑件的熔接痕处，以免降低塑件此处的强度。

（7）进、出水的水管接头应设置在不影响操作的方向，尽可能设置在模具的同一侧，通常朝向注射机的背面。

（8）冷却水道水管连接处必须密封，保证不漏水。

（9）当模具仅设一个入水口和一个出水口时，冷却水道应进行串联连接，并联连接会导致各回路的流动阻力不同，很难形成相同的冷却条件。

（10）进、出水口冷却水温差不应过大，以免造成模具表面冷却不均匀。

3. 塑料注射模具冷却方法和冷却系统回路

塑料注射模具冷却方法通常有水冷却、空气冷却和冷冻水冷却三类，也有采用油冷却的塑料注射模具，但最常用的是水冷却。为了加速冷却，也可以采用冷冻水冷却，但此方法必须有制冷设备，所以一般中、小型塑料加工厂多不采用。

塑料注射模具中冷却系统的形式大体上可分为以下三类。

（1）沟道式冷却。在模具或模板上钻孔或铣槽，直接通入冷水冷却。

（2）管道式冷却。模具或模板上钻孔或铣槽，在孔或槽内嵌入铜管。

（3）导热杆式冷却。在侧型芯内插入金属杆导热，一般适用于细长侧型芯的冷却。

1）外接直通式。这是最简单的外部连接的直通管道布置，是用水管接头和橡塑管将模具内的冷却水道连接成单路或多路循环。该形式的冷却水道加工方便，适合较浅的矩形型腔，其缺点是外接部分容易损坏。

2）平面式。冷却水道加工后必须用孔塞和挡板来控制冷却水的流动，该形式适合各种较浅的型腔，特别是圆形型腔；对长宽比很大的矩形型腔，可采用左右两回路平衡布置。挡板的安装应便于从模具外直接拆卸，修理更换方便。

3）多层式。对于深腔的凹模，其冷却水道应采用多层立体布置。布置呈曲折回路，是为了对主流道和型腔底部进行冷却。将各层回路在深度方向连成一体，对大型模具会造成流程过长、冷却不均匀的缺点。型腔四周也可采用各平面的单独整体回路，但这样会使模具外的管接头增多，各回路冷却参量平衡较难实现。

4）嵌入式。在模具的型腔中将冷却水道以镶块的形式镶入模板中，在实际使用时要注意管道的密封和管道的加工难度。

4. 型芯冷却回路

型芯冷却回路的设置可在型芯上直接钻冷却水道，或将型芯挖孔后用冷却水管冷却。

型芯冷却回路常用以下三种内循环管道的流动方法。

（1）导流板冷却方式。在型芯的直管道中心设置导流板，进水和出水与模具内横向管道形成冷却回路。此方式也可用于单个或多个小直径的圆柱型芯。

（2）喷流冷却方式。在型芯中间装一个喷水管，冷却水从喷水管中喷出后，再向四周冲刷型芯内壁。低温的进水直接作用于型芯的最高部位，对位于中心的浇口，喷流冷却效果很好。喷流冷却方式既可用于单个小直径型芯，也可用于多个小直径型芯的并联冷却，此时底部进水管和出水管应相互错开。

（3）螺旋冷却方式。对于大直径的圆柱高型芯，可在型芯圆柱的外表面车加工螺旋沟槽后压入型芯的内孔中。冷却水从中心孔引向型芯圆柱顶端，经螺旋回路从底部流出。型芯圆柱使型芯有较好的刚性，较薄的型芯壁改善了冷却效果，其缺点是加工较复杂。

 任务评价

评价目标	评价内容	完成情况	得分
素养目标 （20分）	养成勤于思考的习惯		
	养成团队协作的意识		
技能目标 （40分）	掌握加热系统与冷却系统的设计方法		
	掌握根据塑料注射模具结构选择相应制造材料的依据 （传热特性）		
知识目标 （40分）	了解加热系统与冷却系统的设计原则塑料注射		
总分			

 自主练习

（1）模温一般包含哪几个方面？

（2）模温对塑件成形性有何影响？

（3）模温调节系统具有哪些功能？试举例说明。

（4）塑料注射模具的加热方式有哪些？应如何根据实际需求进行选择？

（5）冷却系统的冷却水道形式有哪几种？其连通形式又分为哪几类？

（6）塑料注射模具冷却系统的冷却效果受哪些因素的影响？

参 考 文 献

［1］陈志刚．塑料模具设计［M］．北京：机械工业出版社，2002．

［2］中国模具工业协会．模具行业"十二五"发展规划［J］．模具制造，2010（11）：1-3．

［3］高锦张．塑性成形工艺与模具设计［M］．3版．北京：机械工业出版社，2015．

［4］牟林，胡建华．冲压工艺与模具设计［M］．2版．北京：北京大学出版社，2010．

［5］贾俐俐．冲压工艺与模具设计［M］．北京：人民邮电出版社，2008．

［6］杨占尧．最新冲压模具标准及应用手册［M］．北京：化学工业出版社，2010．

［7］杨铭．机械制图［M］．北京：机械工业出版社，2008．

［8］柯旭贵．先进冲压工艺与模具设计［M］．北京：高等教育出版社，2008．

［9］张荣清．模具设计与制造［M］．2版．北京：高等教育出版社，2011．

［10］周开华．简明精冲手册［M］．2版．北京：国防工业出版社，2006．

［11］王巍．数控冲程序设计工艺过程分析与处理［J］．CAD/CAM与制造业信息化，2004（12）：79-81．

［12］沈雪莲．微连接在钣金数控冲程片设计中的应用［J］．金属加工，2009（5）：49-52．

［13］涂光祺．精冲技术［M］．北京：机械工业出版社，2006．

［14］王野清．汽车车身冲压材料的应用及发展趋势［J］．汽车工艺与材料，1999（7）：16-19．

［15］涂光祺．探索开发精锻-精冲复合工艺［J］．锻造与冲压，2006（7）：38-40．

［16］张正修．精冲技术的发展与应用［J］．模具制造，2004（9）：30-35．

［17］罗静，夏庆发，邓明，等．精冲—板料成形复合工艺要点［J］．模具工业，2006（11）：31-34．

［18］张水，张鑫．高强度钢板热冲压成形研究与进展［J］．汽车工艺与材料，2015（2）：41-46．